名校名师精品系列教材

Vue.js Front-end Development Basics and Project-based Applications

Vue.js 前端开发基础及项目化应用

微课版

古凌岚 肖蓉 袁宜英◉编著

人民邮电出版社

北京

图书在版编目（CIP）数据

Vue.js前端开发基础及项目化应用 : 微课版 / 古凌岚，肖蓉，袁宜英编著. -- 北京 : 人民邮电出版社，2024.1
名校名师精品系列教材
ISBN 978-7-115-62786-5

Ⅰ. ①V… Ⅱ. ①古… ②肖… ③袁… Ⅲ. ①网页制作工具—程序设计—教材 Ⅳ. ①TP393.092.2

中国国家版本馆CIP数据核字(2023)第185892号

内 容 提 要

本书共 11 个单元，用通俗易懂的语言和丰富的案例，详细讲解 Vue.js 3 的相关技术和知识，具体内容包括 Vue.js 3 入门基础、基础语法、组件基础、组件进阶、过渡和动画、组合式 API、与后端交互——axios、路由管理——Vue Router、状态管理——Vuex、构建工程化的 Vue 项目，以及工程化项目实战——片素材库网站。

本书配套丰富的教学资源，包括教学 PPT、微课、源代码、教案及习题等。

本书可作为高等教育本、专科院校计算机相关专业的教材，也可作为网站开发爱好者的自学读物。

◆ 编　　著　古凌岚　肖　蓉　袁宜英
　责任编辑　范博涛
　责任印制　王　郁　焦志炜
◆ 人民邮电出版社出版发行　　北京市丰台区成寿寺路 11 号
　邮编　100164　　电子邮件　315@ptpress.com.cn
　网址　https://www.ptpress.com.cn
　三河市君旺印务有限公司印刷
◆ 开本：787×1092　1/16
　印张：17.25　　2024 年 1 月第 1 版
　字数：496 千字　　2025 年 2 月河北第 3 次印刷

定价：59.80 元

读者服务热线：(010)81055256　印装质量热线：(010)81055316
反盗版热线：(010)81055315

前　言

前端工程化是商业 Web 项目前端开发的常用方式。它通过制定一系列的规范，借助工具和框架，解决前端开发以及前后端协作过程中的痛点和难点。Vue.js 是一套应用于前端工程化开发的框架。作为全球三大前端框架之一，Vue.js 因其轻量级、易学易用而备受开发者青睐，它在国内的应用日趋广泛。

本书分为 11 个单元，从基础功能应用到工程化项目实现，深入浅出地介绍了 Vue.js 框架的主要功能和应用方法。前 10 个单元均安排应用实践和同步训练环节，引导读者交替进行学与练，逐步深入理解知识点，积累实践经验，最终具备工程化项目的开发能力。

为体现党的二十大精神，本书以我国传统文化为背景，设计“历史名城游”和“图片素材库”两个网站项目，前者主要用于应用实践环节，后者则作为工程化项目实战的项目原型。

在内容阐述方面，本书在讲解单元 2 至单元 9 的基础应用时，采用原生 HTML 的开发方式，将知识点的讲解与应用有机结合，通过应用实践环节的训练，让读者能够快速掌握相关技术；本书在讲解单元 10 和单元 11 的工程化项目开发时，借助快速构建工具，引入前端工程化概念，展现完整的系统性开发过程，帮助读者建立完整的知识链，提升实战开发能力。

本书建议授课学时为 60 个学时，具体分配情况如下所示。

课程内容	分配学时
单元 1　Vue.js 3 入门基础	2 学时
单元 2　基础语法	6 学时
单元 3　组件基础	6 学时
单元 4　组件进阶	4 学时
单元 5　过渡和动画	4 学时
单元 6　组合式 API	6 学时
单元 7　与后端交互——axios	6 学时
单元 8　路由管理——Vue Router	6 学时
单元 9　状态管理——Vuex	6 学时
单元 10　构建工程化的 Vue 项目	6 学时
单元 11　工程化项目实战——图片素材库网站	8 学时
总计	60 学时

本书的内容结构如下。

单元 1：介绍 Vue.js 3 的基础知识，内容包括前端开发模式的演变历程、Vue.js 的核心思想和主要特性、Vue.js 开发的相关工具，以及如何安装开发和调试工具。

单元 2：基础语法的相关知识，内容包括剖析 Vue 应用程序、数据绑定、流程控制、事件处理、计算属性和数据监听器等。

单元 3 和单元 4：介绍组件的相关知识，内容包括组件定义和注册、组件间数据传递、组件事件的监听与处理、生命周期钩子函数，以及 Teleport 组件的应用等。

单元 5：介绍过渡和动画的相关知识，内容包括过渡和动画的概念、使用 Transition 组件实现过渡和动画效果、使用钩子函数实现过渡和动画效果，以及使用 Transition Group 组件实现列表过渡效果等。

单元 6：介绍 Vue.js 3 的新特性——组合式 API 的相关知识，内容包括组合式 API 的特点、setup 函数、响应性 API 的应用，以及 provide/inject 响应式传值等。

单元 7：介绍如何通过 axios 实现与后端的交互，内容包括异步编程、axios 的安装与配置、axios 处理 HTTP 请求，以及 axios 拦截器的创建与应用等。

单元 8：介绍如何利用 Vue Router 管理前端路由，内容包括 Vue Router 的安装与使用，利用路由属性定义嵌套路由、命名路由和命名视图，动态路由的实现方法，导航守卫的应用等。

单元 9：介绍如何利用 Vuex 管理共享状态，内容包括状态管理模式、Vuex 的安装与使用、Vuex 的核心属性等。

单元 10：介绍如何使用工具构建工程化的 Vue 项目，内容包括 Vue CLI 工具的安装与使用，工程化项目的创建、打包和运行，单文件组件的使用，新一代构建工具 Vite 的基本用法，Element Plus 组件库的应用等。

单元 11：介绍典型 Web 应用系统的设计与实现过程。"图片素材库网站"项目包含前端子项目和后端子项目，配套项目源码，让读者体验完整的开发过程。该单元内容包括项目设计流程、项目构建步骤、组件的设计与实现、前端和后端主要功能的实现、项目的部署与运行等。

为方便教学，读者可登录人邮教育社区（www.ryjiaoyu.com）下载本书源代码、教学 PPT、教案等资源。

本书由广东轻工职业技术学院古凌岚、肖蓉和袁宜英编著，广东华际友天信息科技有限公司唐子明参与编写，古凌岚负责全书的统编工作。

由于编者水平有限，书中难免有不妥之处，请广大读者批评指正。如有任何疑问，读者可发电子邮件至 1999106010@gdip.edu.cn，以便教材的后续修改。

编　者

2023 年 12 月

目 录

单元 1

单元 2

单元 3

单元 4

单元 5

单元 6

单元 7

单元 8

单元 9

单元 10

单元 11

附录

单元1 Vue.js 3入门基础

单元导学

Vue.js 是近几年比较流行的前端框架之一。它用于构建交互式 Web 应用界面，提供了基于 MVVM 模式的数据绑定和可组合的组件系统，具有简单灵活的特性。与其他前端框架相比，Vue.js 更容易上手。本单元将介绍 Vue.js 的基本概念和主要特性、开发和调试工具的安装与使用，并通过“历史名城简介页面”任务，来让学习者体验 Vue 应用程序的构建、运行和调试过程。

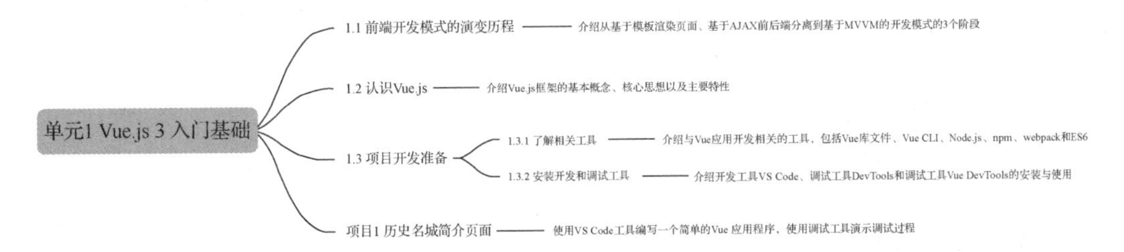

学习目标

1. 了解前端开发模式的演变历程
2. 了解 Vue.js 的基本概念（重点）
3. 能够安装 Vue.js 的开发和调试工具

知识学习

1.1 前端开发模式的演变历程

前端开发模式的演变经历了 3 个阶段：模板渲染页面->AJAX 前后端分离->MVVM。

1. 基于模板渲染页面的开发模式

基于模板渲染页面的开发模式主要是利用 JSP（Java Server Pages，Java 服务器页面）、PHP（Page Hypertext Preprocessor，页面超文本预处理器）等技术创建页面模板，页面内容由后端计算生成，通过 Web 服务器将模板解析成 HTML（Hypertext Markup Language，超文本标记语言）文件，经浏览器渲染后得到最终页面效果。它的特点是页面布局与业务逻辑代码混合在一起，后端参与页面的构建，这导致前后端职责分配不清，项目维护成本高、可扩展性差，尤其是对业务逻辑复杂的项目而言，问题更为严重。

2. 基于 AJAX 前后端分离的开发模式

AJAX（Asynchronous JavaScript and XML，异步 JavaScript 和 XML）技术的产生，翻开了 Web 应用开发的新篇章。基于 AJAX 的开发模式使得 Web 应用可分为前端和后端，其中前端负责页面的布局与交互，后端负责业务逻辑的处理，前后端通过接口进行数据交互。工作职责分离使得开发者对前后端各自的任务更加明确。JavaScript 在数据交互中开始担任主要角色，前端工程师也由此成为一个新的热门职业。

3. 基于 MVVM 的开发模式

MVVM（Model-View-ViewModel，模型-视图-视图模型）模式是一种简化用户界面的事件驱动编程方式。MVVM 模式由 MVC（Model-View-Controller，模型-视图-控制器）模式衍生而来，它通过融入 WPF（Windows Presentation Foundation，Windows 呈现基础）框架的新特性，使得 Web 应用的前端界面更加细节化和可定制化，能够较好地应对客户日益复杂的需求变化。

MVVM 的推出使得前端与后端得到进一步分离，极大地提高了前端开发效率。MVVM 的基本思想是，以 ViewModel（视图模型）层为枢纽，向上与 View（视图）层进行双向数据绑定，向下与 Model（模型）层通过接口交互数据，从而实现 View 和 Model 的自动同步。因此，开发者只需要专注于业务逻辑和 ViewModel 的开发，其他事务交由 MVVM 来处理。我们即将学习的 Vue.js 就是一个当下非常流行的基于 MVVM 模式的前端框架。

1.2 认识 Vue.js

下面对 Vue.js 进行介绍。

1. 什么是 Vue.js

Vue.js（以下简称 Vue）是一个用于构建用户界面的 JavaScript 框架。Vue 之所以受到青睐，首先，最大的原因是它基于 MVVM 模式，十分契合于前后端分离的、工程化方式的开发需要。其次，它是渐进式的，开发者可以根据业务复杂程度选择性地使用框架中的模块，如简单应用使用声明式渲染，稍复杂些的应用使用组件系统和客户端路由，中、大型项目则可在此基础上加入状态集中管理和工程化开发方式，以适应不同类型项目的需要。最后，它允许自底向上逐层应用，开发者使用它时可以先写基础部分再增加效果或事件等，逐步搭建起复杂的前端项目。

Vue 的核心思想是数据驱动和组件化。

（1）数据驱动是指视图由数据驱动生成，开发者对视图的改变不是通过直接操作 DOM（Document Object Model，文档对象模型）来实现的，而是通过修改数据间接实现的。典型的流程是：用户对页面执行某个操作->反馈到 ViewModel 层->ViewModel 层修改数据，通过绑定关系更新页面对应位置的数据->浏览器重新渲染，完成页面效果更新。

（2）组件化是指对于可重用代码的封装。一个完整的页面可以拆分成多个独立的可视或可交互的区域，每个区域所包含的布局、内容及操作可视为一个组件。也就是说，根据需要将一组组件进行组合就可以形成完整的页面。

Vue 的核心库仅涉及 View 层（即页面渲染和刷新来自后端数据），学习起来难度不大，该库通过与第三方库或既有插件的整合，可以构建更为完善的前端项目。已有可整合的插件包括用于网络通信的 axios、实现页面跳转的 Vue Router、用于状态管理的 Vuex，以及美化界面设计的 Element UI 等。当然，Vue 与这些插件的整合也是我们学习 Vue 必不可少的内容。

2. Vue 主要特性

（1）轻量级

Angular 框架的学习成本高、不易使用，Vue 相对来说更加简单、直接，使用起来更加方便。

（2）数据绑定

Vue 基于 MVVM 模式提供了双向数据绑定，即当数据发生变化的时候视图会随之发生变化，而视图发生变化的时候数据也会同步变化。特别是进行表单处理时，双向数据绑定为开发工作带来很大的便利。

（3）指令丰富

指令作用于 HTML 元素，主要包括内置指令和自定义指令。每个指令均具有其特定功能，将指令绑定在元素上时，指令会给绑定的元素添加一些特殊的行为，如 v-bind 指令可以实现元素属性的动态绑定。

（4）插件众多

插件用于对 Vue 框架的功能进行扩展，通过安装与配置后即可在 Vue 应用程序中使用。常用的插件有 Vue Router、Vuex 等。

（5）组件化

Vue 将页面中某个组成部分的 HTML、CSS（Cascading Style Sheets，层叠样式表）和 JavaScript 代码合并到一个组件中，以便其他组件调用，从而实现代码的重复利用。通常每个组件以.vue 文件形式保存，其可以作为基础组件（如按钮）或一个页面（如登录页面）。组件化是一种分而治之的解决方案，它将庞大复杂的前端工程以组件为单元进行拆分处理，有效地提高了开发效率。

（6）虚拟 DOM

传统的前端开发需要频繁地使用 JavaScript 对 DOM 进行操作，浏览器也需要随之不断地渲染新的 DOM 结构，这就容易导致页面显示不畅。Vue 引入了虚拟 DOM（Virtual DOM）。虚拟 DOM 本质上是一种 JavaScript 对象，它表示真实的 DOM 结构。每当组件创建或数据更新时，都需要进行渲染视图的处理。为了避免页面频繁渲染所带来的高性能损耗，Vue 采用虚拟 DOM 代替真实 DOM 作为操作对象，利用 Diff 对比算法找出虚拟 DOM 更新前后的差异，并根据对比结果来更新真实 DOM 的对应部分。另外，由于虚拟 DOM 是 JavaScript 对象，可独立于平台，因此更利于实现跨平台操作。

1.3 项目开发准备

Vue 是一种 JavaScript 框架，使用它要求学习者有一定的 JavaScript、HTML 和 CSS 技术基础。除此以外，我们还需要先了解与 Vue 应用开发相关的工具、开发环境的搭建，为学习开发 Vue 项目做好准备。

1.3.1 了解相关工具

与 Vue 应用开发相关的工具如下。

1. Vue 库文件

Vue 库文件是 Vue 框架的核心库文件。它包括模板语法、组件、数据绑定和响应式系统等内容，可以满足前端项目的基础功能开发需求。它的使用方法有 3 种，一是采用 CDN（Content Delivery Network，内容分发网络）镜像服务器方式直接导入 HTML 文件；二是下载 Vue 库文件，将它作为本地资源在 HTML 代码中引入；三是以插件形式安装到前端项目中。Vue 库文件的几种使用方法将在后续单元中结合项目案例来详细介绍。

2. Vue CLI

Vue CLI 是一个用于快速构建 Vue 项目的工具。它包括 CLI（Command-Line Interface，命令行界面）、CLI 服务和 CLI 插件，其中 CLI 提供了 Vue 命令用于搭建项目；CLI 服务基于 webpack 提供开发环境，用于项目启动、打包和加载 CLI 插件等处理工作；CLI 插件则提供可选的包，如 Babel/TypeScript 转译、ESLint 集成等，在创建项目时开发者可自行选用。Vue CLI 工具的安装方法将在单元 10 中结合项目案例来详细介绍。

3. Node.js、npm 和 webpack

Node.js 是一个基于 Chrome V8 引擎的 JavaScript 运行环境。Node.js 使用了一个事件驱动、非阻塞式 I/O（Input/Output，输入输出）的模型。2009 年，Ryan（瑞安）正式推出了基于 JavaScript 语言和 Chrome V8 引擎（Google 的 JavaScript 引擎）的开源 Web 服务器项目，并将其命名为 Node.js。可以说 Node.js 是 JavaScript 开发本地应用、服务器应用的一个套件。Node.js 为我们使用 npm 和 webpack 工具（这两者都是构建 Vue 项目所必需的工具，而它们的使用又都依赖于 Node.js）提供了支持。

（1）npm

npm 是一个 Node.js 中用于集中管理包的工具。Node.js 中已集成了该工具，无须单独安装。在实际开发中，我们经常需要引入第三方包。为了更新共享资源，npm 官网提供了对于各种包的集中管理方法，开发者只要使用 npm 命令就可以很方便地进行包的安装、升级和卸载等操作。

npm 的另一种用法是 cnpm。由于使用 npm 安装的包来自国外网站，受网络的影响比较大，有时会出现下载异常，为此淘宝团队在国内架设了镜像服务器，可以代替官方版本（只读），目前同步频率为 10 分钟。

Node.js 和 cnpm 的安装方法将在单元 10 中结合项目案例来详细介绍。

（2）webpack

webpack 是一个 JavaScript 应用程序的静态模块打包器。Vue CLI 底层使用的就是 webpack，因此，webpack 无须单独安装。当编写好项目的各模块代码后，可以使用 webpack 对它们进行编译并打包成对应的静态文件，之后就可以直接通过浏览器运行该项目了。webpack 能够很好地管理、打包项目开发中所用到的 HTML、CSS 和 JavaScript 文件以及各种静态文件（图片、字体文件等），让开发过程更加高效。对于不同类型的资源，webpack 有对应的模块加载器。

4. ES6

Vue 应用开发采用了 ES6 编码规范。ES6（ECMAScript 6.0 的缩写）是 JavaScript 语言的下一代标准，其目标是使 JavaScript 语言可以用来编写复杂的大型应用程序，成为企业级开发语言。ES6 的新特性包括 const 和 let 命令、模板字符串、解构、for...of 循环、展开运算符、ES6 箭头函数、类的支持、模块等。目前，浏览器对 ES6 还没达到完全支持，实际开发中，可使用 ES6 语法转化器来加以解决。Vue CLI 工具集成了 Babel 插件来实现语法转化。受篇幅限制，本书采用随用随讲的方式来介绍 ES6 编码规范的用法，并在附录中集中列出 ES6 的相关语法。

1.3.2 安装开发和调试工具

下面介绍如何安装开发和调试工具。

1. 代码编辑器

VS Code（Visual Studio Code）是 Microsoft 推出的一款用于编写现代 Web 应用和云应用的跨平台源码编辑器。它可用于 Windows、macOS 和 Linux 系统，具有对 JavaScript、TypeScript 和 Node.js 的内置支持，还具有丰富的其他语言和运行时扩展的生态系统。VS Code 编辑器的特点是：轻巧极速，占用系统资源较少；具有语法高亮显示、智能代码补全、自定义快捷键和代码匹配等功能；支持跨平台操作；主题界面的设计比较人性化；提供了丰富的插件。

（1）VS Code 的安装

进入 VS Code 的官网，开发者可以在下载页面中选择需要的版本进行下载，如图 1-1 所示。

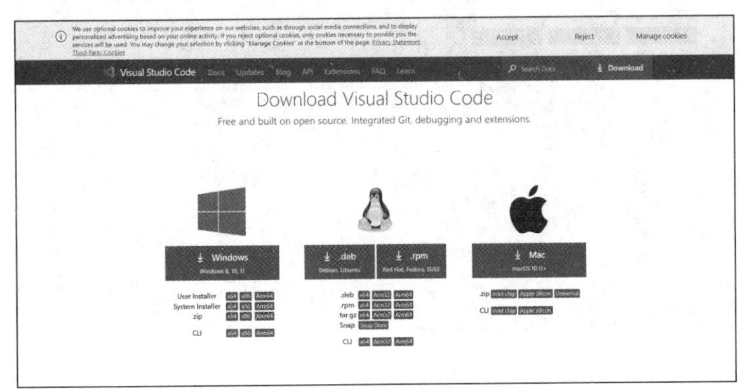

图 1-1　VS Code 官网下载页面

下载完成后，执行.exe 文件进行安装（安装操作很简单，只要按照提示进行即可）。安装完成后，打开 VS Code 可以看到图 1-2 所示的代码编辑界面。

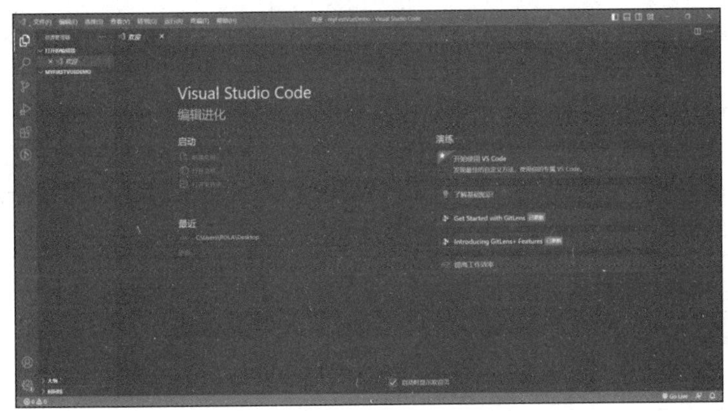

图 1-2　VS Code 的代码编辑界面

（2）VS Code 的扩展库

VS Code 的流行得益于其丰富的扩展库，这些扩展库让第三方插件的安装和使用变得更加容易。常用的第三方插件如下。

- Vetur：支持 Vue 语法高亮、智能感知、Emmet 等，还包含格式化功能等。
- HTML Snippets：支持 HTML 标签以及对标签含义的智能提示。
- JavaScript(ES6) code snippets：支持 ES6 语法智能提示。
- open in browser：支持使用快捷键与鼠标右键在浏览器中打开 HTML 文件，以及指定浏览器（包括 Firefox、Chrome、Opera、IE 以及 Safari）。
- Live Server：可以用于开启静态资源服务器，使得静态 HTML 文件可运行对外服务；还可以用于配置代理。
- Element UI Snippets：支持 Element UI 语法智能提示。

第三方插件的安装流程是：单击编辑器窗口左侧的 Extensions 图标按钮，打开第三方插件的搜索框。在搜索框中输入插件名称，单击“Install”按钮即可进行安装，如图 1-3 所示。安装完成后可在窗口右侧看到当前插件已处于可使用的状态。读者可以根据自己的需要安装其他插件。

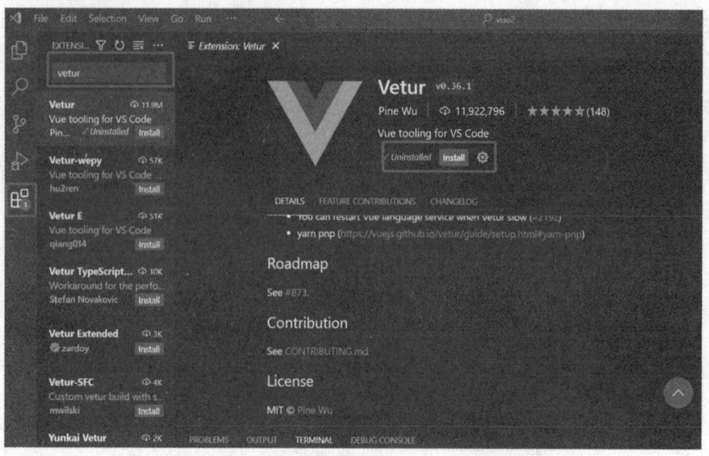

图 1-3　VS Code 安装第三方插件

2. 调试工具 DevTools

DevTools 是 Web 应用程序的测试工具，它提供了很多调试功能，能够很好地帮助开发者解决定位问题。DevTools 对不同的人员有着不同的用途，前端开发人员可用它进行开发预览、远程调试、性能调优、bug 跟踪、断点调试等工作；后端开发人员可用它进行网络抓包、开发调试等工作；而测试人员则可用它检查服务器端 API（Application Program Interface，应用程序接口）数据是否正确、审查页面元素样式及布局、进行页面加载性能分析，以及进行自动化测试。

微课视频

我们以 Chrome 浏览器为例讲解 DevTools 工具的使用方法。首先打开该工具，可以通过在 Chrome 浏览器右上角的“自定义及控制”下拉菜单中选择“更多工具”->“开发者工具”打开，也可以通过在页面元素上单击鼠标右键，在弹出的快捷菜单中选择“检查”或者按“Ctrl + Shift + I”组合键来打开。DevTools 工具中共有 8 个功能面板，其中常用于调试的是 Elements（元素）面板、Console（控制台）面板、Sources（源代码）面板和 Network（网络）面板。

（1）Elements 面板

Elements 面板主要用于检查和实时编辑页面的 HTML 与 CSS 代码。

① 定位 DOM 元素

当我们将鼠标指针移至某个 DOM 元素上时，网页中对应的区域也会随之被锁定。鼠标指针移至 div 上的效果如图 1-4 所示。

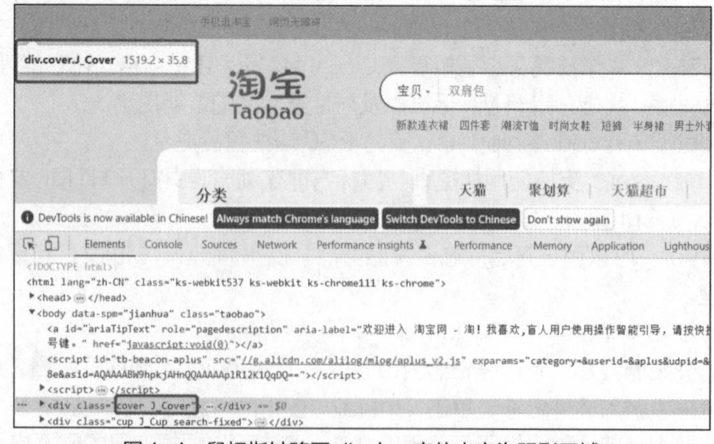

图 1-4　鼠标指针移至 div 上，定位内容为阴影区域

另一种定位 DOM 元素的方式是，按“Ctrl+F”组合键打开搜索框，在其中输入查询关键词，如“女装”，就可以快速定位到对应的 DOM 元素，如图 1-5 所示。

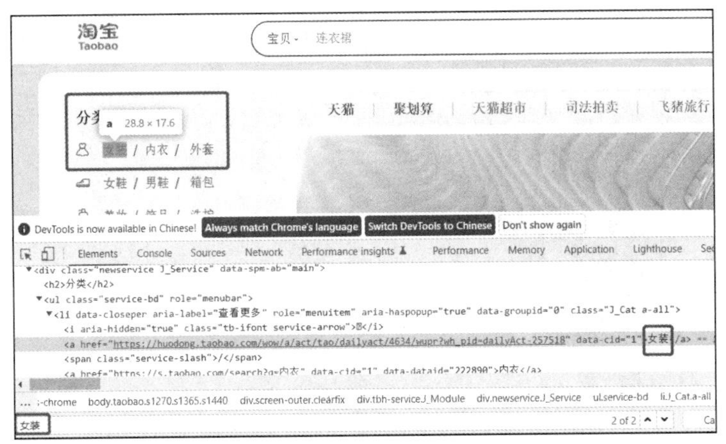

图 1-5　定位指定的 DOM 元素

② 编辑 DOM 元素

对于选中的 DOM 元素，单击鼠标右键，利用弹出的快捷菜单中的命令可以进行编辑操作，包括增加 DOM 元素的属性、删除被选中的 DOM 元素、编辑 DOM 元素等，在退出编辑状态后，页面会实时更新。删除 DOM 元素的效果如图 1-6 所示。

③ 查看 CSS 设置

在 Styles 子面板下，可以查看当前选中 DOM 元素的 CSS 设置。当多个样式叠加时，样式按优先级从高到低显示，若被优先级更高的样式覆盖则当前样式的名称会带删除线，如图 1-7 所示。单击右侧链接可跳转到 Sources 面板对应的代码位置，如图 1-8 所示。

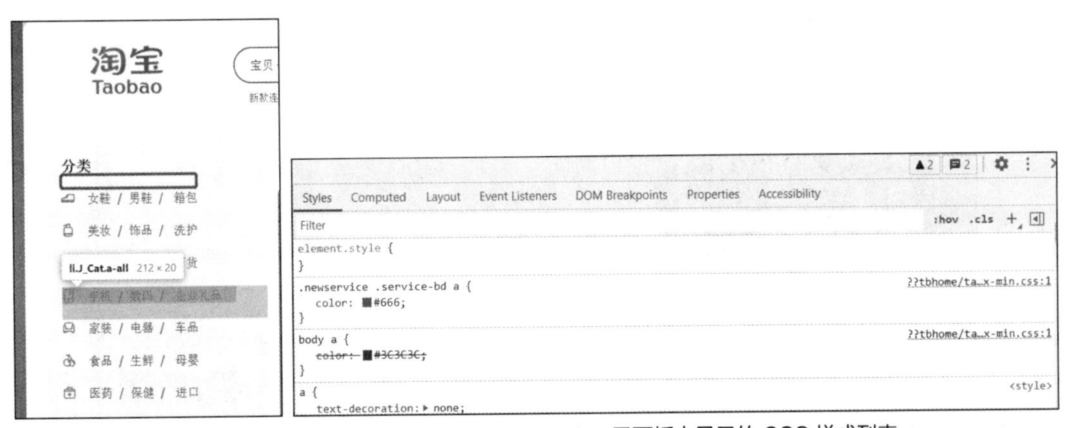

图 1-6 “女装/内衣/外套”元素被删除

图 1-7　Styles 子面板中显示的 CSS 样式列表

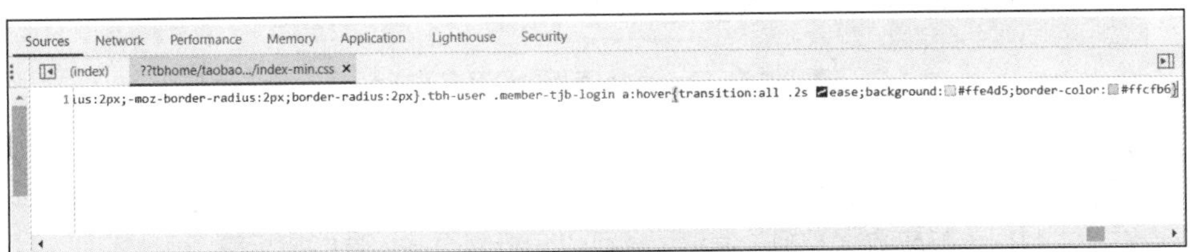

图 1-8　与 Styles 子面板中样式对应的 Sources 面板中的代码

（2）Console 面板

我们可在 Console 面板中输入 JavaScript 代码，通过交互式编程来进行调试；也可以查看当前程序运行日志信息。如图 1-9 所示，在 Console 面板中输入了 4 条 JavaScript 语句，这 4 条 JavaScript 语句分别用于输出“hello”字符串、定义和显示 arr 数组，以及输出当前程序中变量 app 的值。

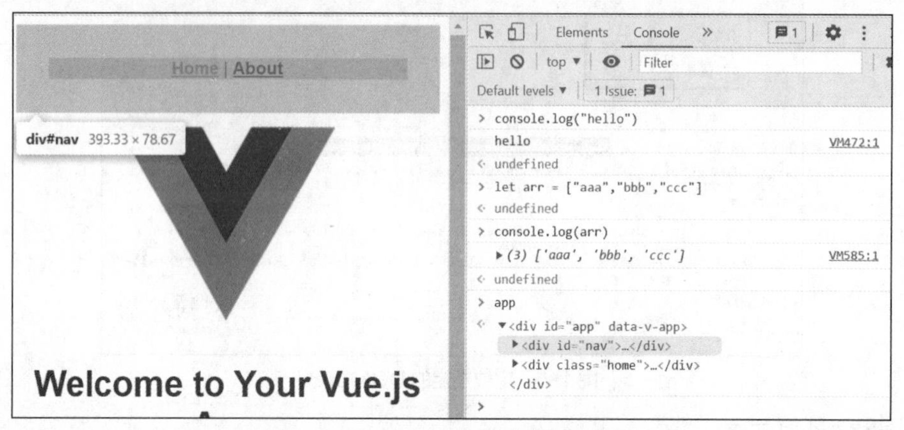

图 1-9　Console 面板中的交互式编程

（3）Sources 面板

我们可以在 Sources 面板中查看源码以及进行断点调试。单击源码指定行左侧即可设置断点，如图 1-10 所示，程序再次运行时，将会在该处暂停。根据需要单击方框内的按钮，这 5 个按钮的作用依次为暂停/恢复脚本的执行、执行下一语句、进入当前函数、跳出当前函数和单步执行。另外，还可以将鼠标指针移到某个变量上，查看该变量当前的值。

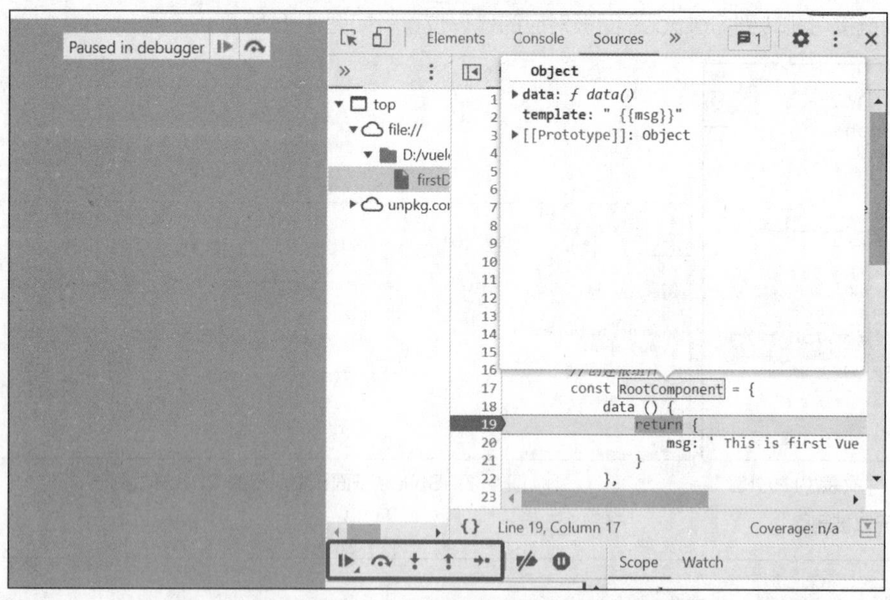

图 1-10　Sources 面板中设置调试断点

（4）Network 面板

我们可以在 Network 面板中查看网页资源请求处理情况。如图 1-11 所示，在 Network 面板中可以查看请求数据、响应数据及相关信息，还可以分析网页载入性能指标等。

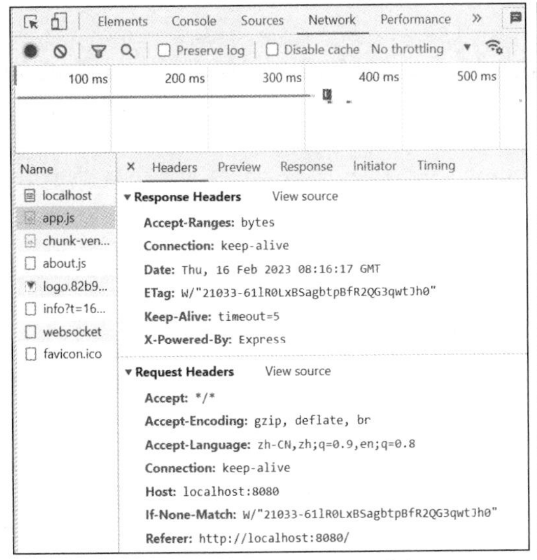

（a）请求数据、响应数据及相关信息

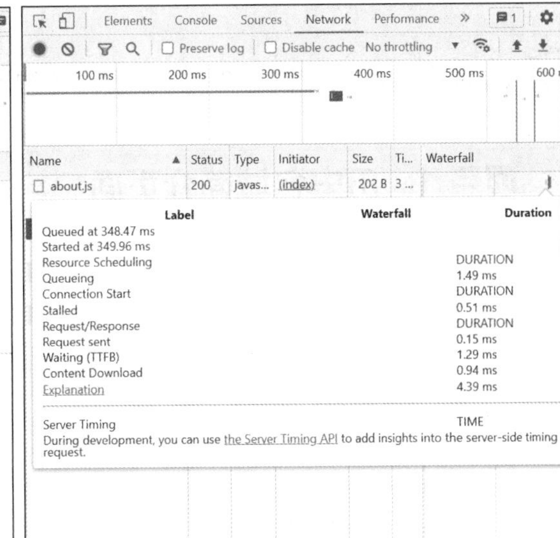

（b）网页载入性能指标

图 1-11　Network 面板中的网页资源请求处理情况

3．调试工具 Vue Devtools

（1）安装流程

Vue Devtools 是一款基于浏览器的插件，主要用于调试 Vue 应用程序。下面以 Chrome 浏览器为例介绍它的安装过程。首先，在 GitHub 上查找并下载安装包 vue3_dev_tools.crx，然后在 Chrome 浏览器右上角的“自定义及控制”下拉菜单中选择“更多工具”->“扩展程序”进入扩展程序管理界面。把安装包文件拖入该界面，当看到浏览器提示“要添加 Vue.js devtools 吗？”时，单击“添加扩展程序”按钮即可安装该插件。单击浏览器地址栏右边的扩展程序按钮，可看到带 Vue 标志的“Vue.js devtools”选项，如图 1-12 所示，表示已安装成功。

（2）使用方法

我们可以通过在浏览器右上角的“自定义及控制”下拉菜单中选择“更多工具”->“开发者工具”进入 DevTools 界面，单击“Vue”打开 Vue 面板，如图 1-13 所示。在 Vue 面板中，我们可以看到 Vue 应用程序的组件树结构（右上方方框处）以及数据（右下方方框处），单击某个组件所在标签，右下方将显示该组件对应的数据，单击数据旁编辑按钮 ✎ ⋮ 可以修改该数据，修改后保存，则左侧页面效果将会同步更新。

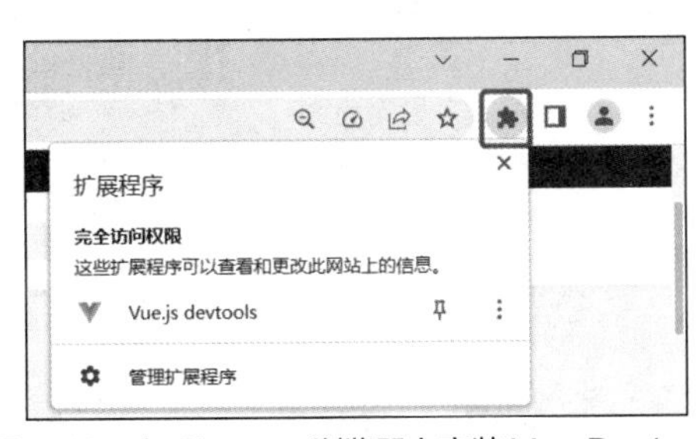

图 1-12　在 Chrome 浏览器上安装 Vue Devtools

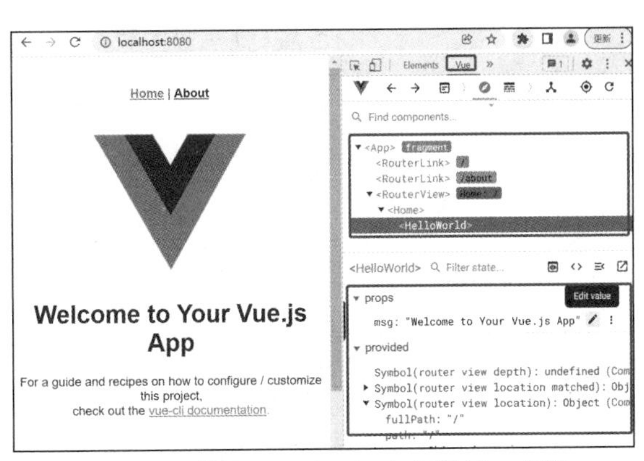

图 1-13　使用 Vue Devtools 工具 Vue 面板

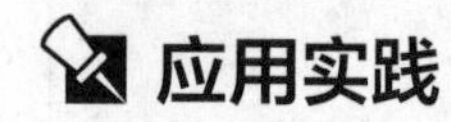

应用实践

项目 1　历史名城简介页面

本项目通过“历史名城简介页面”任务，让学习者初步体验 Vue 应用程序的构建、运行和调试过程。

1. 需求描述

历史名城游网站需要制作一个 HTML 页面，用于介绍某个历史名城的基本情况。页面内容包括标题、介绍文字、点赞按钮和点赞数。

最终效果如图 1-14 所示。

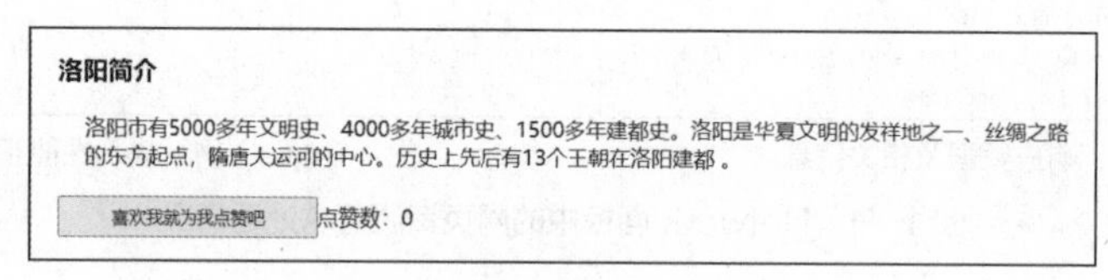

图 1-14　项目 1 最终效果

2. 实现思路

（1）使用 VS Code 创建一个 HTML 程序，引入 Vue 库文件，并编写相应的 HTML、CSS 和 JavaScript 代码。

（2）使用 Chrome 浏览器运行该程序，并通过调试工具查看相关信息。

任务 1-1　构建 Vue 应用程序

（1）使用 VS Code 工具创建 1-1.html 文件，采用 CDN 方式导入 Vue 库文件：

```
<script src="https://unpkg.com/vue@next"></script>
```

（2）编写 HTML 和 CSS 代码。

```
//HTML 代码
<body>
    <div id="app" class="shangxi">
        <div class="wrap">
            <div class="shangxibody">
                <h3>{{cityTitle}}</h3>
                <p>{{cityInfo}}</p>
                    <button v-on:click="clickButton" class="cBtn">喜欢我就为我点赞吧
                    </button><span>点赞数：{{count}}</span>
                <div class="clear"></div>
            </div>
        </div>
    </div>
</body>
//CSS 代码
<style>
        * {
            margin: 0;
```

```
                padding: 0;
            }
            .clear {
                clear: both;
            }
            .wrap {
                width: 800px;
                margin: 0 auto;
            }
            .shangxi{
                width: 100%;
                margin: 20px auto;
                padding: 20px 0;
            }
            .shangxibody {
                width: 796px;
                margin: 20px 0;
                padding: 20px 0 20px 20px;
                box-shadow: 0 0 3px #6a3b3b;
            }
            .cBtn{
                width: 200px;
                height:30px;
                line-height:30px;
            }
            p{
                padding: 20px;
            }
    </style>
```

（3）编写 JavaScript 代码。

```
    <script>
        const RootComp = {//创建根组件
            data(){
                return {
                        count:0,
                        cityName:"洛阳",
                        cityTitle:'洛阳简介',
                        cityInfo:"洛阳市有 5000 多年文明史、4000 多年城市史、1500 多年建都史。
洛阳是华夏文明的发祥地之一、丝绸之路的东方起点，隋唐大运河的中心。历史上先后有 13 个王朝在洛阳建都。"
                }
            },
            methods:{
                clickButton(){
                    this.count=this.count+1;
                }
            }
        }
        const appObj = Vue.createApp(RootComp)//创建一个 Vue 应用
        appObj.mount("#app")
    </script>
```

（4）代码分析：HTML 代码中{{cityTitle}}、{{cityInfo}}、{{count}}执行结果为 cityTitle、cityInfo 和 count 的值，而这 3 个变量值均由 JavaScript 代码定义和控制，也就是说，如果数据改变，

JavaScript 代码会带动 HTML 页面内容同步更新；另外，JavaScript 代码中对“喜欢我就为我点赞吧”按钮定义了一个单击（click）事件处理函数 clickButton，每当单击该按钮时，clickButton 对 count 变量进行加 1 操作，使得页面上显示的点赞数不断增加。

任务 1-2 运行并调试 Vue 应用程序

（1）运行程序

我们可直接使用浏览器打开该程序。如果 VS Code 已安装 open in browser 插件，也可以在代码编辑器中单击鼠标右键，在弹出的快捷菜单中的“Open In Other Browsers”选项的子菜单中选择 Chrome 浏览器来运行程序，如图 1-15 所示。

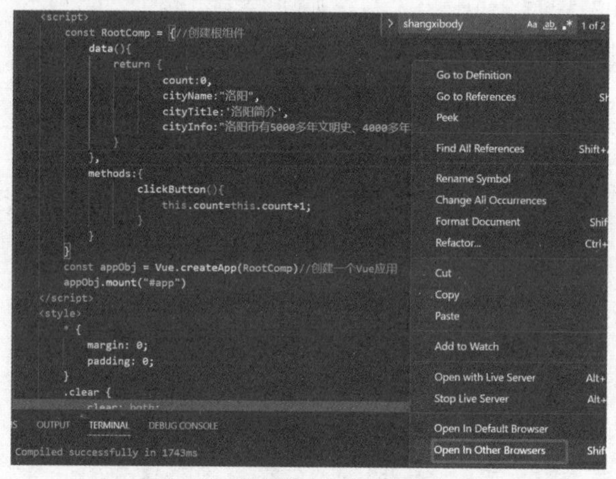

图 1-15 选择指定浏览器运行程序

（2）调试程序

利用 Vue Devtools 模拟 JavaScript 修改数据的操作，检验页面是否会同步更新。打开 Vue Devtools 调试界面，选中<Root>标签，在右下方的数据项中将 cityTitle 修改为“西安简介”时，页面的标题也随之发生了变化，如图 1-16 所示。

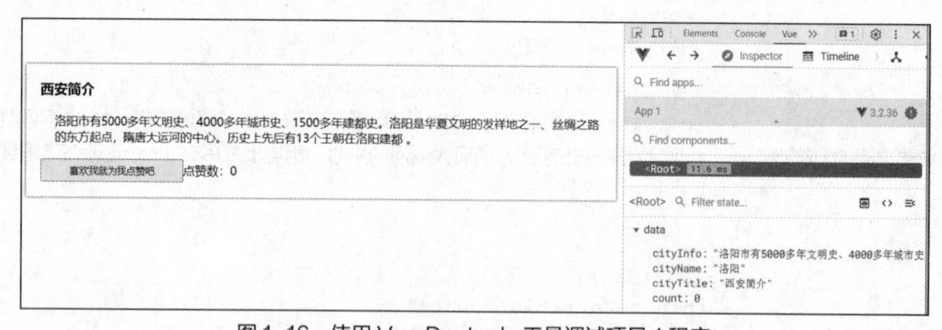

图 1-16 使用 Vue Devtools 工具调试项目 1 程序

同步训练

请使用 VS Code 代码编辑器，创建一个 HTML 页面，编写图 1-17 所示代码，实现显示“Hello, World!”的功能。

```
<!DOCTYPE html>
<html>
    <head>
        <meta charset="utf-8">
        <title>Hello World</title>
        <!--引入Vue库文件-->
        <script src="https://unpkg.com/vue@next"></script>
    </head>
    <body>
        <!--挂载节点-->
        <div id="app">
            {{msg}}
        </div>
    </body>
    <script type="text/javascript">
        //创建根组件
        const RootComponent = {
            data:function(){
                return {
                    msg: ' Hello, World!'
                }
            }
        }
        //创建Vue应用实例
        const vueApp = Vue.createApp(RootComponent)
        // 挂载vm，告诉Vue把数据填充到那个位置，这里通过id选择器进行绑定到那个标签。
        vueApp.mount("#app")
    </script>
</html>
```

图 1-17　同步训练程序代码

单元小结

1. 前端开发模式的发展经历了 3 个阶段：模板渲染页面->AJAX 前后端分离->MVVM。

2. Vue 是一个用于构建用户界面的 JavaScript 框架，它是基于 MVVM 模式的、渐进式的、允许自底向上逐层应用的框架。

3. Vue 的核心思想是数据驱动和组件化。数据驱动是指视图由数据驱动生成，开发者对视图的改变不是通过直接操作 DOM，而是通过修改数据间接实现的。组件化是指对于可重用代码的封装。

4. Vue 的主要特性是轻量级、数据绑定、指令、插件、组件化和虚拟 DOM。

5. 与 Vue 应用开发相关的工具包括 Vue 库文件、Vue CLI、Node.js、npm、webpack 和 ES6。

6. Vue 使用的开发工具是 VS Code，调试工具是 DevTools 和 Vue Devtools。

单元练习

选择题

1. 下列关于 Vue 优势的说法错误的是（　　）。
   A. 双向数据绑定　　B. 轻量级框架
   C. 增加代码的耦合度　　D. 实现组件化
2. npm 包管理器是基于（　　）平台使用的。
   A. Node.js　　B. Vue　　C. Babel　　D. Angular
3. 下列选项中，与 Vue 开发无关的工具是（　　）。
   A. Vue.js　　B. cnpm　　C. Node.js　　D. React.js
4. MVVM 模式的第二个 V 指的是（　　）。
   A. ViewModel　　B. View　　C. Views　　D. ViewView

单元2 基础语法

02

单元导学

数据驱动是 Vue 的核心思想之一。本单元将介绍与实现数据驱动相关的基础语法，包括模板语法和如何操作数据来更新视图。Vue 在框架设计上非常注重灵活性和渐进性，开发者可以选择原生 HTML 开发、以组件嵌入网页、单页应用（Single Page Application，SPA）或服务器端渲染等方式来使用 Vue。为了帮助学习者尽快入门，单元 2～单元 9 将结合原生 HTML 开发方式，讲解 Vue 所提供的各个功能的应用。单元 10、单元 11 则采用单页应用方式结合快速搭建工具构建工程化前端项目。

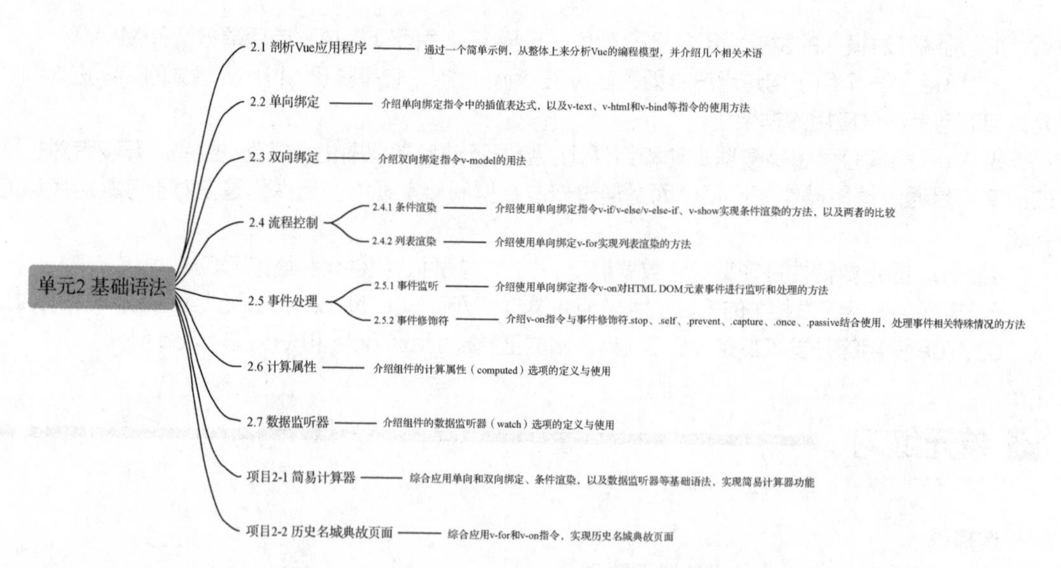

学习目标

1. 掌握模板语法中插值和常用指令的使用方法（重点）
2. 掌握计算属性和数据监听器的使用
3. 能够实现单向绑定和双向绑定（重点/难点）
4. 能够实现事件处理（重点）

知识学习

2.1 剖析 Vue 应用程序

Vue 基于标准 HTML、CSS 和 JavaScript 构建用户界面，并帮助开发人员高效开发用户界面。下面我们将通过一个简单例子，从整体上来分析 Vue 的编程模型，一些语法细节和术语暂时忽略不讲。

【例 2-1】显示字符串信息。

创建 2-1.html 文件，程序代码如下：

```
<!DOCTYPE html>
<html>
    <head>
        <meta charset="utf-8">
        <title>第一个 Vue 应用程序</title>
        <!--引入 Vue 库文件-->
        <script src="https://unpkg.com/vue@next"></script>
    </head>
    <body>
      <!--挂载点-->
      <div id="app">
          <!--模板结构-->
          {{msg}}
      </div>
    </body>
    <script type="text/javascript">
        //定义根组件
        const RootComponent = {
                data:function(){
                    return {
                        msg: ' This is first Vue demo!'
                    }
                }
        }
        //创建 Vue 应用实例
        const vueApp = Vue.createApp(RootComponent)
        //挂载处理
        const vm = vueApp.mount("#app")
    </script>
</html>
```

在浏览器中运行该程序，运行结果如图 2-1 所示。

This is first Vue demo!

图 2-1　例 2-1 运行结果

例 2-1 所示的代码是一个采用原生 HTML 开发方式来使用 Vue 的应用程序。从加粗字体部分的代码来看，Vue 应用程序包括以下几个方面的内容。

1. 导入 Vue 库文件

在使用 Vue 时，需要先安装或导入 Vue 库文件。本例中，HTML 语句<script src="https://unpkg.com/vue@next"></script>表示采用 CDN 方式导入 Vue 库文件 vue.js。

2. 选择挂载点

在 HTML 页面布局中，选择一个 DOM 元素作为挂载点，挂载点范围内输出的页面内容即视图。

本例中，挂载点是 id 为 app 的 div 元素。

3. 声明渲染数据的 HTML 代码结构

在挂载点内，使用 Vue 的模板语法编写的一段 HTML 代码，我们称为模板结构。它采用模板语法将响应式数据写入 DOM 结构中，等待渲染处理后生成页面效果。本例中，挂载点内为模板结构，其中{{msg}}是模板语法的插值表达式，用于将数据 msg 渲染到 div 元素中，当程序运行完成，页面将显示{{msg}}执行后的结果，即图 2-1 所示的信息。

4. 利用 JavaScript 定义数据和操作数据

在 Vue 组件中利用 JavaScript 定义数据和操作数据，通过 Vue 应用实例控制视图的更新。本例较为简单，仅涉及数据定义，未涉及操作数据。JavaScript 语句 const RootComponent = {...} 定义了一个 Vue 组件，其 data 函数返回响应式数据 msg，它的变化将带动视图内容的同步变化。除了 data 函数以外，Vue 组件还可以包含其他属性或函数，如 template、methods、computed 和 watch 等，这里的属性也被称为选项。关于组件的更多内容将在单元 3 中详述。

5. 创建 Vue 应用实例和进行挂载处理

利用 Vue 的 API 创建 Vue 应用实例并进行挂载处理，实现根组件中数据的响应式封装和视图的同步更新控制。本例中，JavaScript 语句 const vueApp = Vue.createApp(RootComponent)创建了 Vue 应用实例，其参数 RootComponent 为根组件，它是渲染的起点，这条语句将使得根组件中的数据具有响应性；语句 const vm = vueApp.mount("#app")实现了挂载，即对模板结构进行渲染处理，并将渲染结果填充到挂载点内，形成最终的页面显示效果，该语句返回的对象是根组件实例。

当程序运行时，RootComponent 的响应式数据发生改变，这将影响挂载点内的内容。读者可以利用 Vue Devtools 工具直接修改 RootComponent 中 msg 的值（见图 2-2）来测试一下。

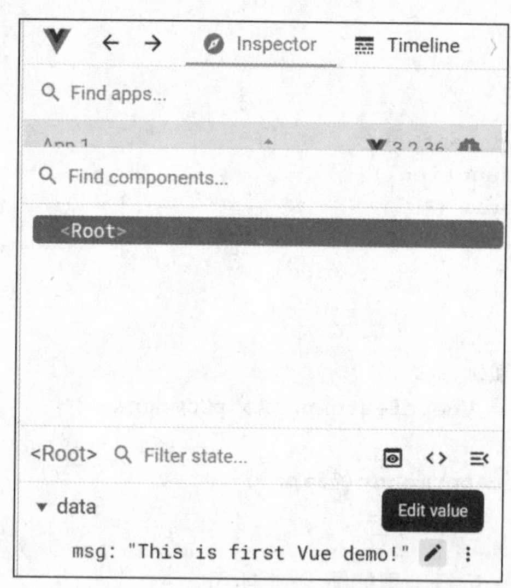

图 2-2　利用 Vue Devtools 工具直接修改 msg 的值

对于上面分析过程中所涉及的几个 Vue 的相关知识，我们来进一步了解一下。

（1）模板语法

模板语法是对组件中 template 选项内容（即模板结构）所使用的语法规则。其作用是关联组件的响应式数据与 DOM 元素，即实现数据绑定。组件是 Vue 应用程序的基本结构单元，每个组件都必须包含 template 选项，并规定其内容必须定义到 HTML template（模板）元素中或是挂载点内。例 2-1 中其内容是定义在挂载点内的，挂载点内的内容会被 Vue 自动识别为 HTML template 元素。模板语法分为插值语法和指令语法两种。

① 插值语法。它是最基本的数据绑定形式，通过引用组件的响应式数据填充 DOM 元素，以达到数据绑定的目的。插值语法为{{JavaScript 表达式}}，如例 2-1 中语句{{msg}}，msg 的值变化会使得挂载点内的视图跟着发生变化。

② 指令语法。它将指令绑定于 DOM 元素内置属性上或将指令作为该元素的新属性，为该元素添加一些特殊的行为，从而实现数据绑定。指令语法为 v-指令:参数="表达式"，其中 v-指令构成特殊的 HTML 属性，参数不是必选项，如<div v-text="new">old</div>，其执行结果是 v-text 属性的值 new 覆盖 div 元素内容 old，每当 v-text 属性值发生变化时都会引起 div 元素内容的改变。Vue 中提供了丰富的指令，本单元后续部分将会详细介绍。

（2）响应式数据

响应式数据是 Vue 响应性特性的体现，如组件 data 选项中定义的数据均具有响应性，即这些数据的变化都将会带来 HTML 页面输出内容的更新，这样的数据也称为状态。

（3）挂载点

挂载点用于指定数据将被渲染的位置。Vue 允许除<html>和<body>标签之外的任意 HTML 标签所表示的 DOM 元素作为挂载点。

（4）使用 CDN 方式导入 Vue 库文件

使用 CDN 方式导入 Vue 库文件时，Vue 的全局 API 均暴露在全局 Vue 对象上，即需要使用“Vue.函数名”方式来调用，如例 2-1 中的 Vue.createApp()。

现在，我们再从 MVVM 模式的角度，梳理一下使用 Vue 构建用户界面的流程（见图 2-3）。Vue 应用程序先定义 Model（响应式数据）和 View（模板结构），采用模板语法将两者绑定，再创建 ViewModel（Vue 应用实例），ViewModel 会一直监听 Model 的变化，并把 Model 的变化映射到 DOM 结构中，使得 View 随着 Model 的变化而更新。例 2-1 中，数据 msg 就是 Model，id 为 app 的 div 元素则是 View，vueApp 是 Vue 应用实例。

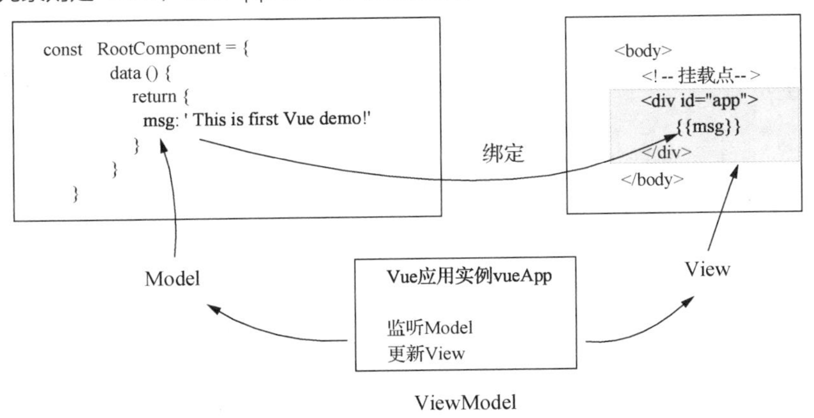

图 2-3 MVVM 模式下使用 Vue 构建用户界面的流程

2.2 单向绑定

微课视频

数据绑定分为单向和双向两种，其中单向绑定指的是数据改变会带动视图更新，但视图改变不会影响数据；双向绑定则是指数据与视图相互影响。Vue 提供的单向绑定指令较多，表 2-1 中列出了常用的单向绑定指令。本节主要介绍用于单向绑定的插值表达式、v-text、v-htm 和 v-bind 指令的用法，其余单向绑定指令会在后续小节逐一讲解。

表 2-1　常用的单向绑定指令

指令	描述
v-html	向指定 DOM 元素中渲染包含 HTML 结构的内容
v-text	为指定 DOM 元素渲染文本内容
v-bind	用于绑定 DOM 元素的属性
v-if/v-else/v-else-if	通过插入和删除 DOM 元素的方式，控制该元素的显示和隐藏
v-for	用于将一组结构相同的数据渲染到 HTML 列表元素中
v-show	通过设置 DOM 元素样式的方式，控制 DOM 元素的显示和隐藏
v-on	用于绑定 DOM 元素的事件

1. 插值表达式

前面我们已了解到插值表达式不是指令，但它也可用于单向绑定。插值表达式用于引用响应式数据，其语法为{{JavaScript 表达式}}，通常该表达式为响应式数据。

下面通过一个例子来演示使用插值表达式实现单向绑定的过程。

【例 2-2】插值表达式应用示例。

（1）创建 2-2.html 文件，程序代码如下：

```
<head>
     <meta charset="utf-8">
     <title>第一个 Vue 应用程序</title>
     <!--引入 Vue 库文件-->
     <script src="https://unpkg.com/vue@next"></script>
</head>
<body>
     <!--挂载点-->
     <div id="app">
      学生：{{student.name}}
     </div>
 </body>
 <script type="text/javascript">
   const RootComponent = {  //创建根组件
     data () {
         return {
             student: {
                 name:'zhangsan',
                 email:'zs@qq.com'
             }
         }
     }
   }
   const vueApp = Vue.createApp(RootComponent)  //创建 Vue 应用实例
   vueApp.mount("#app")  //挂载处理
</script>
```

（2）运行程序，在浏览器页面上会显示信息“学生：zhangsan”。

（3）代码分析如下。

① HTML 代码中 head 元素中引入了 Vue 库文件，这是 Vue 应用程序编写与运行的前提，本单元～单元 9 的示例中均会编写同样的代码段，之后的示例中将不再重复列出。

② JavaScript 代码中 data 选项定义了 student 对象及其 name 和 email 属性。HTML 代码中插值表达式{{student.name}}引用了 student 对象的 name 属性，表达式执行结果为该属性值。也就是说，student 对象 name 属性值的变化会引起 id 为 app 的 div 元素内容的变化。

2. v-text

v-text 指令通过其表达式引用响应式数据，并将该数据渲染到指定 DOM 元素中。v-text 的作用与插值表达式的是类似的，区别在于它会直接替换 DOM 元素的整个内容，在渲染数据较多或网速过慢的情况下，不会出现插值闪烁现象，因而渲染效果会更好。v-text 指令语法为 v-text="JavaScript 表达式"，其中 v-text 为 DOM 元素的新属性，JavaScript 表达式通常是响应式数据。

下面通过一个例子演示 v-text 指令的具体应用方法。

【例 2-3】 v-text 应用示例。

（1）创建 2-3.html 文件，程序代码如下：

```
<body>
  <!--挂载点-->
  <div id="app">
    <span v-text="message"></span>
  </div>
</body>
<script type="text/javascript">
  const RootComponent = {  //创建根组件
     data () {
        return {
           message: '<h3>This is HTML content</h3>'
        }
     }
  }
  const vueApp = Vue.createApp(RootComponent)  //创建 Vue 应用实例
  vueApp.mount("#app")  //挂载处理
</script>
```

（2）运行程序，浏览器页面上显示信息“<h3>This is HTML content</h3>”。

（3）代码分析：HTML 代码中 v-text 指令为 span 元素的新属性，该属性引用了 JavaScript 代码中 data 选项定义的 message 字符串，并将 message 中的内容直接填充到 span 元素中。

3. v-html

v-html 指令通过其表达式引用响应式数据，将该数据作为 HTML 代码，并在解析后将其渲染到 DOM 元素中。v-html 指令语法为 v-html="JavaScript 表达式"，其中 v-html 为 DOM 元素的新属性，JavaScript 表达式与 v-text 中的类同。

下面通过一个例子来演示使用 v-html 指令实现单向绑定的过程。

【例 2-4】 v-html 应用示例。

（1）创建 2-4.html 文件，程序代码如下：

```
<body>
  <!--挂载点-->
  <div id="app">
    <span v-html="message"></span>
  </div>
</body>
<script type="text/javascript">
  const RootComponent = {  //创建根组件
     data () {
```

```
        return {
            message: "<h3>This is HTML content</h3>"
        }
    }
  }
  const vueApp = Vue.createApp(RootComponent)  //创建 Vue 应用实例
  vueApp.mount("#app")  //挂载处理
</script>
```

（2）运行程序，浏览器页面上显示信息“This is HTML content”，且字体为 h3 标题样式。

（3）代码分析：HTML 代码中 v-html 为 span 元素的新属性，该属性引用了 JavaScript 代码中 data 选项定义的 message 字符串，其中的 HTML 代码被浏览器解析后填充到 span 元素中。

4. v-bind

v-bind 指令用于绑定 DOM 元素的任意属性，通过引用响应式数据控制该属性的变化。v-bind 指令语法为 v-bind:属性名= "JavaScript 表达式"，其中“v-bind:”可简写为“:”，属性名为 DOM 元素的属性名，JavaScript 表达式与 v-text 中的类同。

下面通过两个例子来演示使用 v-bind 指令绑定常见属性的方法。

【例 2-5】使用 v-bind 绑定 HTML 链接（a）、图像（img）元素属性的示例。

（1）创建 2-5.html 文件，程序代码如下：

```
<body>
  <!--挂载点-->
  <div id="app">
      <a v-bind:href="url">Vue 官网</a><br/>
      <img v-bind:src="path"/>
  </div>
</body>
<script type="text/javascript">
  const RootComponent = {  //创建根组件
      data () {
        return {
            url: 'https://cn.vuejs.org/',
            path: './vueIcon.ico'
        }
      }
  }
  const vueApp = Vue.createApp(RootComponent)  //创建 Vue 应用实例
  vueApp.mount("#app")  //挂载处理
</script>
```

（2）运行程序，浏览器页面上显示“Vue 官网”链接以及 Vue 图标。当单击链接时，页面跳转至 Vue 官网主页面。

（3）代码分析如下。

① HTML 代码中 v-bind:href="url"表示 v-bind 绑定的是 href 属性，url 是 JavaScript 代码中 data 选项定义的数据，该语句可使得 a 元素的跳转目标由 url 来指定。在实际开发中，我们可以利用 v-bind 绑定 href 属性动态地设置链接地址。

② 类似地，v-bind:src="path"表示 v-bind 绑定的是 src 属性，path 是 data 选项定义的数据，该语句可使得 img 元素中的图片源由 path 属性来指定。在实际开发中，图片通常源于请求返回的数据，利用 v-bind 就可以按照返回数据设置不同图片的路径。

【例 2-6】v-bind 绑定 class 属性的示例。

（1）创建 2-6.html 文件，程序代码如下：

```
<body>
  <!--挂载点-->
  <div id="app">
      <h4 class="gray thin">未采用 v-bind 绑定样式</h4>
      <h4 v-bind:class="{gray:true, thin:isActive}">1.使用对象进行 v-bind 绑定样式
      </h4>
      <h4 v-bind:class="['gray', 'thin']">2.使用数组进行 v-bind 绑定样式</h4>
      <h4 v-bind:class="['gray', {'thin': isActive}]">3.在数组中嵌入对象进行 v-bind
      绑定样式</h4>
      <h4 v-bind:class="['gray', isActive?'thin':'']">4.在数组中使用三元表达式进行
      v-bind 绑定样式</h4>
  </div>
</body>
<script type="text/javascript">
  const RootComponent = {  //创建根组件
     data () {
        return {
           isActive: false
        }
     }
  }
  const vueApp = Vue.createApp(RootComponent)  //创建 Vue 应用实例
  vueApp.mount("#app")  //挂载处理
</script>
<style>
  .gray {
     color: rgb(209, 206, 206);
  }
  .thin {
     font-weight: 200;
  }
</style>
```

（2）运行程序，浏览器页面上显示的运行结果如图 2-4 所示。

未采用v-bind绑定样式

1.使用对象进行v-bind绑定样式

2.使用数组进行v-bind绑定样式

3.在数组中嵌入对象进行v-bind绑定样式

4.在数组中使用三元表达式进行v-bind绑定样式

图 2-4　例 2-6 运行结果

（3）代码分析：这里展示了 v-bind 绑定 class 属性的 4 种方式。首先明确 data 选项定义的 isActive 值为 false，然后对照图 2-4 和图 2-5 来分析代码：方式 1 使用对象进行绑定，语句 v-bind:class="{gray:true, thin:isActive}"中，{gray:true, thin:isActive}对象的每个属性都是一个 class，

属性值是布尔表达式的执行结果，为 true 时当前 class 生效，因此，这条语句的执行结果是仅 class 为 gray 的样式类生效；方式 2 使用数组进行绑定，每个数组元素都是 class，默认有效；如果需要动态设置，可以通过嵌入对象来实现，也就是方式 3；还可以采用三元表达式，即方式 4。总之，v-bind 采用布尔类型值来控制某个 class 是否生效。

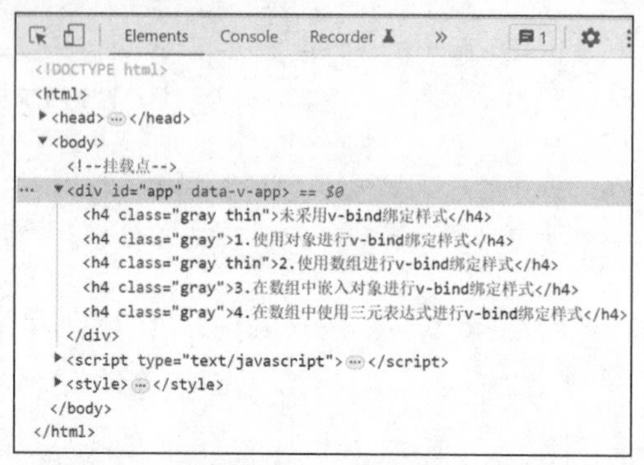

图 2-5　经浏览器解析后的 HTML 页面结构

2.3 双向绑定

双向绑定是指数据改变会引起视图变化，视图变化也会带动数据的改变。它主要针对 HTML 表单元素的属性进行绑定，如 input、select。双向绑定的语法为 v-model="JavaScript 表达式"。其中 v-model 为 DOM 元素的新属性，JavaScript 表达式通常引用响应式数据。

下面先通过一个例子来了解使用 v-model 绑定 HTML 输入框元素的具体方法。

【例 2-7】 使用 v-model 绑定 HTML 输入框（input 和 textarea）元素的示例。

（1）创建 2-7.html 文件，程序代码如下：

```
<body>
    <!--挂载点-->
    <div id="app">
        <input v-model="inputMessage" placeholder="请输入一行文字">
        <p>{{inputMessage}}</p>
        <textarea v-model="textMessage" placeholder="请输入多行文字"></textarea>
        <p>{{textMessage}}</p>
    </div>
</body>
<script type="text/javascript">
    const RootComponent = {  //创建根组件
        data () {
            return {
                inputMessage: '你好，这是输入框',
                textMessage:'你好，这是多行输入框'
            }
        }
    }
    const vueApp = Vue.createApp(RootComponent)  //创建 Vue 应用实例
    const vm = vueApp.mount("#app")  //挂载处理
    console.log(vm.$data.inputMessage)  //输出 inputMessage 属性值
</script>
```

（2）运行程序，浏览器页面上显示的输出效果如图 2-6（a）所示，页面有两个输入框和两行文字，第一个输入框是 input 元素，第二个则是 textarea 元素；两行文字分别是两个插值表达式的执行结果。当你在 input 元素中修改内容为“你好，这是输入框新内容”时，第一行文字也会随之改变，如图 2-6（b）所示。

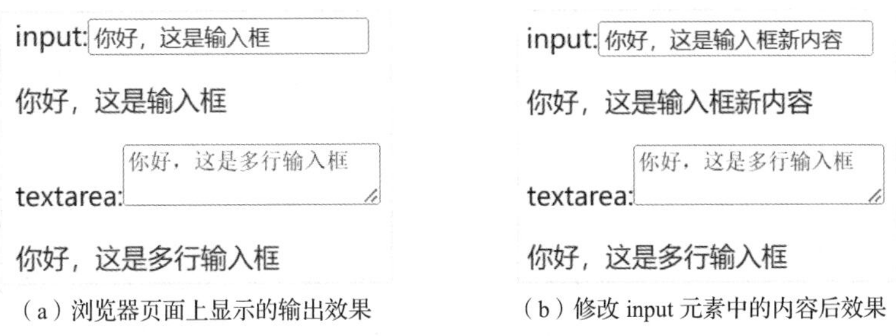

（a）浏览器页面上显示的输出效果　　（b）修改 input 元素中的内容后效果

图 2-6　例 2-7 运行结果

（3）代码分析：通过增加 v-model 属性，并在表达式中引用 data 选项定义的数据 inputMessage 和 textMessage，可以分别实现对 input 和 textarea 元素的双向绑定；当你修改输入框元素中的内容时，输入框下面的文字会随之变化，而这两行文字正是 inputMessage 和 textMessage 的最新值；为了实时跟踪数据和视图的变化，我们在 JavaScript 代码中，通过 console.log(vm.$data.inputMessage)输出初始状态下 inputMessage 的值，其中 vm.$data 为组件实例内置属性，打开浏览器开发者工具的控制台即可看到输出内容，当 input 元素中的内容被改为“你好，这是输入框新内容”时，在控制台中输入 vm.$data.inputMessage，可以看到 inputMessage 的值也同时发生了变化，如图 2-7 所示。读者可使用 Vue Devtools 工具实时查看 inputMessage 被修改时 input 元素中内容的更新。

图 2-7　在浏览器开发者工具的控制台查看输出的 inputMessage 的最新值

下面再通过使用 v-model 绑定 HTML 单选框和下拉列表框元素的例子，来进一步了解双向绑定的应用方法。

【例 2-8】使用 v-model 绑定 HTML 单选框（radio）元素示例。

（1）创建 2-8.html 文件，程序代码如下：

```
<body>
    <!--挂载点-->
    <div id="app">
        证书:
        <input type="radio" name="certificate" value="高" v-model="level"> 高级
        <input type="radio" name="certificate" value="中" v-model="level"> 中级
        <input type="radio" name="certificate" value="初" v-model="level"> 初级
```

```
        <p>证书级别是：{{level}}</p>
    </div>
</body>
<script type="text/javascript">
    const RootComponent = {  //创建根组件
        data () {
            return {
                level: '高级',
            }
        }
    }
    const vueApp = Vue.createApp(RootComponent)  //创建 Vue 应用实例
    vueApp.mount("#app")  //挂载处理
</script>
```

（2）运行程序，浏览器页面上显示的执行效果如图 2-8 所示。页面初始状态下，证书级别显示的是“高”，当单击“高级”“中级”或“初级”选项时，选项下面一行内容将更新为对应级别的选项值。

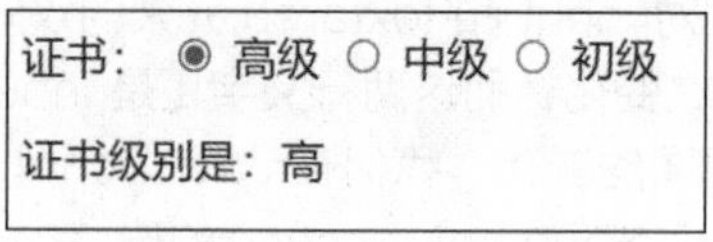

证书：◉ 高级 ○ 中级 ○ 初级

证书级别是：高

图 2-8　例 2-8 执行效果

（3）代码分析：radio 元素是 HTML input 元素的一种类型，v-model 绑定方式与输入框类似；这里 v-model 属性的表达式中引用了 data 选项定义的数据 level，level 会影响 radio 元素的选中值，反之，当 radio 元素的选中值发生变化时，数据 level 也随之更新。

【例 2-9】使用 v-model 绑定 HTML 下拉列表框（select）元素示例。

（1）创建 2-9.html 文件，程序代码如下：

```
<body>
    <!--挂载点-->
    <div id="app">
        证书：
        <select v-model="level">
            <option value="" disabled>--请选择--</option>
            <option value="高">高级</option>
            <option value="中">中级</option>
            <option value="初">初级</option>
        </select>
        <p>你的选择：{{level}}</p>
    </div>
</body>
<script type="text/javascript">
    const RootComponent = {  //创建根组件
        data () {
            return {
                level: '高级',
            }
        }
    }
```

```
    const vueApp = Vue.createApp(RootComponent)  //创建 Vue 应用实例
    vueApp.mount("#app")  //挂载处理
</script>
```

（2）运行程序，浏览器页面上显示的执行效果如图 2-9 所示。页面初始状态下，证书级别显示的是“高”，当选择下拉列表框中“高级”“中级”或“初级”时，下拉列表框下面一行内容将更新为对应级别的选项值。

证书：高级

你的选择：高

图 2-9　例 2-9 执行效果

（3）代码分析：针对 HTML select 元素的双向绑定，同样需要增加 v-model 指令为新属性，该属性表达式引用了 data 选项定义的数据 level，level 与 HTML select 元素选中项的 value 属性值互相影响。

通过上述 3 个例子可以归纳出，无论是输入框、单选框还是下拉列表框，v-model 绑定的都是这些 DOM 元素的 value 属性，而且 value 属性的初始值以 JavaScript 代码中 data 选项定义的数据作为数据来源，因此，我们需要在 data 选项中声明其初始值。

2.4 流程控制

分支和循环是程序的两种基本结构，Vue 提供了 v-if/v-else/v-else-if、v-show 用于实现分支处理，v-for 指令用于实现循环处理。

微课视频

2.4.1 条件渲染

v-if/v-else/v-else-if 和 v-show 指令都可用于条件渲染，但它们的应用场景和渲染性能会有些不同，我们先来了解如何使用它们，再对两者进行比较。

1. v-if/v-else/v-else-if

v-if/v-else/v-else-if 是一组分支结构的指令，其作为 DOM 元素新增属性可以配合使用。v-if 可基于表达式值的真假来条件性地渲染 DOM 元素，v-else、v-else-if 分别用于表示与 v-if 链式调用的 else 块和 else-if 块。条件渲染指令的语法为 v-if="JavaScript 表达式"、v-else="JavaScript 表达式"、v-else-if="JavaScript 表达式"，其中 JavaScript 表达式通常引用响应式数据并返回布尔类型值。

下面通过一个例子来讲解条件渲染指令的使用方法。

【例 2-10】条件渲染指令应用示例。

（1）创建 2-10.html 文件，程序代码如下：

```
<body>
    <!--挂载点-->
    <div id="app">
        <!--v-if 与 v-else-->
        <div v-if="isSeen">
            你可以看到消息
        </div>
        <div v-else>
            看不到消息
```

```
        </div>
        <!--v-if 与 v-else-if-->
        <div v-if="num > 5">
            数字大于 5
        </div>
        <div v-else-if="num > 0">
            数字大于 0 但小于等于 5
        </div>
    </div>
</body>
<script type="text/javascript">
    const RootComponent = {  //创建根组件
        data () {
            return {
                isSeen: true,
                num:3
            }
        }
    }
    const vueApp = Vue.createApp(RootComponent)  //创建 Vue 应用实例
    vueApp.mount("#app")  //挂载处理
</script>
```

（2）运行程序，浏览器页面上显示“你可以看到消息”和“数字大于 0 但小于等于 5”。

（3）代码分析：程序展示了 v-if 与 v-else、v-if 与 v-else-if 两组指令组合进行的条件渲染，第一组 JavaScript 表达式引用了 data 选项定义的 isSeen 属性，isSeen 属性的数据类型为布尔类型，第二组则对 data 选项定义的 num 属性值的所属范围进行判断，判断结果为 true 时，显示对应的信息。

2. v-show

v-show 的作用与 v-if 的类似，也是基于表达式值的真假，来改变元素的可见性。v-show 语法为 v-show="JavaScript 表达式"，JavaScript 表达式与 v-if 中的类同。

下面来看一个 v-show 应用的例子。

【例 2-11】v-show 应用示例。

（1）创建 2-11.html 文件，程序代码如下：

```
<body>
    <!--挂载点-->
    <div id="app">
        <div v-show="isSeen">
            你可以看到消息
        </div>
        <div v-show="!isSeen">
            看不到消息
        </div>
    </div>
</body>
<script type="text/javascript">
    const RootComponent = {  //创建根组件
        data () {
            return {
                isSeen: true
            }
```

```
        }
    }
    const vueApp = Vue.createApp(RootComponent)  //创建 Vue 应用实例
    vueApp.mount("#app")  //挂载处理
</script>
```

（2）运行程序，浏览器页面上显示“你可以看到消息”。

（3）代码分析：HTML 代码中有两个 div 元素，第一个 div 元素的 v-show 属性直接引用了 data 选项定义的 isSeen 属性，由于 isSeen 为 true，所以该 div 元素的内容可以显示，而第二个 div 元素的 v-show 属性对 isSeen 进行了非运算，使得该 div 元素的内容被隐藏。

3. 比较 v-if 与 v-show

从应用场景来看，v-if 可应用于 HTML template 元素本身及其子元素上，也可以与 v-else、v-else-if 配合使用，但 v-show 不支持对 HTML template 元素的条件渲染，也不能与 v-else、v-else-if 进行组合。

由于渲染方式不同，两者在渲染性能方面也存在差异。当 v-if 属性为 true 或 false 时，其对应元素被触发，元素及其所包含的组件都会被重构或销毁，如果 v-if 属性初始值为 false，则对应元素根本不会被渲染；而 v-show 属性初始值无论是 true 还是 false，其对应元素均会被渲染（它通过设置元素的内置样式 display，来进行显示与隐藏效果的切换）。两者的渲染机制不同，使得 v-if 的切换开销较大，而 v-show 则是初始渲染开销较大。我们在使用时，如果需要频繁地进行切换，选择 v-show 会比较好，如果渲染条件很少改变，则选择 v-if 更佳。

2.4.2 列表渲染

v-for 是一个循环结构的指令，它可将组件 data 选项定义的数组绑定到 HTML 列表或表格元素上，根据数组元素个数重复地对其渲染。v-for 不仅可用于遍历数组，也可用于遍历对象的属性。

v-for 指令语法为 v-for="(item, i_key, index) in 对象名" v-bind:key="item.id"，其中对象名是数组或 JavaScript 对象名；item 为数组的每个元素或对象的每个属性；i_key 和 index 则是 v-for 提供的索引；key 属性用于标识每个元素或属性的唯一性，为 Vue 能够高效更新 DOM 元素提供支持，其值的类型允许是字符串或是数字，可与 item、i_key 或 index 绑定（Vue 官方建议尽可能采用 item 自带 id 作为其值，以便 key 属性绑定到相应的数组元素上）。

下面通过一个例子进一步了解如何利用 v-for 实现列表渲染。

【例 2-12】利用 v-for 遍历数组实现列表渲染。

（1）创建 2-12.html 文件，程序代码如下：

```
<body>
    <div id="app">
        <div>水果列表一：</div>
        <!-- 使用 v-text 进行展示，可以避免插值闪烁现象 -->
        <ul>
            <li v-for="(item, i_key, index) in fruit" v-bind:key="item.id"
            v-text="item.id + item.name">
            </li>
        </ul>
        <div>水果列表二：</div>
        <!-- 展示的索引和元素，使用空格隔开 -->
        <ul>
            <li v-for="(item, i_key, index) in fruit" v-bind:key="i_key">
```

```
                    {{i_key + " " + item.name}}
                </li>
            </ul>
        </div>
</body>
<script type="text/javascript">
      const RootComponent = {  //创建根组件
          data () {
            return {
              fruit: [{id:1,name:'苹果'}, {id:2, name:'橙子'}, {id:3, name: '香蕉'}]
            }
          }
      }
      const vueApp = Vue.createApp(RootComponent)  //创建 Vue 应用实例
      vueApp.mount("#app")  //挂载处理
</script>
```

（2）运行程序，浏览器页面上显示的执行效果如图 2-10 所示。

（3）代码分析：HTML 代码中 v-for 作为 li 元素的新增属性，对 JavaScript 代码中响应式数据 fruit 数组进行遍历，并将数组元素逐个渲染到相应的 li 元素中（这里演示了两种方式：水果列表一中使用了 item.id 来绑定 key 属性，并使用 v-text 指令将数组元素填充入 li 元素；水果列表二中 key 属性则采用了由 Vue 设置的 i_key，并使用插值表达式渲染 li 元素）。读者也可以将 index 作为 key 属性值，并测试一下效果。

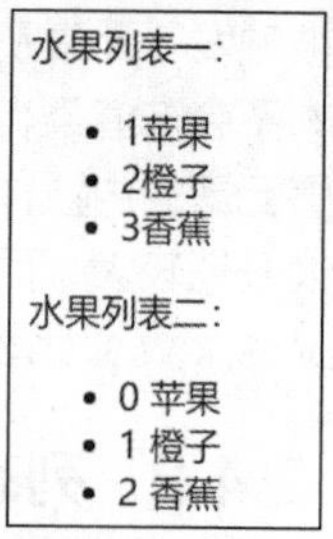

水果列表一:

- 1苹果
- 2橙子
- 3香蕉

水果列表二:

- 0 苹果
- 1 橙子
- 2 香蕉

图 2-10　例 2-12 执行效果

再来看一个例子，了解一下如何使用 v-for 遍历对象属性实现列表渲染。

【例 2-13】使用 v-for 遍历对象属性，实现列表渲染。

（1）创建 2-13.html 文件，程序代码如下：

```
<body>
  <div id="app">
      <div>水果列表三：</div>
      <!-- 展示的索引和元素，使用空格隔开 -->
      <ul>
          <li v-for="item in fruit" v-bind:key='item' >
              <!-- 通过点来获取数组对象的属性值 -->
              <span>{{item}}</span>
          </li>
      </ul>
  </div>
</body>
<script type="text/javascript">
  const RootComponent = {  //创建根组件
      data () {
          return {
              fruit: {
                  id: 1,
                  ename: 'apple',
                  cname: '苹果',
                  price: 10,
                  area: '山东',
```

```
                privder: '大东水果公司'
            }
        }
    }
}
const vueApp = Vue.createApp(RootComponent)   //创建 Vue 应用实例
vueApp.mount("#app")  //挂载处理
</script>
```

（2）运行程序，浏览器页面上显示的执行效果如图 2-11 所示。

水果信息：

- 1
- apple
- 苹果
- 10
- 山东
- 大东水果公司

图 2-11　例 2-13 执行效果

（3）代码分析：JavaScript 代码中组件 data 选项定义了 fruit 对象，HTML 代码中 v-for="item in fruit"实现了对 fruit 对象属性的遍历，并将该对象属性逐个渲染到 li 元素，这里 key 属性绑定的是 fruit 对象属性。

2.5 事件处理

Vue 提供了事件处理机制。事件监听采用 v-on 指令为 DOM 元素绑定监听器，以监听 DOM 事件和触发事件处理代码的执行。同时对于 DOM 事件的特殊情况，如事件冒泡、默认事件等，Vue 还提供了一组事件修饰符便于我们实现这些功能。

微课视频

2.5.1 事件监听

v-on 指令用于监听 DOM 事件和执行事件处理函数。v-on 指令语法为 v-on:事件名="表达式"，语法中"v-on:"可简写为"@"。其中事件名为 DOM 元素的原生事件；表达式则是事件处理函数，该函数需要定义在组件的 methods 选项中。事件处理函数可以用方法或内联事件处理器来表示，这里的方法事件处理器是组件 methods 选项中的函数名，内联事件处理器是内联 JavaScript 语句。相对而言，方法事件处理器形式更为常见。

下面通过两个例子分别演示如何利用方法和内联事件处理器实现事件监听和处理。

【例 2-14】使用方法事件处理器的 v-on 应用示例。

（1）创建 2-14.html 文件，程序代码如下：

```
<body>
   <div id="app">
      <button v-on:click='calc'>求和</button>
      <div>{{total}}</div>
   </div>
</body>
<script type="text/javascript">
   const RootComponent = {  //创建根组件
      data:function(){
         return {
            total: 0
         }
      },
      methods:{
        calc: function(){
           this.total = this.total + 10
        }
      }
   }
```

```
    const vueApp = Vue.createApp(RootComponent)  //创建 Vue 应用实例
    vueApp.mount("#app")  //挂载处理
</script>
```

（2）运行程序，浏览器页面上显示按钮“求和”，单击该按钮，显示计算结果为 10。

（3）代码分析如下。

① HTML 代码中 v-on 作为 button 元素新增属性，为 button 元素绑定了单击（click）事件；calc 是组件 methods 选项中定义的事件处理函数，v-on 属性表达式使用了函数名来调用事件处理函数。

② JavaScript 代码中事件处理函数可获得 DOM 事件对象。修改 calc 函数代码为：

```
calc: function(event){
      this.total = this.total + 10
      alert(event.target.tagName)
}
```

此时 calc 函数会自动接收按钮的单击事件对象，我们可以通过 event.target.tagName 访问到该 DOM 元素。当你单击“求和”按钮时，会弹出对话框并显示“BUTTON”，表示当前 DOM 元素标签名为 BUTTON。

【例 2-15】使用内联事件处理器的 v-on 应用示例。

（1）创建 2-15.html 文件，程序代码如下：

```
<body>
  <div id="app">
     <button v-on:click='count++'>计数</button>
     <div>{{count}}</div>
     <button v-on:click='calc(1, 2, $event)'>求和</button>
     <div>{{total}}</div>
  </div>
</body>
<script type="text/javascript">
  const RootComponent = {  //创建根组件
     data:function(){
        return {
           count: 0,
           total: 0
        }
     },
     methods:{
       calc: function(x, y, event){
          this.total = x + y
          alert(event.target.tagName)
       }
     }
   }
   const vueApp = Vue.createApp(RootComponent)  //创建 Vue 应用实例
   vueApp.mount("#app")  //挂载处理
</script>
```

（2）运行程序，浏览器页面上显示按钮“计数”和“求和”，每单击一次“计数”按钮，显示计数加 1；单击“求和”按钮，显示结果为 3，同时弹出对话框并显示“BUTTON”。

（3）代码分析：本例演示了内联事件处理器应用的两种常见情况，一是事件处理函数中只包含一条语句，即“计数”按钮的单击事件；二是事件处理函数需要传递自定义参数，即“求和”按钮的单击事件。

2.5.2 事件修饰符

事件处理过程中，常常需要处理阻止事件冒泡、阻止默认事件等特殊情况，尽管 DOM 事件对象有相应的处理方法，但 Vue 仍然为 v-on 指令提供了一组事件修饰符，让我们可以编写只与纯粹业务逻辑相关的代码，而无须关注对 DOM 事件细节的处理。

1. Vue 事件修饰符

（1）.stop：阻止事件冒泡。

（2）.self：只有当前元素本身有事件触发时，才调用事件处理函数。

（3）.prevent：阻止默认事件。

（4）.capture：使用捕获模式添加事件监听器。

（5）.once：实现事件只被触发一次。

（6）.passive：以{passive:true}模式添加事件监听器。

2. 修饰符的具体应用方法

下面通过一些应用场景，来讲解以上事件修饰符的具体应用方法。

（1）HTML 页面上，粉色的 div 元素包裹在蓝色的 div 元素中，利用.stop 修饰符实现单击对应颜色的 div 元素，仅会显示对应颜色的信息。

HTML 代码：

```
<div class="s_blue" v-on:click="blue()">
      <!-- 阻止单击事件的继续传播-->
      <div class="s_pink" v-on:click.stop="pink()"></div>
</div>
```

JavaScript 代码：

```
blue(){
    alert('蓝色区域')
},
pink(){
    alert('粉色区域')
}
```

CSS 代码：

```
.s_blue {
      width: 200px;height: 200px; background-color: lightblue;
}
.s_pink {
      width: 100px;height: 100px; background-color: lightpink;
}
```

执行上述代码，你会发现单击粉色 div 元素时，仅显示信息“粉色区域”。由此可知，.stop 的作用是阻止元素自身的冒泡行为，使得当前元素的事件不会继续往外传播。

（2）HTML 页面上绿色、蓝色和粉色的 div 元素依次包裹，利用.self 修饰符使得只有单击蓝色 div 元素时，才会显示“蓝色区域”信息。

HTML 代码：

```
<div class="s_green" v-on:click="green">
      <!-- 仅当前元素有事件被触发时，才调用事件处理函数 -->
      <div class="s_blue" v-on:click.self="blue">
            <div class="s_pink" v-on:click="pink"></div>
      </div>
</div>
```

JavaScript 代码：

```
green(){
    alert('绿色区域')
},
blue(){
    alert('蓝色区域')
},
pink(){
    alert('粉色区域')
}
```

CSS 代码：

```
.s_green {
     width: 300px;height: 300px; background-color: lightgreen;
}
.s_blue {
     width: 200px;height: 200px; background-color: lightblue;
}
.s_pink {
     width: 100px;height: 100px; background-color: lightpink;
}
```

执行上述代码，你会发现单击粉色 div 时会依次显示粉色、绿色 div 元素的颜色信息，显然，事件冒泡发生了，但由于增加了.self 修饰符，蓝色 div 元素本身未有事件被触发，因此，事件冒泡未影响到蓝色 div 元素。这也说明.self 使得当前元素不响应内部元素冒泡上来的事件，但不阻止事件继续向外传播。

（3）针对 HTML 页面上的表单，利用.prevent 修饰符实现单击“提交”按钮，执行表单自定义提交处理函数 onSubmit。

HTML 代码：

```
<!-- 阻止表单默认提交事件-->
<form v-on:submit.prevent="onSubmit">
    <input type="text" />
    <input type="submit" value="提交"/>
</form>
```

JavaScript 代码：

```
onSubmit(){
   alert("自定义提交")
}
```

（4）HTML 页面上有祖、父和子 div 元素形成的三层嵌套结构，利用.capture 修饰符实现从祖 div 元素到子 div 元素相关信息的依次显示。

HTML 代码：

```
<div v-on:click.capture="outer">
     <div v-on:click.capture="middle">
          <div v-on:click.capture="inner">单击 div</div>
     </div>
</div>
```

JavaScript 代码：

```
inner(){
    alert("内层 div")
},
```

```
middle(){
    alert("中层 div")
},
outer(){
    alert("外层 div")
}
```

（5）对于 HTML 页面上“单击一次”按钮，利用.once 修饰符实现对此按钮仅响应单击事件一次。

HTML 代码：

```
<button v-on:click.once="doOnce">单击一次</button>
```

JavaScript 代码：

```
doOnce(){
    alert('button 单击事件一次')
}
```

（6）HTML 页面上有一个带滚动条的 div 元素区域，利用.passive 修饰符使得浏览器能及时响应用户操作，确保顺畅的滚动体验。

HTML 代码：

```
<div v-on:scroll.passive="onScroll" class="s_area">
        使用.passive 修饰符，其作用就是告知浏览器监听器不要去调用 event.preventDefault()，
    使得当前 div 区域滚动事件（scroll）的默认行为立即发生，而无须等待 onScroll 函数执
    行完成。
</div>
```

JavaScript 代码：

```
onScroll(){
    for (let i = 0; i < 10; i++) {
        console.log(i)
    }
}
```

CSS 代码：

```
.s_area{
    width:200px;height:150px; border: 2px solid red; overflow: scroll;
  }
```

上述 HTML 代码对 div 元素的滚动（scroll）事件增加了.passive，即设置 passive=true，这意味着事先告知浏览器监听器不要去调用 event.preventDefault 函数，也就是不要阻止滚动事件的默认行为。当用户在屏幕上进行操作时，浏览器会立即响应，从而提高响应速度和用户体验（移动端效果更为明显）。

（7）HTML 页面上 button 元素包含 a 子元素，利用.prevent 和.stop 修饰符，阻止 a 元素链接跳转的默认行为和事件继续向外传播。

HTML 代码：

```
<button v-on:click="doClick" >
    <!--采用修饰符链式写法，使得.stop 和.prevent 同时生效-->
    <a v-on:click.stop.prevent="doHref">单击链接</a>
</button>
```

JavaScript 代码：

```
doHref(){
    alert('链接')
},
doClick(){
```

```
        alert('button 单击事件')
    }
```

上述 HTML 代码中，语句 v-on:click.stop.prevent="doHref"采用了修饰符链式写法。通过这种联合使用修饰符的方式，Vue 为我们提供了应对开发过程中的多重需求的便利。

2.6 计算属性

微课视频

我们知道，插值表达式所采用的 JavaScript 表达式的执行结果可直接作为渲染数据，但这里的表达式通常只能对响应式数据进行一些简单的操作，否则代码会显得臃肿，不利于维护。Vue 提供的计算属性专门用于描述依赖响应式数据的复杂逻辑处理。

计算属性是组件的选项之一，其语法如下：

```
computed: {
    计算属性名: {  //定义计算属性
        get: function() {  //getter 函数
            return ...  //响应式数据的相关逻辑，返回处理结果
        },
        set: function(newValue) {  //setter 函数
            ...  //更改响应式数据
        }
    }
}
```

其中 computed 为计算属性选项关键字。计算属性选项是一个对象，它可声明一个或多个计算属性。每个计算属性都是可读可写的，但默认情况下计算属性是只读的，只有特殊情况下才需要它“可写”。因而，通常计算属性语法会简化为：

```
computed: {
    计算属性名: function() {  // getter 函数
        return ...  //响应式数据的相关逻辑，返回处理结果
    }
}
```

下面通过一个例子演示计算属性的使用方法。

【例 2-16】利用计算属性实现人民币与港币的兑换。

（1）创建 2-16.html 文件，程序代码如下：

```
<body>
  <div id="app">
     <h4>人民币兑换港币</h4>
     兑换率: <input type="text" v-model="rate"/><br/>
     输入人民币金额: <input type="text" v-model="money"/><br/>
     兑换后港币金额: <span>{{ex_money}}</span>
  </div>
</body>
<script type="text/javascript">
   const RootComponent = {  //创建根组件
     data () {
        return {
           money:0,  //人民币金额
```

```
            rate: 0.878  //兑换率
          }
        },
        computed:{
          ex_money: function(){  //计算属性
            return this.money/this.rate
          }
        }
      }
      const vueApp = Vue.createApp(RootComponent)  //创建 Vue 应用实例
      vueApp.mount("#app")  //挂载处理
    </script>
```

（2）运行程序，浏览器页面上显示的执行效果如图 2-12 所示。输入人民币金额 100 元，下方立即显示兑换后的港币金额，当你改变兑换率时，港币金额也会随之更新为最新结果。

人民币兑换港币

兑换率：0.878
输入人民币金额：100
兑换后港币金额：113.89521640091117

图 2-12　例 2-17 执行效果

（3）代码分析如下。

① HTML 代码中的两个 input 元素用于输入兑换率和兑换前的人民币金额，它们与 JavaScript 代码中响应式数据 rate 和 money 分别进行了双向绑定。在 JavaScript 代码的组件中定义了一个计算属性 ex_money，其值依赖于表达式 this.money/this.rate 的运算结果。HTML 代码中插值表达式引用了该计算属性。

② 从执行效果可知，如果只是刷新页面兑换后港币金额不会发生任何改变，而当输入的兑换率或是人民币金额发生改变时，都会引起兑换后港币金额的变化，这说明计算属性是具有缓存性质的，即仅当所依赖的响应式数据发生变化时，才会重新执行表达式进行计算与更新。因此，计算属性很适合运算复杂但所依赖的响应式数据变化频率较小的场景。

2.7 数据监听器

当我们需要对数据及其衍生数据进行响应式渲染时，利用计算属性可以很好地实现。而在有些情况下，需要在当前数据变化的同时修改其他的数据，为此，Vue 提供了数据监听器，它可对数据进行监听，一旦数据发生变化，则触发相应函数的执行，以达到改变其他数据的目的。

数据监听器是组件的选项之一，其语法如下：

```
watch: {
    属性名: function(newValue, oldValue) {  //函数声明方式
        ...  //改变其他数据的业务逻辑代码
    },
    属性名: {  //对象声明方式
        handler(newValue, oldValue) {  //监听处理函数
            ...  //改变其他数据的业务逻辑代码
        },
        deep: true/false,  //是否深度监听
        immediate: true/false  //是否立即调用监听处理函数
        ...
    }
}
```

其中 watch 为数据监听器选项关键字，与计算属性类似，数据监听器也是一个可以声明一个或多个监听器属性的对象，且这些属性应为组件定义的响应式数据。数据监听器有函数和对象声明两

种方式，前者直接使用监听处理函数，针对单个属性值变化，实现对其他数据的操作，函数的默认参数为 oldValue、newValue，它们分别表示属性变化前和变化后的值；后者所声明的监听器对象包含监听处理函数以及一些选项，多用于包含嵌套属性的情况，如对象或数组。

下面通过一个例子来演示数据监听器的具体应用方法。

【例 2-17】利用数据监听器实现对不同类型数据的监听。

（1）创建 2-17.html 文件，程序代码如下：

```
<body>
   <div id="app">
      <h4>观察以下数据的变化</h4>
      字符串：<input type="text" v-model="str"/>
      对象：<input type="text" v-model="obj.name" />
      数组：<input type="text" v-model="arr[0]" />
   </div>
</body>
<script type="text/javascript">
    //创建根组件
    const RootComponent = {
        data () {
          return {
              str: 'string', //字符串
              obj:{name: '张三', age:'20'}, //对象
              arr:['广州','佛山']  //数组
          }
        },
        watch:{
          str:function(newValue, oldValue){
              this.str = newValue;
              console.log("字符串 str 被改变了！" + newValue)
          },
          obj:{
              handler:function(newValue, oldValue){  //handler 选项：实现业务逻辑
                  console.log("对象的 name 属性被改变了！" + newValue['name'])
              },
              deep:true  //深度监听
          },
          arr:{
              handler:function(newValue, oldValue){  //handler 选项：实现业务逻辑
                  console.log("数组 arr 被改变了！" + newValue[0])
              },
              deep:true //深度监听
          }
        }
    }
    //创建 Vue 应用实例
    const vueApp = Vue.createApp(RootComponent)
    //挂载处理
    vueApp.mount("#app")
</script>
```

（2）运行程序，浏览器页面上显示“字符串”、“对象”和“数组”3 个输入框，当你改变任何

一个输入框的值时，控制台上会显示相应的提示信息，以及该输入框中的最新内容。

（3）代码分析如下。

① JavaScript 代码中组件 data 选项定义了一个单个属性（字符串 str）、两个嵌套属性（对象 obj 和数组 arr）。对于 str 使用函数方式声明监听器，对于 obj 和 arr 则使用对象方式声明监听器。

② 观察代码和执行效果（见图 2-13），你会发现 HTML 代码中“对象”输入框绑定的是 obj.name 而不是 obj 本身，但依然能监听到 obj.name 的变化，其原因是 deep 选项被设置为 true，表示监听所有嵌套层中各属性的变化。数组 arr 的情况类同。

③ 通常监听器在数据变化时，才会执行监听处理函数，但有时需要在监听器开始工作前进行初始化操作，我们可通过设置 immediate 选项为 true 来实现。在本例数组 arr 监听器中增加选项 immediate=true，刷新页面控制台，马上控制台上就会显示“数组 arr 被改变了!广州”。

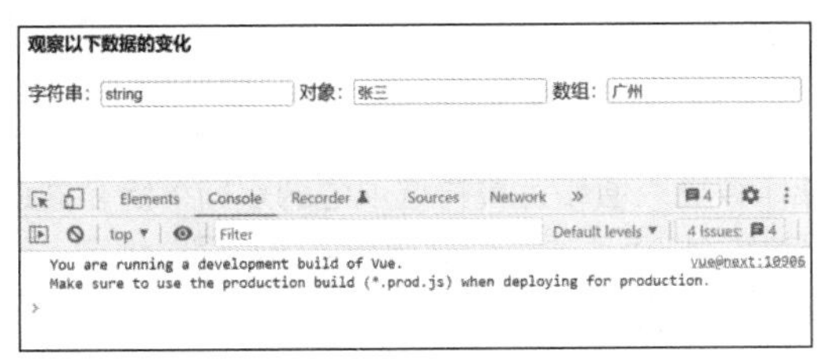

（a）浏览器页面上显示的输出效果

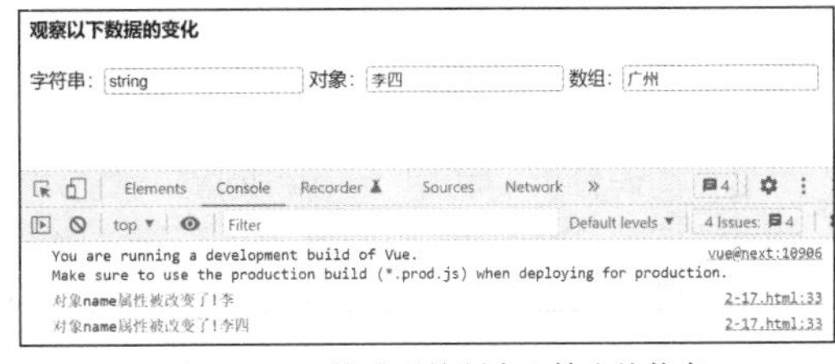

（b）obj.name 修改后控制台上输出的信息

图 2-13 例 2-17 中 obj.name 改变前后的执行效果

应用实践

项目 2-1 简易计算器

本项目通过“简易计算器”项目，帮助学习者进一步掌握单向和双向绑定、条件渲染，以及数据监听器等基础语法的综合应用。

1. 需求描述

网页版简易计算器包括操作数输入框、运算符下拉列表框和计算处理按钮。用户输入操作数，选择运算符，单击“计算”按钮，按钮下方应显示运算结果。运算符包括+、-、*、/、**，除平方值运算外，其他运算的操作数均为两个。

最终效果如图 2-14 所示。

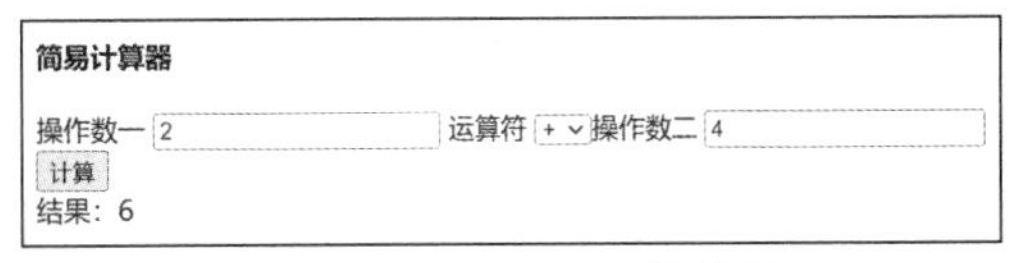

图 2-14 项目 2-1 最终效果

2. 实现思路

（1）采用输入框（input）、下拉列表框（select）和按钮（button），分别构建计算器的操作数输入框、运算符下拉列表框，以及计算处理按钮。

（2）对表单元素 input、select 的数据绑定需要使用双向绑定，计算结果值则利用插值表达式呈现即可；针对“计算”按钮的单击事件，编写事件处理函数以实现计算器的计算功能。

（3）除求平方运算外，其他运算均需要提供两个操作数，也就是说求平方运算需要隐藏第二个操作数，可使用 v-show 指令来实现这个功能。

任务 2-1-1 构建页面布局

（1）构建页面布局，程序代码如下：

```
<h4>简易计算器</h4>
```

```
操作数一<input type="number" v-model="oper_1"/>
运算符<select  v-model="selected">
        <option value="+">+</option>
        <option value="-">-</option>
        <option value="*">*</option>
        <option value="/">/</option>
        <option value="**">**</option>
       </select>
<span v-show="isSeen">操作数二
    <input type="number" v-model="oper_2" />
</span>
<div>
      <button v-on:click="calculate">计算</button>
      <div >结果：{{result}}</div>
 </div>
```

（2）代码分析：利用 v-model 实现了两个操作数输入值和运算符选项值的双向绑定，通过 v-show 控制“操作数二”输入框的显示与隐藏，使用插值表达式呈现计算结果值，同时绑定“计算”按钮的单击事件，其事件处理函数 calculate 函数用于实现运算操作。

任务 2-1-2　创建根组件和 Vue 应用实例

（1）创建根组件和 Vue 应用实例，程序代码如下：

```
const RootComponent = {  //创建根组件
      data () {
         return {
            isSeen: true,
            selected: '',
            oper_1:0,
            oper_2:0,
            result:0
         }
      },
      methods:{
        calculate:function(){
           if(this.selected === ''){
               alert("请选择运算符")
               return
           }
           switch(this.selected){
              case "+":
                 this.result = this.oper_1 + this.oper_2
                 break
              case "-":
                 this.result = this.oper_1 - this.oper_2
                 break
              case "*":
                 this.result = this.oper_1 * this.oper_2
                 break
              case "/":
                 this.result = this.oper_1 / this.oper_2
                 break
```

```
                case "**":
                    this.result = this.oper_1 * this.oper_1
                    break
            }
        }
    },
    watch:{
        selected(newValue, oldValue){
            if(newValue === "**"){
                this.isSeen = false
            } else {
                this.isSeen = true
            }
        }
    }
}
const vueApp = Vue.createApp(RootComponent)  //创建 Vue 应用实例
vueApp.mount("#app")  //挂载处理
```

（2）代码分析：根组件 RootComponent 的 data 选项定义了响应式数据；methods 选项中定义了事件处理函数 calculate；watch 选项中定义了监听器属性 selected，用于监听运算符下拉列表框，当选择的是“**”时，将 isSeen 置为 false，使得“操作数二”部分隐藏，以完成对“操作数一”的求平方运算。

项目 2-2　历史名城典故页面

本项目通过“历史名城典故页面”项目，帮助学习者进一步掌握对循环渲染与事件监听处理相结合的应用。

1. 需求描述

历史名城典故页面包括左侧城市列表和右侧名城典故内容，当用户选择左侧城市列表中某个城市时，应能够在右侧名城典故内容部分显示对应的名城典故信息。

最终效果如图 2-15 所示。

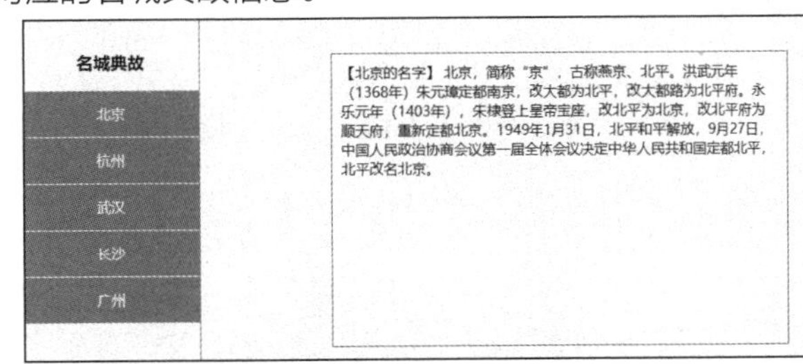

图 2-15　项目 2-2 最终效果

2. 实现思路

（1）采用列表（ul、li）、区块（div）元素，分别构建城市列表和名城典故内容。

（2）使用 v-for、v-text 指令和列表元素实现城市列表效果；使用 v-on 指令为列表中每个城市选项绑定事件，以监听该选项的单击事件，并利用对应的事件处理函数实现名城典故的呈现。

任务 2-2-1　构建页面布局

（1）构建页面布局，程序代码如下：

```
<div class="wrap">
    <aside class="left">
        <h4>名城典故</h4>
        <ul>
```

```
            <li v-for="(item, index) in citys" v-bind:key="item" v-text="item"
            v-on:click="getStory(index)"></li>
        </ul>
    </aside>
    <article class="right">
        <div id="storyForm" class="content" >
            {{cityStory}}
        </div>
    </article>
</div>
<div class="clear"></div>
```

（2）代码分析：加粗字体部分代码中 v-for="(item, index) in citys"使用 v-for 指令遍历数组 citys，将每个数组元素填充到 li 元素中；v-text="item"使用 v-text 指令呈现数组元素值；v-on:click="getStory(index)"使用 v-on 指令为每个 li 元素绑定单击事件，其中 getStory 是事件处理函数，参数 index 是数组元素序号，由于需要传递参数给事件处理函数，这里使用了内联 JavaScript 语句形式。

任务 2-2-2　创建根组件和 Vue 应用实例

（1）创建根组件和 Vue 应用实例，程序代码如下：

```
const RootComponent = {  //创建根组件
    data () {
        return {
            citys:["北京","杭州","武汉","长沙","广州"],
            storys: ['【北京的名字】北京，简称"京"，古称燕京、北平。......',
            '【西湖十景】西湖十景题名源于宋代院画的山水题名......',
            '【陈怀民路】陈怀民路在武汉市江岸区的中山大道上，......',
            '【古长沙】在古长沙的史前文化中有许多动人的传说。炎帝教耕，......',
            '【六榕寺】北宋元符三年（1100 年），苏轼从海南北归，路经广州，......'
            ],
            cityStory:''
        }
    },
    methods:{
        getStory:function(index){
            this.cityStory = this.storys[index]
        }
    }
}
const vueApp = Vue.createApp(RootComponent)  //创建 Vue 应用实例
vueApp.mount("#app")  //挂载处理
```

（2）代码分析：根组件 RootComponent 的 data 选项定义了城市列表数组 citys 和名城典故数组 storys，以及用于存储指定城市对应典故的字符串 cityStory，为了方便处理，这里 citys 中的城市与 storys 中的典故是一一对应的；methods 选项中定义了 getStory 作为单击 li 元素的事件处理函数，根据指定城市序号将对应的典故赋值给 cityStory，使得页面右侧的内容更新为对应的典故。

同步训练

请利用 v-model、v-if 指令实现学情问卷调查页面效果。图 2-16（a）所示的是程序运行的初始效果，当用户输入调查内容并单击“提交”按钮后将显示调查结果，如图 2-16（b）所示。提示：“性别”“你已学习的语言”可分别使用 type 为 radio、checkbox 的 input 元素来构建。

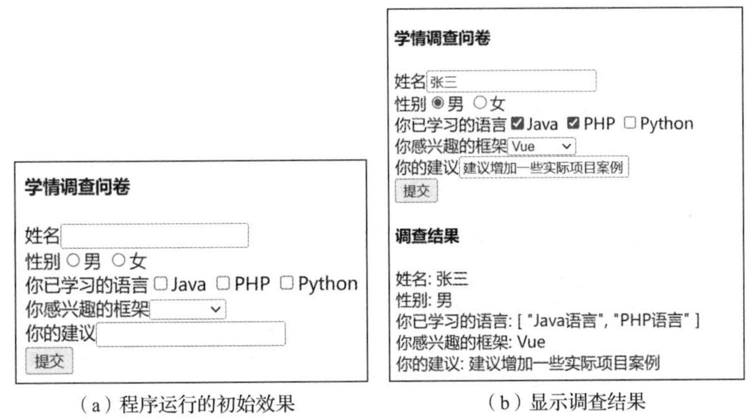

（a）程序运行的初始效果　（b）显示调查结果

图 2-16　同步训练执行效果

单元小结

1. Vue 基于标准 HTML、CSS 和 JavaScript 构建用户界面，帮助开发人员高效开发用户界面。开发者可以选择原生 HTML、以组件嵌入网页、单页应用（SPA）或服务器端渲染等方式来使用 Vue。

2. 采用原生 HTML 开发方式编写 Vue 应用程序，其内容如下。

（1）导入 Vue 库文件。

（2）选择挂载点。

（3）声明渲染数据的 HTML 代码结构。

（4）利用 JavaScript 定义数据和操作数据。

（5）创建 Vue 应用实例和进行挂载处理。

3. 常用术语如下。

（1）模板语法：Vue 提供的对组件中 template 选项内容所使用的语法规则，分为插值语法和指令语法两种。

（2）响应式数据：Vue 响应性特性的体现，即数据的变化会带来 HTML 页面输出内容的更新。

（3）挂载点：用于指定数据将被渲染的位置。Vue 允许除<html>和<body>标签之外的任意 HTML 标签所表示的 DOM 元素作为挂载点。

4. 数据绑定分为单向和双向两种，其中单向绑定指的是数据改变会带动视图更新，但视图改变不会影响数据；双向绑定则是指数据改变会引起视图变化，反之视图变化也会带动数据的改变。可用于单向绑定的包括插值表达式，以及 v-text、v-html、v-bind、v-if/v-else/v-else-if、v-show、v-on、v-for 等指令；双向绑定指令为 v-model。

5. Vue 事件处理机制中，事件监听采用 v-on 指令为 DOM 元素绑定监听器，以监听 DOM 事件和触发事件处理代码的执行。同时对于 DOM 事件的特殊情况，如事件冒泡、默认事件等，Vue 还提供了.stop、.self、.prevent、.capture、.once 和.passive 事件修饰符。

单元练习

一、选择题

1. 下列关于 Vue 实例对象的说法不正确的是（　　）。
   A. Vue 应用实例是通过调用 createApp 创建的
   B. 每个 Vue 应用程序中只能有一个 Vue 应用实例
   C. 通过 methods 参数可以定义事件处理函数
   D. Vue 实例对象中 data 数据不具有响应特性
2. Vue 实例对象中能够监听数据变化的是（　　）。
   A. watch　　B. filters　　C. watching　　D. components
3. Vue 中实现数据双向绑定的指令是（　　）。
   A. v-bind　　B. v-for　　C. v-model　　D. v-if
4. 在 Vue 中，能够实现页面单击事件绑定的代码是（　　）。
   A. v-on:enter　　B. v-on:click
   C. v-on:mouseenter　　D. v-on:doubleclick

二、编程题

1. 请使用 v-for、v-on 指令实现图 2-17 所示效果，即单击某个“点赞”按钮时，显示对应的点赞帖子标题。

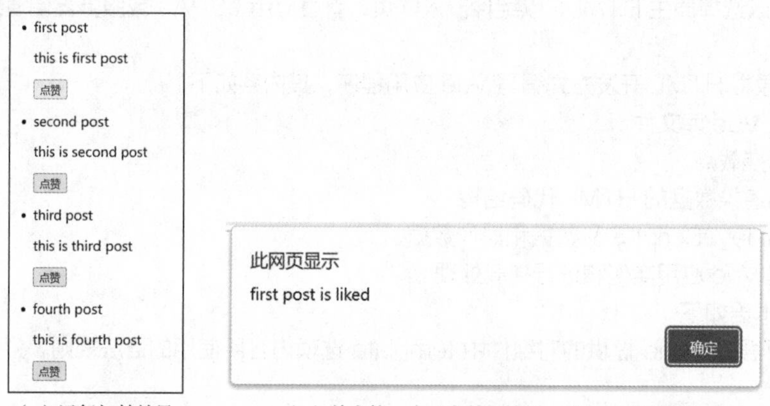

（a）运行初始效果　　（b）单击第一个“点赞”按钮，弹出对话框效果

图 2-17　编程题 1 执行效果

2. 创建一个用户注册表单，其中包括用户名、性别、密码、邮箱、所在地区、爱好，以及“提交”按钮和“重置”按键，其中性别使用单选框，所在地区使用下拉列表框，爱好使用复选框。要求如下。

（1）用户输入密码后，要判断密码长度是否为 6～10 位，如果超出范围，显示报错信息。

（2）用户单击“提交”按钮后，将用户输入的所有信息显示出来。

（3）用户单击“重置”按钮后，将表单上的所有元素置空。

（4）爱好选项值有打球、游泳、看电影、购物、旅游、阅读；所在地区选项值有广州、佛山、深圳。

单元3 组件基础

03

单元导学

组件是 Vue 最强大的功能之一。组件是 Vue 应用程序的基本结构单元，它可以扩展 HTML 元素，封装可重用的代码，提高代码的可复用性，使项目变得更易维护和管理。例如，一个网站的导航菜单会在多个页面中出现，若将导航菜单封装成组件，则可在网站的不同页面中重复使用该组件，从而提高开发效率。本单元主要讲解组件的定义和注册，以及组件间数据传递、组件事件和动态组件的实现，并结合“自定义页面图标样式”项目对组件基础知识进行巩固。

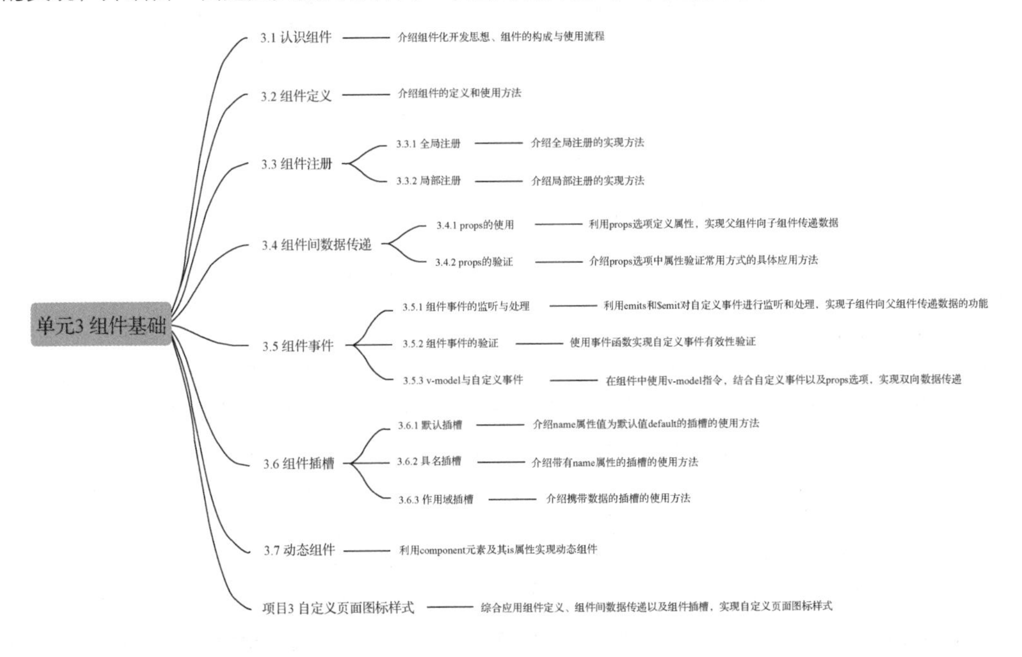

学习目标

1. 理解组件的概念
2. 掌握组件定义方法和注册方法（重点）
3. 能够实现组件间数据传递（重点/难点）
4. 能够实现组件事件监听与处理（重点）

5. 理解组件插槽的概念，并能够应用于实际组件中
6. 能够实现动态组件

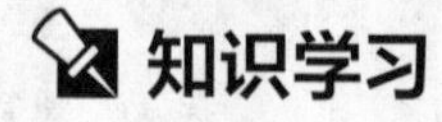

知识学习

3.1 认识组件

Vue 采用的是组件化开发思想，即将一个网页应用拆分为多个小的功能块（组件），每个功能块负责实现对应的功能，并被以组件形式封装起来，在不同页面可重复使用，从而使得页面的管理和维护变得更加容易。

从整体结构来看，每个 Vue 应用程序是由一组组件构成的，规定其中至少包含一个根组件，根组件可包含一个或多个子组件，子组件又可包含自己的子组件，以此类推，形成一棵组件树，如图 3-1 所示。

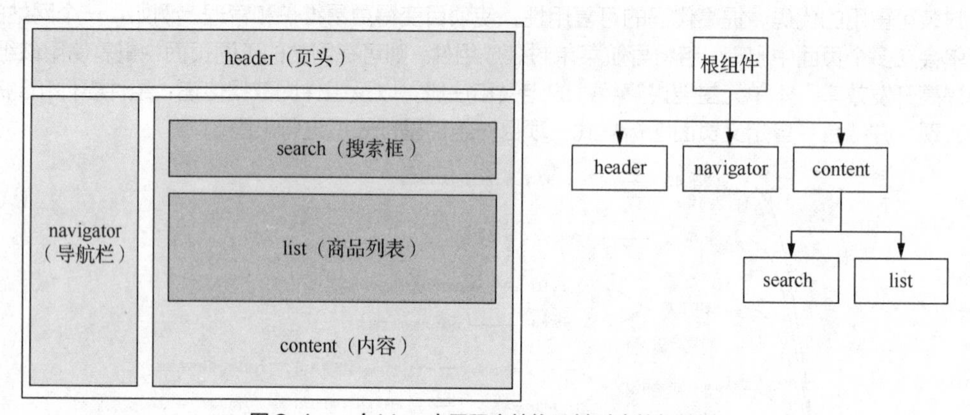

图 3-1 一个 Vue 应用程序结构及其对应的组件树

1. 组件的构成

每个组件根据所负责功能的需求收集图片等相关资源，构建自己的 CSS、HTML 和 JavaScript 代码。我们可以将组件理解为实现完整应用的局部功能代码和资源的集合。组件由以下 3 个部分构成。

（1）template：组件的模板结构，负责页面布局，需定义到<template>标签对中。

（2）script：组件的 JavaScript 行为，负责控制页面布局及其样式，需定义到<script>标签对中。

（3）style：组件的 CSS，负责页面布局样式，需定义到<style>标签对中。

组件是如何将这 3 个部分组织起来完成页面布局构建的呢？在 2.1 节中我们介绍过组件可包含多个选项，如 template、data、methods 等。当我们采用 JavaScript 创建组件时，可以通过 template 选项声明模板结构，通过 data 选项声明数据，通过 methods 选项声明操作数据的函数。这里的数据既可以是页面布局内容，也可以是页面布局样式，从而实现对页面布局及其样式的控制。

现在再了解一下 template 选项。它是需要定义到<template>标签对中的。<template>标签是 HTML5 新增特性，用于表示 HTML template 元素，默认情况下它的内容是不会被显示出来的，在 Vue 中我们利用它来包裹组件的模板结构。template 选项的使用方式有 3 种，如图 3-2 所示，第一种是直接将模板结构写入挂载点中，常用于根组件，如例 2-1；第二种是在组件 template 选项中，采用模板语法的模板字符串（用反撇号进行标识）来定义，比较直观，但当模板结构较为

复杂时可读性较差，应用较少；第三种是先将模板结构写入 HTML template 元素中，再将组件 template 选项设置为该元素 id，以建立两者的关联，这种方式是 10.3.3 小节所讲的单文件组件的雏形，也是实际开发中应用最广泛的方式，因而，本书主要采用这种方式。

```
<body>
    <!--挂载点-->
    <div id="app">
        <!-- 模板内容-->
        ......
    </div>
</body>
<script type="text/javascript">
   const comp = {
        data(){...}
        ......
   }
   const app =Vue.createApp(comp)
   app.mount("#app")
</script>
<style>

</style>
```

（a）方式一

```
<body>
    <!--挂载点-->
    <div id="app">

    </div>
</body>
<script type="text/javascript">
    const comp = {
        template: `...` //模板内容
        data(){...}
        ......
    }
    const app =Vue.createApp(comp)
    app.mount("#app")
</script>
<style>

</style>
```

（b）方式二

```
<body>
    <!--挂载点-->
    <div id="app">

    </div>
    <template id="tpl">
        <!-- 模板内容-->
        ......
    </template>
</body>
<script type="text/javascript">
    const comp = {
        template: "#tpl",
        data(){...}
        ......
    }
    const app =Vue.createApp(comp)
    app.mount("#app")
</script>
<style>

</style>
```

（c）方式三

图 3-2　template 选项的 3 种使用方式

2．组件的使用流程

根据 Vue 组件机制，组件的使用流程如下。

（1）组件定义：利用 JavaScript 创建组件对象。

（2）组件注册：按照使用范围，对组件进行全局或局部注册，并给它起一个组件注册名。

（3）组件调用：以组件注册名为元素名，在 HTML 页面中调用该组件。

3.2 组件定义

组件是以包含 Vue 特定选项的 JavaScript 对象定义的。组件的声明语法为：

微课视频

```
{
    /***渲染类选项***/
    template:``,  //声明模板结构，必选项
    /***数据类选项***/
    data(){return{...  },  //声明并初始化响应式数据
    methods:{},  //声明处理业务逻辑的函数
    computed:{},  //声明计算属性
    watch:{},  //声明数据监听器
    /***其他***/
    name:'',  //声明组件的名字
    components:{},  //注册子组件
    /***生命周期类选项***/
    created(){},...  //生命周期钩子函数
    ......
}
```

其中组件对象的每个属性，我们也称为选项，所有选项中只有 template 是必选项，Vue3 允许 template 包含多个子元素。由于选项较多，组件的声明语法中仅列出了一些常用的。

下面通过一个例子来讲解组件定义和使用的具体方法。

【例 3-1】创建一个名为 MyComponent 的组件。

（1）创建 3-1.html 文件，程序代码如下：

```
<body>
  <div id="app">
     <!--根组件模板结构-->
     <div>
         <h2>{{message}}</h2>
         <!-- 4.调用 MyComponent 组件 -->
         <my-component></my-component>
     </div>
  </div>
  <!--1.声明模板元素-->
  <template id="tp_child">
      <!--MyComponent 组件模板结构-->
      <h1>MyComponent 是自定义的一个组件!</h1>
  </template>
</body>
<script>
   const  MyComponent = {  //2.创建组件
      template: '#tp_child'
   }
   const RootComponent = {  //创建根组件
      data(){
          return{
             message:"我是根组件！"
          }
      },
      components:{  //3.组件注册
        'my-component': MyComponent
      }
    }
    const appObj = Vue.createApp(RootComponent )
    appObj.mount("#app")
</script>
```

（2）运行程序，浏览器页面上显示两行信息：“我是根组件！”，“MyComponent 是自定义的一个组件!”。

（3）代码分析如下。

① 观察加粗字体部分代码，可以看到组件定义及其使用是分 4 步实现的：一是在 HTML 代码中，将模板结构定义到 HTML template 元素中，并指定其 id 为 tp_child；二是利用 JavaScript 创建组件对象，这里对象仅有一个选项 template，该选项值被设置为 tp_child；三是在根组件 components 选项中进行组件注册，注册名为 my-component；四是在根组件的模板结构中，使用注册名作为元素名来调用该组件，此时组件以自定义 HTML 元素形式呈现在 HTML 代码中，为了区别于 HTML 预定义元素，我们称其为组件元素。

② 挂载点内是根组件的模板结构部分，其中调用了 MyComponent 组件，也就是说根组件包

含 MyComponent 组件。

③ 组件是具有可复用性的，即在 HTML 代码中可对组件进行任意次的复用。如果在挂载点内多次使用<my-component>标签对调用该组件，你会发现浏览器页面上会重复显示"MyComponent 是自定义的一个组件!"。

④ 根组件 data 函数的写法 data()等同于 data:function()，这是 ES6 的函数简写方式，后续单元均会采用这种写法。

在例 3-1 中，读者可以注意到组件注册名和组件对象名的命名方式是不一样的。在 HTML 文档中，标签名是不区分字母大小写的，但在 HTML5 中，W3C（World Wide Web Consortium，万维网联盟）规范明确规定 HTML 标签名都应使用小写字母，并应用 kebab-case（短横线分隔命名）方式命名——所有字母小写，名称中各单词用短横线"-"连接。Vue 是基于 HTML 标准的，其组件注册名的命名方式有以下两种。

（1）使用 kebab-case 方式命名，例如：

```
components:{  //组件注册
  'my-component': MyComponent
}
```

使用 kebab-case 方式命名组件注册名时，在 HTML 代码中，也必须使用 kebab-case 方式的标签元素（如 my-component）来调用组件。

（2）使用 PascalCase（每个单词首字母大写）方式，例如：

```
components:{  //组件注册
   'MyComponent': MyComponent
}
```

当使用 PascalCase 方式时，在 HTML 代码中，可以使用大写或小写形式的组件注册名来调用组件，如 my-component 或 My-Component 写法都是可以被接受的。实际开发中，通常将组件注册名与组件对象名命名为同一名字，再使用 kebab-case 方式调用组件，此时上述示例代码可简写为：

```
components:{  //组件注册
    MyComponent
}
```

3.3 组件注册

组件之间是可以相互引用的，但引用之前必须先进行注册。Vue 中组件的注册方式分为全局和局部两种，被全局注册和局部注册的组件分别称为全局组件和局部组件。

3.3.1 全局注册

被全局注册的组件可应用于整个 Vue 应用程序的任意组件中。全局注册的语法为：

```
Vue 应用实例.component('组件注册名', 组件对象)
```

其中 Vue 应用实例是通过 Vue.createApp 函数创建的。

下面通过一个例子来演示全局注册的实现过程。

【例 3-2】 注册全局组件，实现单击按钮计数功能。

（1）创建 3-2.html 文件，程序代码如下：

```
<body>
    <div id="app">
          <button-counter></button-counter>
          <button-counter></button-counter>
```

```
            <button-counter></button-counter>
        </div>
        <template id="tp_child">
            <!--ButtonCounter 组件模板结构-->
            <button @click="count++">单击了{{count}}次</button>
        </template>
    </body>
    <script>
            const RootComponent = {}  //创建根组件
            const ButtonCounter = {  //创建组件
                data(){
                    return{
                        count:0
                    }
                },
                template:'#tp_child'
            }
            const appObj = Vue.createApp(RootComponent)  //创建 Vue 应用实例
            //对 ButtonCounter 全局注册
            appObj.component('ButtonCounter', ButtonCounter)
            appObj.mount("#app")
    </script>
```

（2）运行程序，浏览器页面上显示 3 个按钮，它们可以分别单击并单独计数，如图 3-3 所示。

单击了1次 单击了3次 单击了2次

图 3-3　例 3-2 运行结果

（3）代码分析如下。

① 子组件 ButtonCounter 定义的 count 属性用于计数，其模板结构为 button 元素添加了单击事件和事件处理代码，并将模板结构定义到了 id 为 tp_child 的 HTML template 元素中。

② JavaScript 代码中，使用 appObj.component 函数将 ButtonCounter 注册为全局组件，注册名为 ButtonCounter。

③ HTML 代码中，在挂载点内父组件 3 次调用组件 ButtonCounter，即引用了 3 个 ButtonCounter 组件实例，每个组件实例会各自维护其 count 属性。因此，当 3 个按钮被单击时，它们会单独计数，互不影响。

3.3.2　局部注册

对于多个页面频繁使用的组件来说，采用全局注册非常方便，但很多情况下，我们希望组件的使用范围更加清晰可控，那么，局部注册会更为适宜。局部注册是通过组件 components 选项来实现的，这使得被注册的组件只能在其父组件中使用，这样一来，组件间的依赖关系就非常明确了。

局部注册的语法为：

```
components: {
    '注册名': 组件对象
}
```

其中 components 是被注册组件的父组件的选项。

下面我们通过一个例子来演示局部注册的实现过程。

【例 3-3】注册局部组件的示例。

（1）创建 3-3.html 文件，程序代码如下：

```
<body>
    <div id="app">
        <!--调用 ComponentA 组件-->
          <component-a></component-a>
    </div>
    <template id="tp_child">
        <!--ComponentA 组件模板结构-->
        <h2>ComponentA 是一个局部组件!</h2>
    </template>
</body>
<script>
      const  ComponentA = { //创建组件
         template: '#tp_child'
      }
      const RootComponent = {  //创建根组件
         components:{
            //注册局部组件
            'ComponentA':ComponentA
         }
      }
      const appObj = Vue.createApp(RootComponent)
      appObj.mount("#app")
</script>
```

（2）运行程序，浏览器页面上显示信息“ComponentA 是一个局部组件!”。

（3）代码分析：加粗字体部分代码实现了对 ComponentA 组件的局部注册，这里 components 是根组件选项；ComponentA 被注册后，将成为根组件 RootComponent 的一个局部组件，只能在其父组件 RootComponent 中使用。

3.4 组件间数据传递

组件实例的作用域是相互独立的，这就意味着不同组件之间的数据是无法直接相互引用的。Vue 提供了一些辅助工具，如 props、$emit 等，以实现组件间通信。组件间数据传递最常见的方式是父组件传值给子组件，它是利用组件 props 选项定义的属性来实现的。

微课视频

3.4.1 props 的使用

props 选项的语法为：

```
props:['属性名',...]|{'属性名':{...}, ...}
```

其中包括两种声明方式，一是字符串数组[]，二是 JavaScript 对象{}。字符串数组元素或 JavaScript 对象属性可作为传递数据的载体。属性名要求使用 CamelCase（驼峰）命名方式，即第一个单词首字母小写，其他单词首字母大写，单词首字母之外的字母均小写，如 myProperty，而在模板结构中，作为被调用组件元素的属性时，要求采用 kebab-case 命名方式，如 my-property。

下面通过一个例子来演示父组件向子组件传递数据的实现过程。

【例 3-4】使用 props 实现组件间的数据传递。

（1）创建 3-4.html 文件，程序代码如下：

```
<body>
    <div id="app">
        <!--根组件模板结构-->
        <div>
            <my-component message="我是父组件数据"></my-component>
        </div>
    </div>
    <template id="tp_child">
        <!--子组件模板结构-->
        <div>
            <h3>我是子组件。这是从父组件来的数据：{{message}}</h3>
        </div>
    </template>
</body>
<script>
        const RootComponent = {}  //创建根组件
        const MyComponent = {  //创建组件
            props:['message'],  //声明接收父组件数据的属性 message
            template:'#tp_child'
        }
        const appObj = Vue.createApp(RootComponent)  //创建 Vue 应用实例
        //注册全局组件
        appObj.component('MyComponent', MyComponent)
        appObj.mount("#app")
</script>
```

（2）运行程序，浏览器页面上显示信息“我是子组件。这是从父组件来的数据：我是父组件数据”。

（3）代码分析如下。

① 这里的父组件是根组件 RootComponent，子组件是 MyComponent，为获得父组件传来的数据，在子组件中使用 props 选项声明了字符串数组['message']，message 属性用于接收来自父组件的数据。

② 父组件调用子组件时，在组件元素 my-component 中，添加 message 属性，把需要传递给子组件的数据“我是父组件数据”赋给该属性。

例 3-4 中父组件传递给子组件的值是一个固定值，而在实际应用中，所传递的数据经常是动态变化的，为此，可利用 v-bind 指令对 props 选项中的属性进行绑定，当父组件的数据发生变化时，会自动地引发传递给子组件的数据的更新。

下面通过一个例子来演示父组件如何动态地向子组件传递数据。

【例 3-5】使用 props 实现父组件向子组件动态传递数据。

（1）创建 3-5.html 文件，程序代码如下：

```
<body>
    <div id="app">
        <h3>父组件内容：</h3>
        <h3>{{name}} , {{message}} </h3>
        请输入名字：<input type="text" v-model="name"/>
        请输入信息：<input type="text" v-model="message"/><br/>
```

```
            <!--调用子组件 MyComponent-->
            <my-component :from="name" :msg="message" ></my-component>
        </div>
        <template id="tp_child">
            <div>
                <h4>子组件内容：</h4>
                <span>{{msg}}</span>
                <h4>来自：{{from}}</h4>
            </div>
        </template>
    </body>
    <script>
        const RootComponent = {  //创建父组件
            data(){
                return{
                    name:'RootComponent',
                    message:'父组件的信息'
                }
            }
        }
        const MyComponent = {  //创建组件
            props:['msg','from'],
            template:'#tp_child'
        }
        const appObj = Vue.createApp(RootComponent)  //创建 Vue 应用实例
        //注册 MyComponent 为全局组件
        appObj.component('MyComponent', MyComponent)
        appObj.mount("#app")
    </script>
```

（2）运行程序，浏览器页面上的显示效果如图 3-4 所示。

（3）代码分析如下。

① 这里根组件 RootComponent 是父组件，MyComponent 是子组件。父组件所定义的 name 和 message 属性均与 input 元素进行了双向绑定，从图 3-4 中可以看到 input 元素内容变化后，name 和 message 值也随之变化了。

② 子组件 props 选项定义了数组['msg','from']，用于接收父组件传递过来的值。当父组件调用子组件时，在 my-component 组件元素中添加 from 和 msg 属性，并使用 v-bind 指令（:指令）分别将它们与父组件的 name 和 message 进行了绑定，使得 input 元素内容变化后，不但父组件的 name 和 message 值随之变化，传递到子组件的 from 和 msg 值也会同步更新，如图 3-4（b）所示，从而实现了动态传递数据。

（a）程序运行初始效果

（b）改变父组件数据后的效果

图 3-4　使用 props 实现父组件向子组件动态传递数据

③ 需要注意的是，props 表示从上到下的单向数据流传递，即父组件的数据变化会向下引发传递到子组件的数据的更新，但反之不行。这意味着不应该在子组件内部修改 props 选项中的属性值。

3.4.2 props 的验证

在实际开发中，为了确保他人能正确使用组件，可以对 props 选项中的属性进行验证。验证的作用类似于函数中检查参数类型是否正确。验证内容包括数据类型、值范围等，允许的数据类型包括字符串（String）、数值（Number）、布尔（Boolean）、数组（Array）、对象（Object）、日期（Date）、函数（Function）和符号（Symbol），如果调用组件时传递的数据为 null 或 undefined，则会通过任何类型的验证。例如，props:{num:Number}表示验证 num 属性是否为 Number 类型的，如果是，该组件被调用时，传入非 Number 类型数据，则浏览器控制台会抛出警告信息。

Vue 对 props 选项中的属性验证提供了多种方式，下面介绍一些常用的。

1. 数据类型验证

数据类型为指定的一种类型时，可直接使用类型名。例如：

```
props: {
    propA: Number  //指定 propA 的数据类型为 Number
}
```

如果数据类型允许为多种，需使用数组来表示。例如：

```
props: {
    propB: [String, Number, Boolean]  //指定 propB 的数据类型可为字符串、数值或布尔
}
```

2. 必填值验证

通过 required 选项，将属性设置为必须有值且其数据类型为 type 选项指定的数据类型。验证内容为多项时，需使用对象来表示。例如：

```
props:{
    propC: {
      type: String,  //type 选项用于指定数据类型
      required: true  //将属性设置为必须有值且其数据类型为 type 选项指定的数据类型
    }
}
```

上述代码表示 propC 属性在组件调用时必须有值且其数据为字符串类型。

3. 默认值设置

利用 default 选项，可设置属性默认值。当父组件调用子组件，未在子组件元素中绑定属性，即未传递属性值时，默认值将生效。例如：

```
props:{
    propD: {
      type: Number,
      default: 100  //default 选项用于指定默认值
    }
}
```

上述代码表示属性 propD 为数值类型的数据，其默认值为 100。

如果数据为数组或对象类型的数据，声明 default 时需要使用一个函数返回，例如：

```
props:{
    propE: {
      type: Object,
      default:function() {
```

```
        return {
           message: 'hello' //默认值
        }
      }
    }
}
```

上述代码声明 propE 为对象类型的数据，且其默认值为{message:'hello'}。

4．自定义验证函数

如果需要进行复杂验证，可以自定义验证函数来判断属性是否符合要求。例如：

```
props:{
    propF: {
      validator(value) {  //验证函数，要求 propF 属性的值必须在 0～100 之间
        return value >=0 && value<=100
      }
    }
}
```

下面通过一个例子来演示 props 传递复杂数据及数据验证的实现过程。

【例 3-6】对组件 props 选项传递的数据进行验证。

（1）创建 3-6.html 文件，程序代码如下：

```
<body>
  <div id="app">
    <!--调用 PoetryComp 组件-->
    <poetry-comp :poem-arr="poemData" :num="poemData.length"></poetry-comp>
  </div>
  <template id="tp_child">
    <!--PoetryComp 组件模板结构-->
     <div>
        <h3>诗集中共{{num}}首诗</h3>
        <ul>
           <li v-for="poem in poemArr" :key="poem.id">
              {{poem.name}}.{{poem.author}}--{{poem.describe}}
           </li>
        </ul>
     </div>
    </template>
  </body>
  <script>
    const RootComponent = {  //创建根组件
       data(){
          return{
             poemData:[
                {
                  id:1,
                  name:'登鹳雀楼',
                  author:'王之涣',
                  describe:'白日依山尽，黄河入海流。欲穷千里目，更上一层楼。'
                },
                {
                  id:2,
                  name:'静夜思',
```

```
                        author:'李白',
                        describe:'床前明月光，疑是地上霜。举头望明月，低头思故乡。'
                    },
                    {
                        id:3,
                        name:'春晓',
                        author:'孟浩然',
                        describe:' 春眠不觉晓，处处闻啼鸟。夜来风雨声，花落知多少。'
                    }
                ]
            }
        }
    }
    const PoetryComp = {  //创建组件
        template:'#tp_child',
        props:{
            poemArr:Array,
            num:{
                type: String,
                validator(value) {  //验证函数
                    return value> 0 && value<3
                }
            }
        }
    }
    const appObj = Vue.createApp(RootComponent)  //创建 Vue 应用实例
    //注册 PoetryComp 为全局组件
    appObj.component('PoetryComp',PoetryComp)
    appObj.mount("#app")
</script>
```

（2）运行程序，浏览器页面和控制台显示效果如图 3-5 所示。

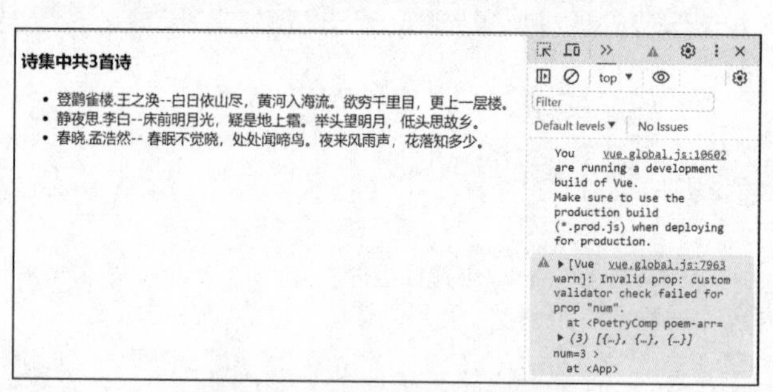

图 3-5　例 3-6 程序运行显示效果

（3）代码分析如下。

① 子组件 PoetryComp 的 props 选项中设置 poemArr 属性为 Array 类型、num 属性为 String 类型。在调用子组件时，父组件 RootComponent 将 poemData 数组及其长度 poemData.length 作为属性值分别传递给子组件的 poemArr 和 num，由于 poemData.length 的类型是数字类型，与 num 所要求的类型不符，因此，浏览器控制台抛出警告信息，如图 3-5 所示。

② num 属性从两个方面验证：一个是类型，另一个是值范围。当你将 num 属性修改为 Number 后，再运行会出现新的警告信息，它是来自 num 验证函数 validator 对于值范围的验证结果。

③ poemArr 数组名称包括两个单词，在父组件模板结构中调用子组件时，需要采用 kebab-case 命名方式，即写成 poem-arr。

3.5 组件事件

props 选项所实现的数据传递是从父组件到子组件的单向传递。如果希望父组件可以监听到子组件数据的变化，即要求子组件向父组件传递数据，则可使用组件事件来实现。与 HTML 元素原生事件不同，Vue 的组件事件可以由开发者来设计事件触发条件，因此也被称为自定义事件。Vue 提供了 emits 选项和$emit 函数，以实现组件事件的监听和处理功能。

微课视频

3.5.1 组件事件的监听与处理

组件事件的监听与处理的实现流程如下。

（1）声明和触发自定义事件。在子组件中，使用 emits 选项声明自定义事件；调用组件实例内置函数$emit，并以事件名称、要传递的数据为参数，触发自定义事件并传递数据给父组件。

（2）监听自定义事件。父组件调用子组件时，在子组件元素中使用 v-on 指令（@指令）监听自定义事件，父组件还需要声明相应的事件处理函数。

我们先来了解一下 emits 和$emit 的使用规则。

（1）emits 选项的语法为：

```
emits:['事件名', ...]|{'事件名': function(){...}, ...}
```

其中包括两种声明方式，第一种是数组方式，事件名为字符串类型；第二种是对象方式，每个事件为一个函数，该函数用于验证事件有效性。这里事件名的命名要求与 props 选项属性名的命名要求是相同的。

（2）$emit 是组件实例的内置函数，其语法为：

```
$emit('事件名',[...'参数名'])
```

其中第一个参数是 emits 选项所定义的事件名；第二个参数为可选项，表示触发事件时传递给父组件的数据，可有多个。

下面通过一个例子来说明组件事件的监听和处理的实现方法。

【例 3-7】在例 3-6 基础上，在页面中增加两个输入框和一个按钮，实现单击按钮新增数组元素、单击数组元素删除对应元素的功能。

（1）创建 3-7.html 文件，程序代码如下：

```
<body>
  <div id="app">
        <div>
          <h3>请输入诗的名称、作者和内容</h3>
          诗名和作者：<input type="text" v-model="name">
          内容：<input type="text" v-model="content">
          <button @click="handleAdd">添加</button>
        </div>
        <!--调用 PoetryComp 组件-->
        <poetry-comp :poemarr="poemData" :num="poemData.length"
        @delete="handleDel"></poetry-comp>
  </div>
  <template id="tp_child">
```

```
      <!--PoetryComp组件模板结构-->
      <div>
        <h3>诗集中共{{num}}首诗</h3>
        <ul >
         <li v-for="(poem,index) in poemarr" :key="poem.id"
         @click="handleClick(index)" >
               {{index+1}}.{{poem.name}}--{{poem.describe}}
          </li>
        </ul>
      </div>
  </template>
</body>
<script>
    const RootComponent = {  //创建根组件
        data(){
         return{
            poemData:[
              {
                id:1,
                name:'登鹳雀楼 王之涣',
                describe:'白日依山尽，黄河入海流。欲穷千里目，更上一层楼。'
              },
              {
                id:2,
                name:'静夜思 李白',
                describe:'床前明月光，疑是地上霜。举头望明月，低头思故乡。'
              },
              {
                id:3,
                name:'春晓 孟浩然',
                describe:' 春眠不觉晓，处处闻啼鸟。夜来风雨声，花落知多少。'
              }
            ],
            name:'',
            content:''
          }
        },
        methods:{
          handleAdd(){
            this.poemData.push({
              id:this.poemData.length+1,
              name:this.name,
              describe:this.content
            })
            this.name = ''
            this.content = ''
          },
          //delete事件处理函数，接收子组件传递过来的数据index并将其作为参数
          handleDel(index){
            this.poemData.splice(index,1)
          }
        }
    }
```

```
    const PoetryComp = {  //创建组件
        template:'#tp_child',
        props:{
            poemarr: Array,
            num: Number
        },
        emits:['delete'],  //声明自定义事件
        methods:{
          handleClick(index){  //click 事件处理函数
            /*
            *$emit()触发自定义事件 delete
            *参数 1 表示自定义事件的名称，参数 2 表示向父组件传递的数据
            */
            this.$emit('delete',index)
          }
        }
    }
    const appObj = Vue.createApp(RootComponent)  //创建 Vue 应用实例
    //注册 PoetryComp 为全局组件
    appObj.component('PoetryComp',PoetryComp)
    appObj.mount("#app")
</script>
```

（2）运行程序，输入一首新诗“登乐游原”，单击原来的第二首诗“静夜思 李白”后，显示效果如图 3-6 所示。

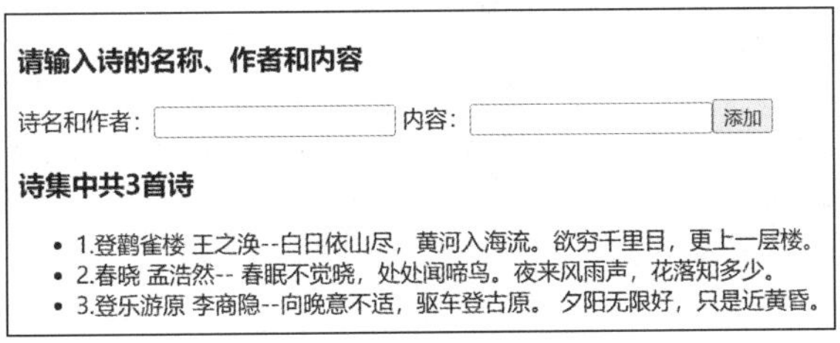

请输入诗的名称、作者和内容

诗名和作者：　内容：　添加

诗集中共3首诗

- 1.登鹳雀楼 王之涣--白日依山尽，黄河入海流。欲穷千里目，更上一层楼。
- 2.春晓 孟浩然-- 春眠不觉晓，处处闻啼鸟。夜来风雨声，花落知多少。
- 3.登乐游原 李商隐--向晚意不适，驱车登古原。夕阳无限好，只是近黄昏。

图 3-6　例 3-7 运行效果

（3）代码分析如下。

① 父组件 RootComponent 中增加了 name 和 content 属性，使用 v-model 指令将这两个属性分别与页面上的两个 input 元素进行双向绑定；新增“添加”按钮，单击此按钮，可将两个 input 元素内容添加到 poemData 数组中。

② 子组件 PoetryComp 利用 emits 选项声明自定义事件 delete，这里使用的是数组声明方式。在模板结构中，使用 v-on 指令（@指令）对 li 元素的单击（click）事件进行监听，并定义 click 事件处理函数 handleClick。在 handleClick 函数中调用$emit()方法以触发 delete 事件，并传递数据 index 给父组件。

③ 父组件调用子组件时，使用 v-on 指令（@指令）监听子组件上的自定义事件 delete；父组件定义 delete 事件处理函数 handleDel，以删除子组件传递过来的 index 值所对应的数组元素。

3.5.2　组件事件的验证

如果 emits 选项采用对象方式声明自定义事件，开发者可使用事件函数对该事件进行验证，以判断其是否有效。触发事件时传递的数据将作为验证函数的参数，多用于验证处理。

下面通过一个例子来演示如何使用 emits 选项验证组件事件的有效性。

【例 3-8】使用 emits 选项对组件自定义事件加以验证。

（1）创建 3-8.html 文件，程序代码如下：

```
<body>
    <div id="app">
        <h2>这是父组件</h2>
        <child-comp @child-click="showInfo"></child-comp>
    </div>
    <template id="temp">
        <div>
            <h3>这是子组件</h3>
            <button @click="handleClick(1)">按钮 1</button>
            <button @click="handleClick(2)">按钮 2</button>
        </div>
    </template>
</body>
<script>
    const RootComponent = {  //创建根组件
        methods:{
          showInfo(num){
              console.log("单击按钮"+num)
          }
        }
    }
    const ChildComp = {  //创建组件
        template:'#temp',
        emits:{
          //原生事件 click 未进行验证处理
          click:null,
          //声明自定义事件 childClick 并进行验证处理
          childClick: function(value){
              if(value == 1)
                  return true  //验证成功
              else
                  return false  //验证失败，控制台抛出警告信息
          }
        },
        methods:{
          handleClick(value){
            this.$emit('childClick',value)
          }
        }
    }
    const appObj = Vue.createApp(RootComponent)  //创建 Vue 应用实例
    //注册 ChildComp 为全局组件
    appObj.component('ChildComp', ChildComp)
    appObj.mount("#app")
</script>
```

（2）运行程序，分别单击“按钮 1”和“按钮 2”，效果如图 3-7 所示。可以看到单击“按钮 2”时，控制台抛出警告信息，提示 childClick 事件验证失败。

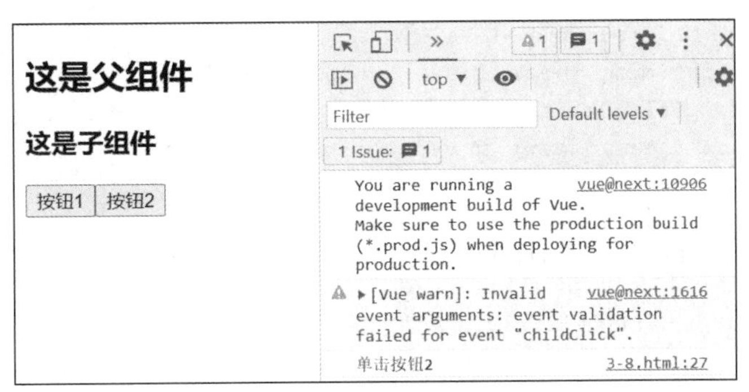

图 3-7　例 3-8 运行效果

（3）代码分析如下。

① 子组件 ChildComp 中，emits 选项采用对象方式声明了两个事件，其中 click 为原生单击事件，赋值为 null 表示无须进行验证；childClick 为自定义事件，同时定义了验证函数，该函数参数 value 为语句 this.$emit('childClick',value)执行时要传递的数据。验证规则是当 value 值为 1 时，返回布尔值 true，表示验证成功；value 值为 2 时，则返回 false，表示验证失败。

② 事件名 childClick 采用 CamelCase 方式命名，在父组件模板结构中，调用该组件使用了 kebab-case 方式，即 child-click。

3.5.3　v-model 与自定义事件

v-model 指令主要用于与表单元素（如 input）的输入值进行双向绑定。其实现原理是通过 v-bind 指令绑定表单元素的输入值 value，同时结合@input 监听输入事件，来动态改变 value 值。以 input 元素为例：

```
<input v-model="message" />
```

上述代码等同于：

```
<input :value="message" @input="message = $event.target.value" />
```

Vue 允许在组件中使用 v-model 指令，结合自定义事件以及 props 选项，实现双向数据传递。例如：

```
<child-input v-model="list"></child-input>
```

上述代码等同于：

```
<child-input
     : modelValue="list"
     @update:modelValue="list = $event"
></child-input>
```

由上述代码可知，在 child-input 组件元素上使用 v-model，需要接收一个 modelValue 属性，同时还需要在 modelValue 值变化时，触发 update:modelValue 事件。这里 modelValue 作为 props 选项定义的属性，update:modelValue 作为自定义事件。相应的 props 和 emits 选项代码如下：

```
props: ['modelValue'],
emits: ['update:modelValue']
```

下面通过一个例子来演示父组件和子组件双向数据传递的实现过程。

【例 3-9】子组件由一个输入框和一个确认按钮组成，在子组件中输入的新内容会在父组件中显示出来。

（1）创建 3-9.html 文件，程序代码如下：

```
<body>
  <div id="app">
```

```
      <!--调用 ChildInputComp 组件-->
      <child-input-comp v-model:c-list="pList"></child-input-comp>
      <h2 v-if='pList.length'>诗歌名：</h2>
      <h3 v-for="(item,index) in pList" :key="index">{{index+1}}--{{item}}</h3>
   </div>
   <template id="tpl_child">
      <!--ChildInputComp 组件模板结构-->
      <div>
         <input v-model="childInput"/>
         <button @click="handleClick">确认</button>
      </div>
   </template>
</body>
<script>
   const RootComponent = {  //创建根组件
      data(){
         return{
            pList:[]
         }
      }
   }
   const ChildInputComp = {  //创建组件
      template:'#tpl_child',
      emits:['update:cList'],
      props:{
         cList:Array
      },
      data(){
         return{
            childInput:''
         }
      },
      methods:{
         handleClick(){
            const arr = this.cList
            if(this.childInput!=''){
               arr.push(this.childInput)
               this.childInput = ""
            }else{
               console.log("请输入内容")
            }
            this.$emit('update:cList',arr)
         }
      }
   }
   const appObj = Vue.createApp(RootComponent)  //创建 Vue 应用实例
   //注册 ChildInputComp 全局组件
   appObj.component('ChildInputComp', ChildInputComp)
   appObj.mount("#app")
</script>
```

（2）运行程序，在输入框中每输入一个诗歌名，单击“确认”按钮，下方列表中就会增加一个诗歌名，如图 3-8 所示。

图 3-8　例 3-9 运行效果

（3）代码分析如下。

① 父组件 RootComponent 中，定义数组 pList 用于存放子组件传递来的数据；通过代码 <child-input-comp v-model:c-list="pList"></child-input-comp>使用子组件 ChildInputComp，其中 v-model 指令指定子组件参数名为 c-list，与数组 pList 进行了双向数据绑定。

② 子组件通过 props 选项定义数组 cList，该数组用于接收父组件传递过来的数组 pList；通过 emits 选项声明自定义事件 update:cList，并在“确认”按钮单击事件处理函数 handleClick 中，调用$emit('update:cList',arr)触发该事件，将 arr 传递给父组件的 pList。

③ Vue 允许单个组件实例上包含多个 v-model，其中每个 v-model 可与不同的 props 属性进行双向绑定。例如，我们需要对子组件传递两个变量 cList 和 num，可将父组件代码修改为：

```
<child-input-comp v-model:c-list="pList" v-model:num="pNum"></child-input-comp>
```

子组件代码修改为：

```
{
    template:'#tpl_child',
    emits:['update:cList', 'update:num'],
    props:{
        cList:Array,
        num:Number
    },
    ......
}
```

3.6 组件插槽

我们利用 props 选项可以向其他组件传递任意类型的数据，但有时我们希望能像使用 HTML 元素一样向组件中直接传递内容。Vue 提供了插槽（slot）来实现这一功能。所谓插槽可理解成一个可以插入的槽口，其作用与电源插座的插口、USB（Universal Serial Bus，通用串行总线）接口类同。使用插槽，组件可更具灵活性和可复用性。插槽可分为默认、具名和作用域 3 种。

微课视频

3.6.1 默认插槽

在组件中使用 slot 元素即可为该组件开启一个插槽，如果 slot 元素 name 属性值为默认值 default，这种插槽就被称为默认插槽。默认插槽的语法为：

```
<!--子组件定义插槽-->
<slot>插槽默认内容</slot>
<!--父组件调用子组件时使用插槽-->
<子组件注册名>父组件内容</子组件注册名>
```

其中 slot 元素可以放在组件中的任意位置；插槽默认内容可以是任意合法的模板结构，也可以是多个元素甚至是组件。当父组件调用子组件时，可在插槽位置增加自己的内容以替换子组件插槽默认内容。

下面通过一个例子来说明默认插槽的具体用法。

【例 3-10】 在组件中定义和应用默认插槽。

（1）创建 3-10.html 文件，程序代码如下：

```
<body>
  <div id="app">
        <!--调用子组件-->
        <child-component>
          <!--插槽内容-->
          {{message}}
        </child-component>
  </div>
  <template id="tp_child">
    <!--子组件模板结构-->
      <div>
          <!--插槽出口-->
          <slot>这是默认值</slot>
      </div>
  </template>
</body>
<script>
  const RootComponent = {  //创建根组件
       data(){
           return{
              message:'这是父组件信息'
           }
         }
  }
  const ChildComponent = {  //创建组件
      template:'#tp_child'
  }
  const appObj = Vue.createApp(RootComponent)  //创建 Vue 应用实例
  //注册 ChildComponent 全局组件
  appObj.component('ChildComponent', ChildComponent)
  appObj.mount("#app")
</script>
```

（2）运行程序，网页中显示信息“这是父组件信息”。

（3）代码分析如下。

① 子组件 ChildComponent 中 slot 元素起到占位符的作用，父组件 RootComponent 传递进来的内容将渲染在这里。

② 父组件调用子组件时，在 child-component 组件元素中加入插值表达式{{message}}，页面渲染 DOM 结构的效果如下：

```
<div id="app">
     <div>
         这是父组件信息
     </div>
</div>
```

这说明父组件{{message}}的返回结果会代替子组件 slot 元素内容。如果子组件中未包含 slot 元素，则 child-component 组件元素内文本内容将不会被渲染；反之，如果子组件中包含 slot 元素，而 child-component 组件元素未添加任何内容，则 slot 元素的默认内容将被渲染出来。因此，插槽的作用可理解为抽取共性、预留不同之处。当我们需要对页面上具有共性的元素或内容进行封装时，就可以在组件中使用 slot 元素占位来预留不同之处，而预留处的内容由使用组件的父组件来决定。

3.6.2 具名插槽

在组件中允许使用多个插槽。为了区分不同插槽对应的渲染内容，可使用 slot 元素的 name 属性为每个插槽分配唯一标识。带有 name 属性的插槽被称为具名插槽。

具名插槽的语法为：

```
<!--子组件定义插槽-->
<slot name='插槽名'>插槽默认内容</slot>
<!--父组件调用子组件时使用插槽-->
<子组件注册名><template v-slot:插槽名>父组件内容</template></子组件注册名>
```

其中 v-slot 指令在调用子组件时用于声明具名插槽，该指令可简写为#，因此，使用插槽的代码也可简写为：

```
<子组件注册名><template #插槽名>父组件内容</template></子组件注册名>
```

下面通过一个例子来演示具名插槽的具体使用方法。

【例 3-11】利用具名插槽模拟手机 App 不同布局的顶部导航条。

（1）创建 3-11.html 文件，程序代码如下：

```
<body>
  <div id="app">
     {{message}}
     <!-- 父组件三次调用子组件 -->
     <!-- 第一次调用子组件 -->
     <child-comp></child-comp>
     <hr>
     <!-- 第二次调用子组件 -->
     <child-comp>
        <template #left><span class="left">购物车</span></template>
        <template #right><span class="right">搜索</span></template>
     </child-comp>
     <hr>
     <!-- 第三次调用子组件 -->
     <child-comp>
        <template #middle><span></span></template>
        <template #right><span class="right">搜索</span></template>
     </child-comp>
  </div>
  <template id="tp_child">
      <!--子组件模板结构-->
      <div class="nav">
         <slot name="left"><button class="left">返回</button></slot>
         <slot name="middle"><input type="text"></slot>
```

```
        <slot name="right"><button  class="right">确定</button></slot>
      </div>
    </template>
  </body>
  <script>
    const RootComp = {  //创建根组件
      data(){
        return{
          message:'父组件信息'
        }
      }
    }
    const ChildComp = {  //创建组件
      template:'#tp_child'
    }
    const appObj = Vue.createApp(RootComp)  //创建 Vue 应用实例
    //注册 ChildComp 全局组件
    appObj.component('ChildComp', ChildComp)
    appObj.mount("#app")
  </script>
```

（2）运行程序，页面显示效果如图 3-9 所示。

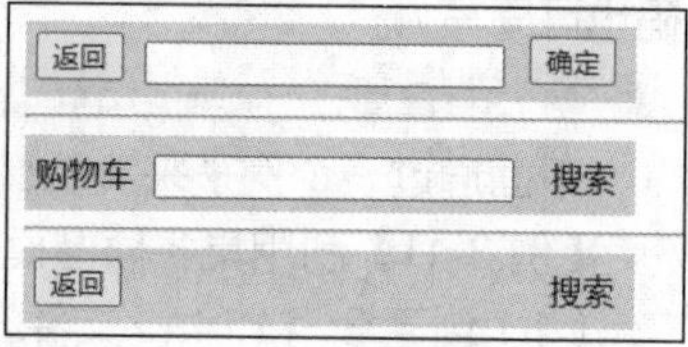

图 3-9　例 3-11 运行效果

（3）代码分析如下。

① 子组件 ChildComp 模板结构中，声明了 3 个 slot 元素，并指定了各自的 name 属性及默认内容。

② 父组件 RootComp 3 次调用子组件，其中第一次未传入任何内容，因而页面显示效果为子组件各 slot 元素默认内容；第二次通过<template #left>、<template #right>，分别替换了子组件中<slot name="left">和<slot name="right">标签元素默认内容；第三次则利用<template #right>标签元素，替换了子组件中<slot name="right">标签元素默认内容。

3.6.3　作用域插槽

组件间通过插槽也可以传递数据。这种携带数据的插槽也称为作用域插槽，它的作用是由子组件提供参数给父组件，父组件利用这些参数按需进行不同的内容填充，从而使得父组件可以访问子组件作用域中的数据。作用域插槽的语法为：

```
<!--子组件定义插槽-->
<slot :属性名="属性值"></slot>
<!--父组件调用子组件-->
<子组件注册名 v-slot="对象名" >{{对象名.属性名}}</子组件注册名>
```

其中子组件绑定的属性用于传递参数；父组件调用子组件时需自定义一个对象，该对象是一个对象类型数据，插槽定义的所有参数均为其属性，可通过“对象名.属性名”方式使用子组件传来的参数。

下面通过一个例子来演示作用域插槽的使用方法。

【例 3-12】利用作用域插槽实现父组件访问子组件数据。

（1）创建 3-12.html 文件，程序代码如下：

```
<body>
```

```
    <div id="app">
      <!--父组件调用子组件-->
      <child-comp v-slot="poemProp">
        <h3>诗歌：</h3>
        <h3>{{poemProp.poem}}</h3>
        <span>{{poemProp.text}}</span>
      </child-comp>
    </div>
    <template id="child">
      <!--子组件模板结构-->
      <slot :poem="poemName" :text="poemText"></slot>
    </template>
  </body>
  <script>
    const RootComp = {}  //创建根组件
    const ChildComp = {  //创建组件
      template:'#child',
      data(){
        return{
          poemName:'春晓',
          poemText:'春眠不觉晓，处处闻啼鸟。夜来风雨声，花落知多少。'
        }
      }
    }
    const appObj = Vue.createApp(RootComp)  //创建 Vue 应用实例
    //注册 ChildComp 全局组件
    appObj.component('ChildComp', ChildComp)
    appObj.mount("#app")
  </script>
```

（2）运行程序，页面显示“诗歌：春晓 春眠不觉晓，处处闻啼鸟。夜来风雨声，花落知多少。”。

（3）代码分析如下。

① 语句<slot :poem="poemName" :text="poemText"></slot>中，poemName 和 poemText 是子组件 ChildComp 的两个属性，分别与子组件 slot 元素的 poem 和 text 属性进行绑定。

② 在父组件 RootComp 调用子组件时，使用 v-slot 指令声明对象 poemProp，通过 poemProp.poem、poemProp.text 分别访问子组件 slot 元素的 poem 和 text 属性。我们也可以使用 ES6 解构赋值方式来接收子组件传来的参数，即父组件调用子组件的代码可修改为：

```
<child-comp v-slot="{poem,text}">
    <h3>诗歌：</h3>
    <h3>{{poem}}</h3>
    <span>{{text}}</span>
</child-comp>
```

③ 本例中的插槽是默认插槽，语句<child-comp v-slot="poemProp">中的 v-slot="poemProp" 等同于 v-slot:default="poemProp"，也可简写为#default="poemProp"。对于具名插槽而言，增加作用域功能的方式也是类似的，但插槽内置属性 name 不会作为参数被传递。以例 3-11 为例，在子组件中定义 num 属性，用于传递参数给父组件，代码如下（加粗字体部分为修改代码）：

```
<!--第二次调用子组件-->
<child-comp>
    <!--自定义对象名 leftProps-->
```

```
    <template #left="leftProps">购物车{{leftProps.num}}</template>
    <template #right><span class="right">搜索</span></template>
</child-comp>
<!--子组件定义插槽-->
<template id="child">
    <slot name="left" num="10"><button class="left">返回</button></slot>
    <slot name="middle"><input type="text"></slot>
    <slot name="right"><button class="right">确定</button></slot>
</template>
```

3.7 动态组件

动态组件是指 Vue 应用程序运行过程中，在同一元素内需要动态切换不同组件。它常用于实现网页中的 tab 选项卡布局。Vue 提供了 component 元素及其 is 属性，以支持动态组件的实现。

动态组件语法格式如下：

```
<component :is="组件名"></component>
```

其中与 is 属性绑定的组件名，即动态切换的组件名。一旦组件名发生变化，Vue 会自动重新发现和渲染相应的新组件，被切换掉的组件也会同时被卸载。

下面通过一个例子来讲解动态组件的具体使用方法。

【例 3-13】使用动态组件，实现菜单项内容的切换。

（1）创建 3-13.html 文件，程序代码如下：

```
<body>
  <div id="app">
     <ul>
         <li v-for="(item,index) in menuItem"
             :key="index"
             :class="{active:current===compItem[index]}"
             @click="current=compItem[index]"
         >{{item}}</li>
     </ul>
     <div class="tab">
        <component :is="current"></component>
     </div>
   </div>
  </body>
 <script>
   const Allusion = {  //创建组件
      template:`<div>名城典故内容</div>`
   }
   const Poem = {  //创建组件
      template:`<div>名城诗词内容</div>`
   }
   const Info = {  //创建组件
      template:`<div>旅游信息内容</div>`
   }
   const Member = {  //创建组件
      template:`<div>会员中心内容</div>`
   }
```

```
    const RootComp = {  //创建根组件
        data(){
          return{
              current:'Allusion',
              menuItem:['名城典故','名城诗词','旅游信息','会员中心'],
              compItem:['Allusion','Poem','Info','Member']
          }
        },
        components:{
           //注册子组件为局部组件
           Allusion,
           Poem,
           Info,
           Member
        }
    }
    const appObj = Vue.createApp(RootComp)  //创建 Vue 应用实例
    appObj.mount("#app")
</script>
```

（2）运行程序，单击不同的菜单项，下面显示菜单项对应内容，效果如图 3-10 所示。

图 3-10　例 3-13 运行效果

（3）代码分析如下。

① JavaScript 代码中定义了 4 个子组件 Allusion、Poem、Info 和 Member，它们的模板结构分别对应着顶部的 4 个菜单项；数组 compItem 用于保存 4 个组件名称；字符串 current 用于记录当前组件名称。HTML 代码中，component 元素的 is 属性与 current 进行了绑定；li 元素的单击事件将触发 current=compItem[index]的执行，index 为当前菜单项索引，这使得某个 li 元素被单击时，current 将更新为当前菜单项对应的组件名，从而实现组件的切换效果。

② 每当组件切换时都将进行卸载旧组件、渲染新组件的操作，这些重复性操作会给程序带来性能下降的问题。为此，我们可以使用 Vue 所提供的内置组件 KeepAlive，将被卸载组件保存在内存中，以保持其“存活”的状态，从而提高程序执行效率。内置组件在使用前是无须注册的，因此，可在本例模板结构中直接添加 keep-alive 组件元素。原程序中加粗字体部分代码修改后如下所示：

```
<!-- 失活的组件将会被缓存，keep-alive 元素中只能包含一个子元素-->
<keep-alive>
    <component :is="current"></component>
</keep-alive>
```

应用实践

项目 3　自定义页面图标样式

本项目通过“自定义页面图标样式”任务，帮助学习者掌握组件基本用法、组件间数据传递以及组件插槽的综合应用。

1. 需求描述

历史名城游网站页面布局中有多处需使用字体图标“+”，要求字体图标形状相同，但在不同页面中可能会调整其颜色或大小。

最终效果如图 3-11 所示。

赏析

更多分类 +

解读《定风波》

此词作于元丰五年春天，词中苏轼清晰地表达了身处困境中仍追求心之自由的信念。

解读《为陈同甫赋壮词以寄》

这首词的前九句，辛弃疾生动地描绘出一位披肝沥胆、忠贞不二、勇往直前的将军形象。

图 3-11　项目 3 最终效果

2. 实现思路

（1）页面布局分为上下两个 div 区域，上面的 div 区域包括标题“赏析”和“更多分类+”，下面的 div 区域使用 li 元素实现两个作品的展示。

（2）引入第三方 RemixIcon 开源图标库。采用组件对字体图标样式设置进行封装，实现字体图标及其样式的按需设置。通过 props 选项来接收使用者的图标样式、字体类型和字体大小参数；在模板结构中，声明插槽用于填充不同布局所需要的字体图标，使用 v-bind 指令（:指令）将图标样式、字体类型和字体大小参数与 props 选项中的属性进行绑定。

（3）在根组件中调用字体图标组件，并传入所需的图标样式、字体类型和字体大小参数。

任务 3-1　构建页面布局

（1）构造页面布局，程序代码如下：

```
//字体图标样式
.icon{
    color:#8e6310;
    font-weight: bold;
 }
//页面布局
<div class="wrap">
    <div class="shangxihead">
        <div class="headleft floatLeft">
             <img src="img/tit_2.jpg" />
        </div>
        <!--调用子组件-->
        <div class="headRight floatRight">
             <a href="#">更多分类
                <icon-comp  :iconcolor="pIconColor" :family="fontType" :size=
                "pSize">
                    <i class="ri-add-fill"></i>
                </icon-comp>
             </a>
        </div>
        <div class="clear">
        </div>
    </div>
    <div class="shangxibody">
        <ul>
            <li>
```

```
            <div class="floatLeft">
                <img src="img/1.png">
            </div>
            <div class="floatRight">
                <h3>解读《定风波》</h3>
                <h5>此词作于元丰五年(1082 年)春天，词中苏轼清晰地表达......</h5>
            </div>
        </li>
        <li>
            <div class="floatLeft">
                <img src="img/2.png">
            </div>
            <div class="floatRight">
                <h3>解读《破阵子・为陈同甫赋壮词以寄之》</h3>
                <h5>这首词的前九句，辛弃疾生动地描绘出一位......</h5>
            </div>
        </li>
        <div class="clear"></div>
    </ul>
  </div>
</div>
```

（2）代码分析：语句<i class="ri-add-fill"></i>表示添加了 RemixIcon 图标库的字体图标“+”，语法规则请读者参考 RemixIcon 官网。

任务 3-2 实现自定义图标样式

（1）定义字体图标组件的模板结构，程序代码如下：

```
<template id="iconstyle">
    <span :class="iconcolor" :style="{fontFamily:family, fontSize:`${size}px`}">
     <slot></slot>
   </span>
</template>
```

（2）创建根组件和字体图标组件，程序代码如下：

```
const RootComp = {  //创建根组件
      data(){
         return{
            fontType:'宋体',
            pIconColor:'icon',
           pSize:14
         }
      }
   }
    const IconComp = {  //创建字体图标组件
       template:'#iconstyle',
       props:{  //声明接收父组件数据的变量
          iconcolor:{
             type:String,
             default:''
          },
          family:{
             type:String,
```

```
                default:'微软雅黑'
            },
            size:{
                type:[Number,String],
                default:16
            }
        }
    }
```

（3）使用字体图标组件，程序代码如下：

```
<div class="headRight floatRight">
    <a href="#">更多分类
        <icon- comp :iconcolor="pIconColor" :family="fontType" :size="pSize">
                <i class="ri-add-fill"></i>
        </icon- comp >
    </a>
</div>
```

（4）代码分析如下。

① 子组件 IconComp 用于实现自定义图标样式设定。在模板结构中，利用 v-bind 指令（:指令）绑定 class 和 style 属性，并留有一插槽；通过 props 选项定义 iconcolor、family、size（它们分别用于接收图标样式、字体类型和字体大小参数），并设置了它们各自接收的参数数据类型和默认值。

② 语句<icon-comp :iconcolor="pIconColor" :family="fontType" :size="psize">中 iconcolor、family 和 size 分别与根组件 RootComp 的 pIconColor、fontType、pSize 进行了绑定，使得子组件能够获得根组件传来的数据。

同步训练

请编写一个自定义页面文字样式组件，并将其应用在页面的标题和文字上。

单元小结

1. 组件是 Vue 应用程序的基本结构单元。每个组件根据所负责功能的需求，构建自己的 CSS、HTML 和 JavaScript 代码，以及收集图片等相关资源。组件可理解为实现完整应用的局部功能代码和资源的集合。

2. 组件由以下 3 个部分构成。

（1）template：组件的模板结构，负责页面布局，需定义到<template>标签对中。它是必选项。

（2）script：组件的 JavaScript 行为，负责控制页面布局及其样式，需定义到<script>标签对中。

（3）style：组件的 CSS，负责页面布局样式，需定义到<style>标签对中。

3. 根据 Vue 组件机制，组件的使用流程如下。

（1）组件定义：利用 JavaScript 创建组件对象。

（2）组件注册：按照使用范围，对组件进行全局或局部注册，并给它起一个组件注册名。

（3）组件调用：以组件注册名为元素名，在 HTML 页面中调用该组件。

4. 组件是以包含 Vue 特定选项的 JavaScript 对象定义的。组件可以包含的选项有 data、methods、template 等。

5. 组件间数据传递常见的方式是父组件传值给子组件，子组件需要通过 props 选项声明属性，来实现对父组件数据的接收。

6. 组件事件是一种由开发者设计触发条件的自定义事件。通过自定义事件可以实现子组件向父组件传递数据。组件事件的监听与处理的实现流程是由子组件通过 emits 选项声明自定义事件，再调用$emit 函数触发自定义事件并传递数据给父组件，而父组件则通过调用子组件监听自定义事件以获取子组件数据。

7. 如果父组件需要访问子组件数据，也可以在子组件中使用 slot 元素开启一个插槽。当父组件调用子组件时，将父组件内容替换子组件的 slot 元素即可。插槽分为默认、具名和作用域插槽 3 种。

8. 使用 component 元素及其 is 属性，可以实现同一元素内不同组件间的动态切换。

单元练习

一、选择题

1. 下列关于自定义组件的说法，错误的是（　　）。

```
appObj.component('my-component',{
    template:`<div><h3>欢迎使用组件</h3></div>`
})
```

A. my-component 是一个全局组件
B. my-component 是组件名称
C. template 中不能包含有多个元素
D. 使用<my-component></my-component>调用组件

2. 在 Vue 中，父组件向子组件传递数据时需要使用的选项是（　　）。

A. emit　　B. props　　C. $emit　　D. computed

3. 注册局部组件，Vue 实例中使用的选项是（　　）。

A. component　　B. components　　C. emits　　D. methods

4. component 元素中，通过（　　）属性来绑定动态组件。

A. show　　B. class　　C. is　　D. style

二、编程题

1. 编写一个登录页面实现“账号密码登录”和“二维码登录”两种方式的切换。

2. 使用插槽实现一个导航栏结构。

单元4 组件进阶

04

单元导学

在了解组件的基础知识及使用方法后，我们已能够使用组件实现简单的页面布局。在 Vue 应用程序运行过程中，每个 Vue 组件都会经历创建、挂载、更新和销毁 4 个阶段。本单元将介绍组件的生命周期及其钩子函数、内置组件 Teleport 的高级功能。同时结合“弹出式登录框”项目，帮助学习者对组件知识有更深入的了解和掌握。

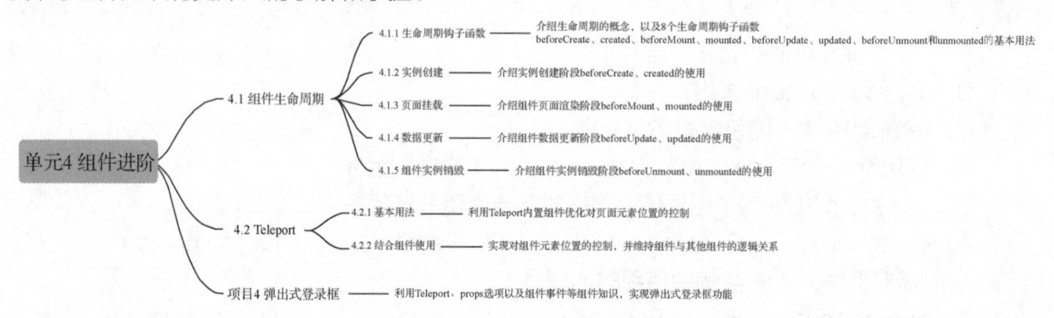

学习目标

1. 理解组件的生命周期
2. 能够使用生命周期钩子函数（重点）
3. 能够结合 Teleport 实现模态框功能（重点）

知识学习

4.1 组件生命周期

在 Vue 应用程序中，每个组件从创建到渲染完成都会经历一系列过程，包括创建组件实例、编译组件模板结构、将组件实例挂载到 DOM 结构，以及在数据发生改变时更新 DOM 结构等，而组件销毁过程也会包含若干个环节。组件从创建、挂载、更新到销毁的一系列过程被称为组件的生命周期。在组件生命周期各个节点执行的函数，被称为生命周期钩子函数。该函数为开发者提供了在生命周期不同阶段

微课视频

自行添加业务逻辑的机会，例如在组件挂载前准备组件所需要的数据、组件销毁时清除残留数据等。

4.1.1 生命周期钩子函数

所谓钩子函数，是指在系统消息触发时立即被系统调用的函数。生命周期钩子函数是 Vue 所提供的组件内置函数，它会在组件生命周期某个阶段进入某个状态时立即自动执行。为了恰当地使用生命周期钩子函数，我们需要了解生命周期各个阶段组件状态变化情况，以及这些状态变化与生命周期钩子函数间的关系。图 4-1 展示了组件在生命周期的不同阶段及主要生命周期钩子函数执行的过程。

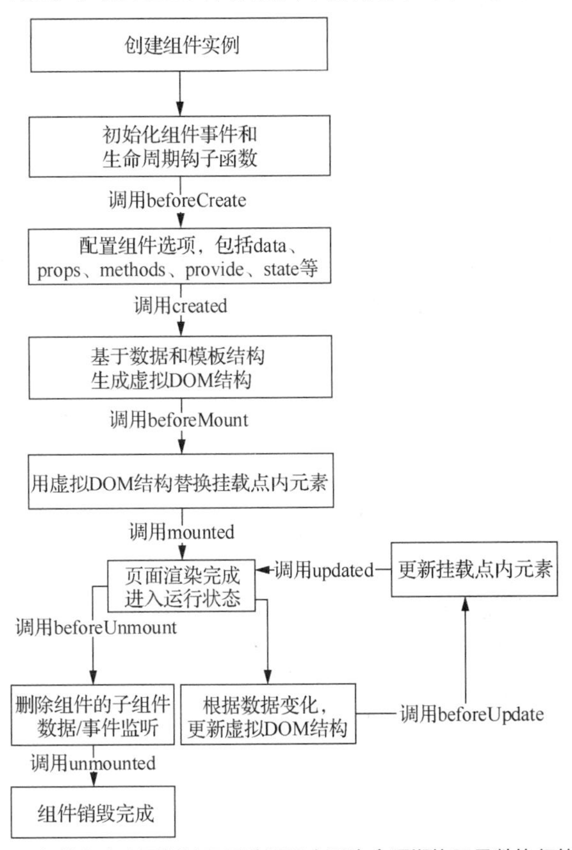

图 4-1 组件在生命周期的不同阶段及主要生命周期钩子函数执行的过程

我们可以将组件生命周期分为 4 个阶段：创建、挂载、更新和销毁。对应地，我们将生命周期钩子函数也分为 4 组来进行介绍。

（1）创建阶段

① beforeCreate：在组件事件和生命周期钩子函数初始化完成之后被调用。

② created：在组件选项配置完成之后被调用。此时，组件中的 data、props、methods 等选项已处于可用状态。

（2）挂载阶段

① beforeMount：在内存中生成虚拟 DOM 结构之后被调用。此时，组件实例还未被挂载。

② mounted：虚拟 DOM 结构替换挂载点内元素之后被调用。此时，组件实例已被挂载，即已成功渲染到页面中，但不保证其所有子组件也完成挂载。

（3）更新阶段

① beforeUpdate：在响应式数据发生改变，且虚拟 DOM 结构被更新之后被调用。

② updated：在更新挂载点内元素之后被调用。

（4）销毁阶段

① beforeUnmount：组件实例被销毁之前调用。此时，组件实例仍然有效。

② unmounted：组件实例被销毁之后调用。

4.1.2 实例创建

创建阶段对组件进行了初始化，完成了组件实例创建工作。具体步骤包括：（1）对组件事件和生命周期钩子函数进行初始化，之后立即调用 beforeCreate 函数；（2）对组件选项的配置进行初始化，之后立即调用 created 函数。

下面通过一个例子来演示 beforeCreate 和 created 函数的应用。

【例 4-1】组件实例创建过程中生命周期钩子函数的应用。

（1）创建 4-1.html 文件，程序代码如下：

```
<body>
    <div id="app">
       <h1>{{message}}</h1>
    </div>
</body>
<script>
      const RootComp = {  //创建根组件
         data(){
            return{
               message:"hello!"
            }
         },
         beforeCreate(){
           console.log('组件事件和生命周期钩子函数初始化已完成，但未配置选项')
           console.log(this.message)
           console.log(this.$el)
         },
         created(){
           console.log('组件实例创建完成')
           console.log(this.message)
           console.log(this.$el)
         }
      }
      const appObj = Vue.createApp(RootComp)  //创建 Vue 应用实例
      appObj.mount("#app")
</script>
```

（2）运行程序，执行效果如图 4-2 所示。

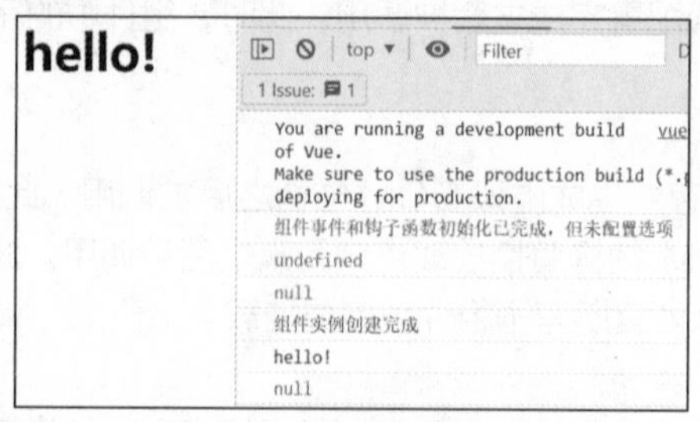

图 4-2 例 4-1 执行效果

（3）代码分析如下。

① 由于生命周期钩子函数是组件的内置函数，因此，应以组件选项方式来使用。

② beforeCreate 函数被调用时，组件选项如 data、methods 等尚未被创建，因此，语句 console.log(this.message)输出信息为 undefined，console.log(this.$el)输出信息为 null。通过 $el 可以得到 Vue 应用实例的挂载点内元素。

③ 在 created 函数被调用时，已完成了组件选项配置初始化，这些选项包括 data、computed、methods、props 等。所以语句 console.log(this.message)输出了 message 的值，但挂载阶段还未开始，尚未生成 DOM 结构，$el 属性还不可用，使得语句 console.log(this.$el)输出信息仍是 null。

4.1.3 页面挂载

挂载阶段根据组件的数据和模板结构，完成将组件实例挂载到页面中的工作。具体步骤包括：（1）基于数据和模板结构，在内存中生成 DOM 结构，即虚拟 DOM 结构，之后立即调用 beforeMount 函数；（2）用虚拟 DOM 结构替换挂载点内元素，之后立即调用 mounted 函数。

下面通过一个例子演示 beforeMount 和 mounted 函数的应用。

【例 4-2】将组件实例挂载到页面的过程中生命周期钩子函数的应用。

（1）创建 4-2.html 文件，程序代码如下：

```
<body>
  <div id="app">
     <h1>{{message}}</h1>
  </div>
  <script>
      const RootComp = {  //创建根组件
         data(){
            return{
               message:"hello!"
            }
         },
         beforeMount(){
            console.log('生成虚拟 DOM 结构已完成，但未替换挂载点')
            console.log(this.message)
            console.log(this.$el)
         },
         mounted(){
            console.log('组件实例挂载完成')
            console.log(this.message)
            console.log(this.$el)
         }
      }
      const appObj = Vue.createApp(RootComp)  //创建 Vue 应用实例
      appObj.mount("#app")
   </script>
 </body>
```

（2）运行程序，浏览器页面上的显示效果和控制台输出信息如图 4-3（a）所示。

（3）代码分析如下。

① 在 beforeMount 函数被调用时，根组件 RootComp 已经完成了 DOM 结构的构建，但该结构是保存在内存中的，未与 Vue 应用实例的挂载点进行关联。因此，语句 console.log(this.message)输出了 message 的值，而 console.log(this.$el)输出信息仍为 null。

② 在 mounted 函数被调用时，根组件的 DOM 结构已替换了挂载点内元素，完成了组件挂载。我们从图 4-3（b）上可以看到组件完成挂载后的 DOM 结构。因此，语句 console.log(this.$el) 可以输出挂载点内元素，即<h1>hello!</h1>。

（a）程序输出信息

（b）挂载后的 DOM 结构

图 4-3　例 4-2 执行效果

4.1.4　数据更新

每当组件的数据发生变化时，Vue 会更新虚拟 DOM 结构。具体操作包括：（1）根据数据变化，更新虚拟 DOM 结构，之后立即调用 beforeUpdate 函数；（2）将虚拟 DOM 结构更新的部分，重新渲染到页面中，之后立即调用 updated 函数。

下面通过一个例子来演示 beforeUpdate 和 updated 函数的具体使用方法。

【例 4-3】组件实例数据更新过程中生命周期钩子函数的应用。

（1）创建 4-3.html 文件，程序代码如下：

```
<body>
  <div id="app">
     <h1 v-if="show" ref="content">{{message}}</h1>
     <button @click="change">切换</button>
  </div>
</body>
<script>
  const RootComp = {  //创建根组件
     data(){
        return{
           message:"hello!",
           show:true
        }
     },
     beforeUpdate(){
        console.log('组件虚拟 DOM 结构更新已完成，但未重新渲染')
        console.log(this.$refs.content)
     },
     updated(){
        console.log('组件渲染效果更新后')
        console.log(this.$refs.content)
     },
     methods:{
```

```
        change(){
          this.show = !this.show
        }
      }
    }
    const appObj = Vue.createApp(RootComp)  //创建 Vue 应用实例
    appObj.mount("#app")
  </script>
```

（2）运行程序，页面显示信息“hello!”以及“切换”按钮。单击“切换”按钮后，信息“hello!”消失，同时浏览器控制台输出数据更新前后的信息，执行效果如图 4-4 所示。

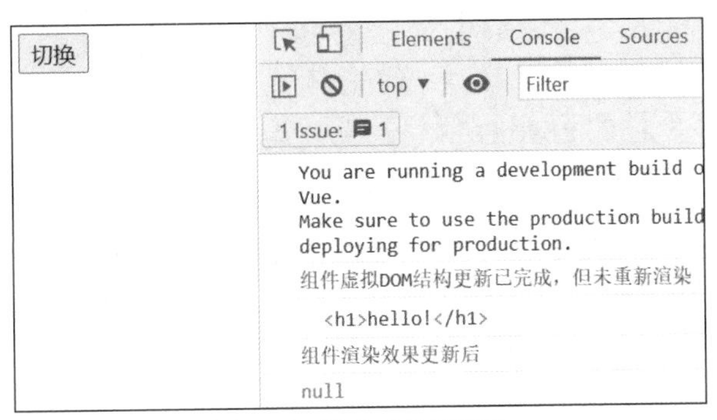

图 4-4　例 4-3 执行效果

（3）代码分析如下。

① 根组件 RootComp 定义布尔类型属性 show，通过 v-if 指令绑定 show 来控制 h1 元素显示与否。触发“切换”按钮单击事件，将会改变 show 属性值，同时带来页面元素的更新。

② 在元素上声明 ref 属性，结合组件内置属性$refs，可直接获取某个 DOM 元素（含组件元素）的直接引用。如本例中 h1 元素声明 ref 为 content，再通过 this.$refs.content，就可以获取该元素结构，即<h1>hello!</h1>。

③ beforeUpdate 函数是在单击“切换”按钮后被调用的，此时数据已改变但组件还未重新渲染，语句 console.log(this.$refs.content)输出页面最初的元素；updated 函数是在更新渲染工作全部完成后被调用的，此时 h1 元素已被删除，语句 console.log(this.$refs.content)输出信息为 null。

4.1.5　组件实例销毁

组件实例被销毁之前，Vue 会自动调用 beforeUnmount 函数，此时组件实例依然保持全部的功能。在组件实例被销毁之后，Vue 会立即调用 unmounted 函数。

下面通过一个例子来演示 beforeUnmount 和 unmounted 函数的具体使用方法。

【例 4-4】组件实例销毁过程中生命周期钩子函数的应用。

（1）创建 4-4.html 文件，程序代码如下：

```
<body>
  <div id="app">
     <sub-comp v-if="show"></sub-comp>
     <button @click="change">切换</button>
  </div>
  <template id="tp_child">
     <h1 ref="sub">Hello</h1>
  </template>
</body>
```

```
<script>
  const RootComp = {  //创建根组件
     data(){
        return{
           message:'hello vue!',
           show:true
        }
     },
     methods:{
       change(){
         this.show = !this.show
       }
     }
  }
  const SubComp = {  //创建组件
     template:'#tp_child',
     beforeMount(){
        console.log('生成虚拟 DOM 结构已完成，但未替换挂载点')
        console.log(this.$refs.sub)
     },
     mounted(){
        console.log('组件挂载完成')
        console.log(this.$refs.sub)
     },
     beforeUnmount(){
        console.log('组件即将销毁')
        console.log(this.$refs.sub)
     },
     unmounted(){
        console.log('组件销毁完成')
        console.log(this.$refs.sub)
     }
  }
  const appObj = Vue.createApp(RootComp)
  appObj.component('SubComp',SubComp)  //注册 SubComp 全局组件
  appObj.mount("#app")
</script>
```

（2）运行程序，页面最初显示“Hello”以及“切换”按钮，浏览器控制台输出组件挂载前后信息，如图 4-5（a）所示，单击“切换”按钮后，页面显示内容发生了变化，控制台输出组件销毁前后信息，如图 4-5（b）所示。

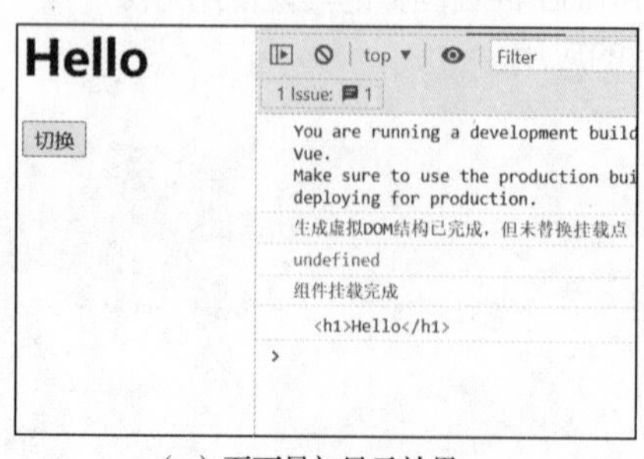

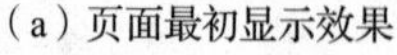
（a）页面最初显示效果

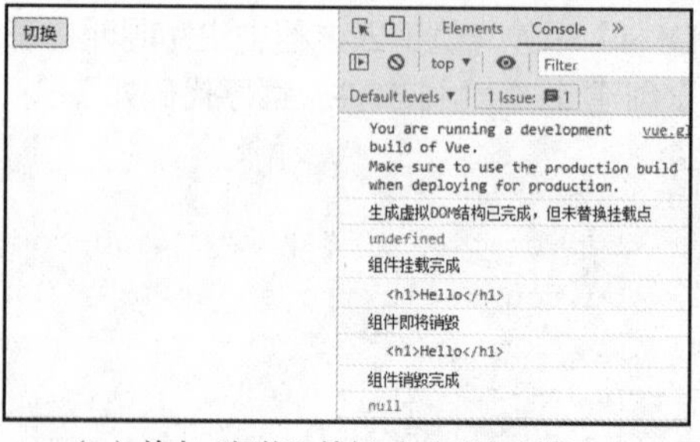

（b）单击“切换”按钮后页面显示效果

图 4-5　例 4-4 执行效果

（3）代码分析：根组件 RootComp 定义 show 属性，通过 v-if 指令绑定 show 来控制子组件 SubComp 显示与否。根据 v-if 指令的特点，当 show 属性值由 true 改为 false 时，子组件会被销毁；销毁之前 beforeUnmount 函数被调用，但我们还可以获得组件中的 DOM 元素，因此，语句 console.log(this.$refs.sub)输出信息为<h1>Hello</h1>；卸载完成后 unmounted 函数被调用，此时子组件实例所包含的所有指令与数据已解除绑定，所有事件监听也都被移除，语句 console.log(this.$refs.sub)输出信息变成了 null。

4.2 Teleport

Teleport 是 Vue3 新增的内置组件，它的作用是将组件模板结构的部分内容“传送”到该组件渲染区域之外的地方，而不受当前组件布局结构的影响。典型的例子是全屏的模态框效果，它要求模态框位于整个页面的顶部，我们利用 Teleport 组件能够简单地加以实现。

4.2.1 基本用法

在介绍 Teleport 组件的基本用法之前，先通过一个例子来分析传统的 CSS 解决方法存在的隐患。

【例 4-5】采用 CSS 控制模态框的定位。

（1）创建 4-5.html 文件，程序代码如下：

```
<body>
  <div id="app">
     <!--调用子组件 ChildComp-->
     <child-comp></child-comp>
  </div>
  <!--子组件模板结构-->
  <template id="modal">
     <div>
        <button @click="open = true">打开模态框</button>
     </div>
     <div v-if="open" class="modal-mask">
        <div class="modal">
           <div class="modal-body">
              <p>模态框内容</p>
              <button @click="open = false">关闭模态框</button>
           </div>
        </div>
     </div>
  </template>
</body>
<script>
  const ChildComp= {  //创建组件
     template:'#modal',
     data(){
        return{
           open:false
        }
     }
  }
  const appObj = Vue.createApp({})  //创建 Vue 应用实例
```

```
    appObj.component('ChildComp',ChildComp)  //注册 ChildComp 全局组件
    appObj.mount("#app")
  </script>
  <style>
     .modal-mask {
       position: fixed;
       z-index: 9998;
       top: 0;
       left: 0;
       width: 100%;
       height: 100%;
       background-color: rgba(0, 0, 0, 0.5);
       display: table;
       transition: opacity 0.3s ease;
     }
    .modal {/*模态框整体样式*/
       position: fixed;
       z-index: 999;
       top: 20%;
       left: 50%;
       width: 300px;
       margin-left: -150px;
       background-color: #fff;
       border-radius: 2px;
    }
    .modal-body {/*模态框内容样式*/
       margin: 20px 10px;
    }
  </style>
```

（2）运行程序，单击页面上的“打开模态框”按钮，弹出全屏模态框，单击模态框上的“关闭模态框”按钮，模态框消失，如图 4-6 所示。

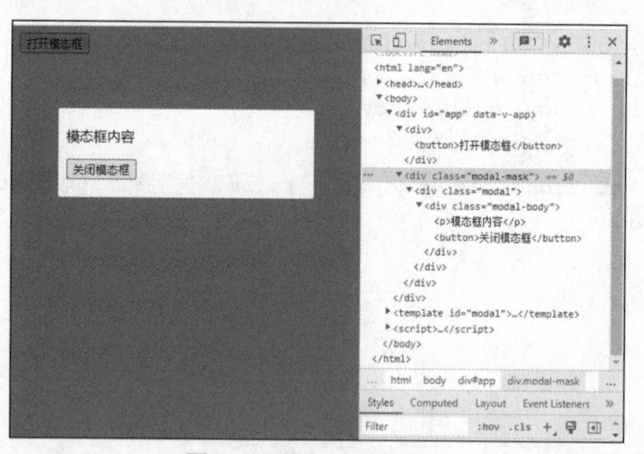

图 4-6　例 4-5 运行效果

（3）代码分析如下。

① 子组件 ChildComp 模板结构中有两个 div 元素，第一个 div 元素包含一个按钮；第二个 div 元素通过 CSS 实现了模态框样式、模态框置于页面最上层及遮罩效果。这里模态框的定位使用了 CSS 的 position 和 z-index 属性，并将它们的值分别设置为 fixed 和 999，在控制台显示的页面 DOM 结构中，整个模态框被加载在 id 为 app 的 div 元素内。

② 这种做法潜在的问题有两个，一是 position: fixed 能实现模态框相对于浏览器窗口放置在最上层，但必须保证不能有任何父元素设置 transform、perspective 或者 filter 样式属性；二是 z-index 属性受限于父元素，一旦父元素设置 z-index 值，将会覆盖当前模态框。

由例 4-5 可知，单纯使用 CSS 来控制页面元素的位置，处理起来比较麻烦。Vue 提供的 Teleport 组件可以帮助我们解决这一问题。该组件的具体使用方法是，在组件模板结构中增加 teleport 组件元素，将要控制位置的页面元素作为其子元素，同时设置其属性 to 为目标位置。

Teleport 语法格式如下：

```
<teleport to=[CSS 选择器字符串] | [HTML 元素对象]></teleport>
```

其中 to 属性值可以是 CSS 选择器字符串或者 HTML 元素对象，例如：

```
<!--目标位置是 id 为 some-id 的元素-->
<teleport to="#some-id" ></teleport>
<!--目标位置是 calss 为 some-class 的元素-->
<teleport to=".some-class" ></teleport>
<!--目标位置是自定义属性为 data-teleport 的元素-->
<teleport to="[data-teleport]" ></teleport>
<!--目标位置是 HTML 元素标签名为 body 的元素-->
<teleport to="body"></teleport>
```

如果我们要将 Teleport 组件应用于例 4-5，只需将例 4-5 中加粗字体部分放到<teleport>标签对中，并设置其中的 to 属性为 body，即表示将模态框移到 body 元素中，这样一来，模态框就会总是出现在页面最上层。代码修改后如下：

```
<teleport to="body">
    <div v-if="open" class="modal-mask">
        <div class="modal">
            <div class="modal-body">
                    <p>模态框内容</p>
                    <button @click="open = false">关闭模态框</button>
             </div>
        </div>
    </div>
</teleport>
```

运行修改后的例 4-5，执行效果如图 4-7 所示。在控制台显示的页面 DOM 结构中，可以看到模态框被直接加载到了 body 元素中，并成为其子元素。在使用 Teleport 优化代码后，无论模态框在 DOM 结构的什么位置，都能够得到正确的渲染效果。

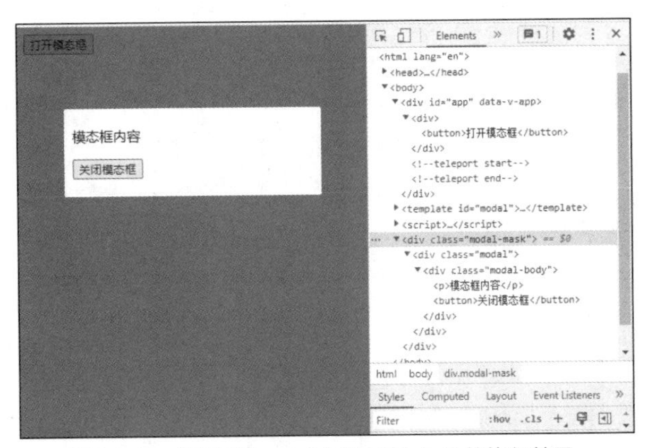

图 4-7 使用 Teleport 组件后例 4-5 的执行效果

4.2.2 结合组件使用

Teleport 所改变的是组件模板结构中部分内容的渲染位置，并不影响组件原有数据以及与其他组件间的逻辑关系。也就是说，假如组件模板结构中，teleport 组件元素中包含一个子组件，那么这个子组件与其原有父组件仍保持逻辑上的父子关系，如 props 等选项也会正常工作。

下面我们对例 4-5 加以改进，将模态框（加粗字体部分）封装成组件，其中按钮文字和弹出框中的内容由其父组件在调用时提供。

【例 4-6】在例 4-5 基础上构建模态框组件，并使用 Teleport 保证组件置于页面顶层。

（1）创建 4-6.html 文件，程序代码如下：

```
<body>
  <div id="app">
     <div>
         <button @click="open = true">打开模态框</button>
     </div>
     <!--teleport 组件元素-->
     <teleport to="body">
         <!--调用子组件 ModalComp-->
         <modal-comp :show="open" @close="open = false">
           <!--父组件内容替换子组件 slot 默认内容-->
           <template #header><p>测试标题</p></template>
           <template #body><p>测试内容</p></template>
         </modal-comp>
     </teleport>
  </div>
  <!--子组件模板结构-->
  <template id="modal">
     <div  v-if="show" class="modal-mask">
         <div class="modal">
             <div class="modal-body">
                 <div class="modal-header">
                     <slot name="header">默认标题</slot>
                 </div>
                 <div class="modal-body">
                     <slot name="body">默认内容</slot>
                 </div>
                 <div class="modal-footer">
                     <slot name="footer">
                       <button class="modal-button" @click="$emit('close')">确认
                       </button>
                     </slot>
                 </div>
             </div>
         </div>
     </div>
   </template>
</body>
<script>
  const RootComp = {  //创建根组件
     data(){
```

```
            return{
                open:false
            }
        }
    }
    const ModalComp = {  //创建模态框组件
        props:{
            show:Boolean
        },
        template:'#modal'
    }
    const appObj = Vue.createApp(RootComp)  //创建 Vue 应用实例
    appObj.component('ModalComp',ModalComp)  //注册 ModalComp 全局组件
    appObj.mount("#app")
</script>
```

（2）运行程序，单击“打开模态框”按钮，弹出模态框，其标题为“测试标题”，其内容为“测试内容”，单击其中的“确认”按钮模态框会关闭，如图 4-8 所示。

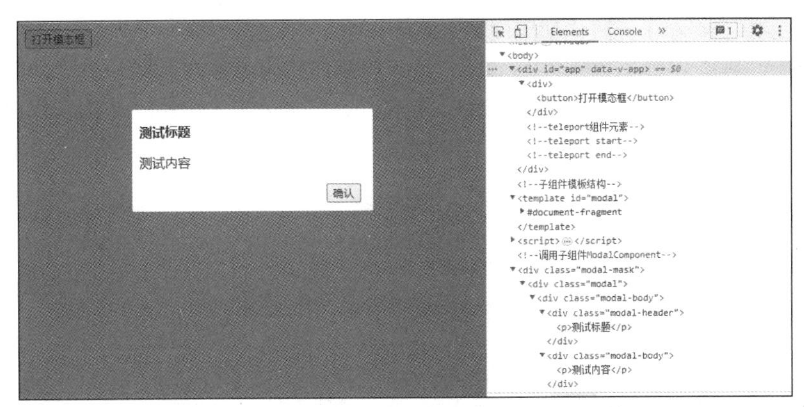

图 4-8　Teleport 结合组件使用例 4-6 的执行效果

（3）代码分析：父组件 RootComp 模板结构中包括两个部分，一是包含“打开模态框”按钮的 div 元素，二是包含 modal-comp 子组件元素的 teleport 组件元素。虽然父组件 RootComp 是在 Teleport 组件内调用子组件 ModalComp 的，但 RootComp 与 ModalComp 仍可进行正常的父子组件间数据传递（这里 RootComp 的 open 属性与 ModalComp 的 props 选项的 show 属性绑定，以控制 ModalComp 显示与否）。另外，ModalComp 声明了 3 个具名插槽 header、body、footer，分别接收父组件传入的模态框标题、内容和按钮部分。

应用实践

项目 4　弹出式登录框

本项目通过“弹出式登录框”任务，帮助学习者进一步深入理解 Teleport 组件的作用，掌握其与组件结合使用的方法。

1. 需求描述

在历史名城网站页面右上角显示“注册|登录”，单击“登录”，弹出登录框，它将保持在页面的最上层

位置。该登录框包括用户名和密码输入框，以及“登录”和“取消”按钮，单击“登录”或“取消”按钮时登录框窗体关闭。

最终效果如图 4-9 所示。

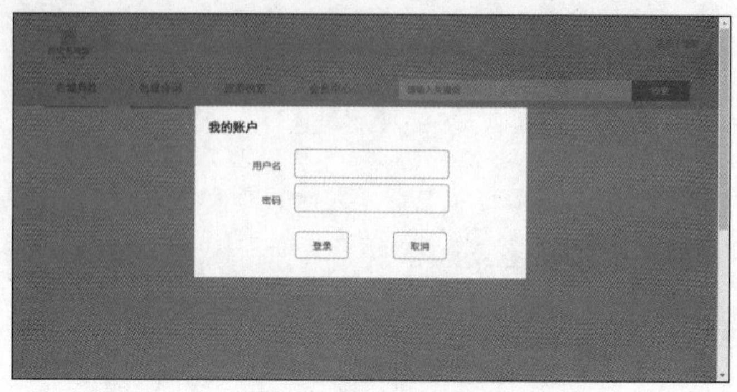

图 4-9 项目 4 最终效果

2. 实现思路

（1）使用表单（form）元素构建用户登录窗体。

（2）参考例 4-6 中模态框组件的实现方法，将用户登录窗体封装成一个模态框组件，通过 props 选项实现使用者控制登录框的弹出和关闭的功能，同时利用 Teleport 组件优化登录框的全屏渲染效果。

任务 4-1 构建页面布局

（1）构造页面布局，程序代码如下：

```
<div id="container">
  <!--页头 LOGO 和注册|登录图标部分-->
  <div class="top">
      <div class="wrap">
          <div>
              <img class="magintop_20 floatLeft logo" src="img/logo.png" />
          </div>
          <div class="login floatRight magintop_20">
              <div class="floatLeft">
                  <ul>
                  <li><a href="#">注册</a><span>|</span>
                  <a href="#" @click="toLogin">登录</a></li>
                  </ul>
              </div>
          </div>
          <teleport to="body">
               <login-comp :show="open" @close="handler">
               </login-comp>
          </teleport>
      </div>
  </div>
 <!--页头导航条-->
 <div class="top_bar">
     <div class="wrap">
         <div class="floatLeft menu ">
```

```
            <ul class="nav">
                <li>
                    <a href="#">名城典故</a>
                </li>
                <li>
                    <a href="#">名城诗词</a>
                </li>
                <li>
                    <a href="#">旅游信息</a>
                </li>
                <li>
                    <a href="#">会员中心</a>
                </li>
            </ul>
        </div>
        <div class="search floatRight">
            <input type="text" placeholder="请输入关键词" />
            <input type="button" value="检索" />
        </div>
        <div class="clear">
        </div>
    </div>
</div>
```

（2）代码分析如下。

① 页面布局包括页头和页面主体两个部分，其中页头分成两个区域，上面部分是 LOGO 和“注册|登录”图标，下面是导航条。id 为 container 的 div 元素是挂载点，其内容就是根组件 RootComp 的模板结构。这里使用 teleport 组件元素包裹了登录框组件元素 login-comp。

② 语句<teleport to="body">……</teleport>表示将 login-comp 作为 body 子元素，渲染到页面最顶层。语句<login-comp :show="open" @close="handler">中，show 是登录框组件的 props 选项属性，用来接收根组件传递来的 open 值，控制登录框的弹出；close 是登录框组件的自定义事件，用来触发该事件并向根组件传递参数，控制登录框的关闭。

任务 4-2 创建登录框组件

（1）定义登录框组件的模板结构，程序代码如下：

```
<template id="login">
  <div v-if="show" class="modal-mask">
    <div class="modal">
      <form class="login">
        <h3>我的账户</h3>
        <dl>
          <dt><label>用户名</label></dt>
          <dd><input type="text"/></dd>
        </dl>
        <div style="clear: both;"></div>
        <dl>
          <dt><label>密码</label></dt>
          <dd><input type="password"/></dd>
        </dl>
```

```
                <div style="clear: both;"></div>
                <ul>
                    <li><input type="button" value="登录" @click="toClose"></li>
                    <li><input type="button" value="取消" @click="toClose"></li>
                </ul>
            </form>
        </div>
    </div>
</template>
```

（2）定义和注册组件，程序代码如下：

```
const RootComp = {  //创建根组件
  data(){
     return{
        open:false
     }
  },
  methods:{
     handler(val){
       this.open = val
     },
     toLogin(){
        this.open = true
     }
  }
}
const LoginComp = {  //创建登录框组件
       props:{
          show:Boolean
       },
       emits:['close'],
       template:'#login',
       methods:{
         toClose(){
            this.$emit('close', false);
         }
       }
}
const appObj = Vue.createApp(RootComp)  //创建 Vue 应用实例
appObj.component('LoginComp',LoginComp)  //注册 LoginComp 全局组件
appObj.mount("#container")
```

（3）代码分析如下。

程序中定义了两个组件：根组件 RootComp 和登录框组件 LoginComp（它们是父子关系）。子组件模板结构中，通过 modal-mask 和 modal 两个 class 样式类实现模态框效果；props 选项中定义了 show 属性，用于控制登录框是否显示；使用 emits 定义自定义事件 close，单击“登录”按钮时通过$emit 函数触发该事件，并传递参数值 false 给父组件来关闭登录框。

同步训练

请编写 Vue 应用程序，要求单击页面上“我要注册”按钮，弹出注册框，该注册框包含 4 个输

入框（用户名、密码、邮箱和手机号码）和两个按钮（“注册”和“取消”），单击“注册”按钮时关闭注册框，单击“取消”按钮时清空所有输入信息。

单元小结

1. 组件从创建到销毁的一系列过程被称为组件的生命周期。在组件生命周期各个节点执行的函数被称为生命周期钩子函数，它是 Vue 所提供的组件内置函数，会在组件在生命周期某个阶段进入某个状态时立即自动执行。

2. 组件生命周期包括 4 个阶段：创建、挂载、更新和销毁。对应地，我们将生命周期钩子函数分为 4 组：（1）beforeCreate，created；（2）beforeMount，mounted；（3）beforeUpdate，updated；（4）beforeUnmount，unmounted。

3. Telport 内置组件的作用是将组件模板结构的部分内容“传送”到该组件渲染区域之外的地方，而不受当前组件布局结构的影响。

单元练习

一、选择题

1. Vue 组件生命周期钩子函数的正确执行顺序是（　　）。
   A. beforeCreate ->created->mounted->unmounted
   B. mounted->beforeCreate->created->unmounted
   C. beforeCreate->created->unmounted->mounted
   D. created->beforeCreate->mounted->unmounted
2. 关于 Vue 的生命周期，下列选项不正确的是（　　）。
   A. DOM 结构生成工作在 mounted 函数执行前已经完成
   B. 组件实例从创建到销毁的过程就是生命周期
   C. created 函数被调用表示已完成组件实例 watch、data 和 methods 等选项的配置，但组件实例所关联的 DOM 结构还未显示出来
   D. 在页面首次加载过程中，会依次触发 beforeCreate、created、beforeMount、mounted、beforeUpdate 和 updated 函数
3. 下列不属于组件生命周期钩子函数的是（　　）。
   A. created　　B. updated　　C. afterMounted　　D. beforeMount
4. 下列生命周期钩子函数会在组件实例销毁完成时执行的是（　　）。
   A. created　　B. updated　　C. unmounted　　D. mounted

二、问答题

1. Vue 组件的生命周期钩子函数主要有哪些，每个函数被触发执行的时机是什么？
2. Teleport 的作用是什么？

单元5 过渡和动画

05

单元导学

前端项目开发中，合理地运用动画技术能够增强页面的交互效果，引导用户看到操作的反馈，从而有效地提升用户的体验。例如，为了引导用户关注页面的反馈信息或场景的切换，不少网页会通过加入一些动画效果来吸引用户的注意力。基于已有的 HTML5 和 CSS3 知识，我们知道，利用 CSS3 是可以实现这种效果的，而 Vue 中是通过内置组件 Transition 和 TransitionGroup 来定义 CSS 过渡和动画的，以响应元素状态的变化。

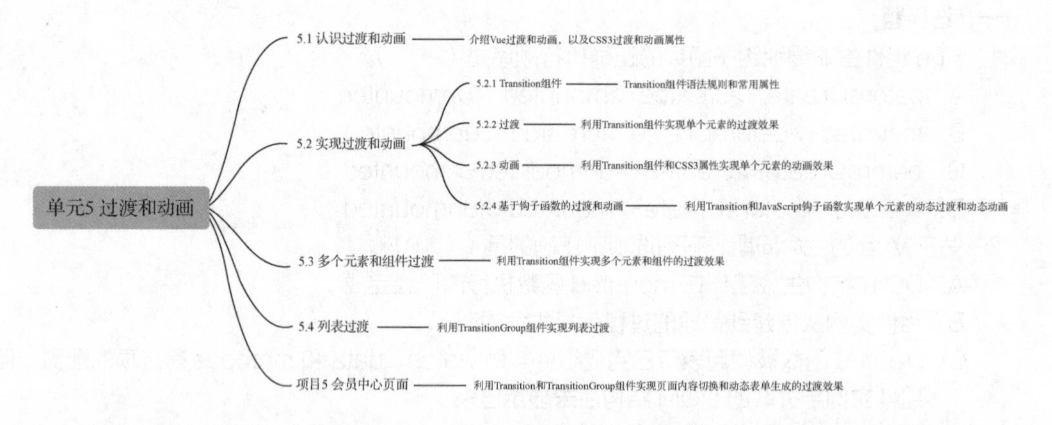

学习目标

1. 理解过渡和动画含义
2. 掌握过渡和动画的实现方法（重点/难点）
3. 能够实现单个元素过渡和动画（重点）
4. 能够实现多个元素和组件过渡（重点）
5. 能够利用钩子函数实现过渡和动画
6. 能够实现列表过渡

知识学习

5.1 认识过渡和动画

在 Vue 中实现过渡和动画，即利用 Vue 内置组件 Transition 和 TransitionGroup 来实现 CSS3 过渡和动画。其含义是，在页面组件中元素显示状态发生改变时，元素不会直接显示和隐藏，而是伴随一个过渡或动画效果，该效果的核心原理是采用 CSS 的类（class）选择器来实现的。

CSS3 提供了 transition 和 animation 属性，它们分别用于支持过渡和动画效果。两者的定义类似，都是通过设置应用效果的元素、样式属性、持续时间和时间曲线属性来达到动态效果。其中样式属性预设值包括 none（无属性）、all（所有属性）和特定属性，默认值为 all；时间曲线可以利用 cubic-bezier 函数自行定义，也可以使用预设值，包括 linear（匀速）、ease（开始慢、中间快、结束慢）、ease-in（开始慢）、ease-out（结束慢）、ease-in-out（开始慢、结束慢），默认值为 ease。另外，animation 属性是通过@keyframes 属性逐步改变元素的 CSS 样式来绘制动画的，@keyframes 属性的定义通常采用百分比方式，其中 0%表示动画开始的样式，100%表示动画完成的样式。

CSS3 是前端基础知识，读者应该都比较熟悉。下面通过一个例子来回顾 CSS3 过渡和动画效果的实现过程，为学习 Vue 过渡和动画做铺垫。

【例 5-1】利用 CSS3 实现鼠标指针移到 div 元素上时 div 区域颜色变化的过渡和动画效果。

（1）创建 5-1 -transition.html 文件，实现过渡效果，程序代码如下：

```
<style>
      div {
           width:100px;
           height:100px;
           background-color:red;
           /*background-color 属性改变时的过渡效果，时长为 5s*/
           transition:background-color 5s ease-in;
           -webkit-transition:background-color 5s ease-in; /*Safari 和 Chrome */
      }
      div:hover {
          background-color:blue;
      }
</style>
<body>
     <p>请将鼠标指针移动到红色区域</p>
     <div></div>
</body>
```

（2）运行程序，可以看到当鼠标指针移到 div 元素上时，div 区域颜色由红色变成蓝色；鼠标指针移开时，div 区域颜色还原为红色。

（3）创建 5-1 -animation.html 文件，实现动画效果，程序代码如下：

```
div {
     width:100px;
     height:100px;
     background-color:red;
     animation:div_frame 5s ease-in;
     -webkit-animation:div_frame 5s ease-in; /*Safari 和 Chrome */
}
/*在非 Safari 和 Chrome 浏览器上的颜色变化规则*/
```

```
@keyframes div_frame {
   0%   {background-color: red;}
   25%  {background-color: yellow;}
   50%  {background-color: green;}
   100% {background-color: blue;}
}
/*在 Safari 和 Chrome 浏览器上的颜色变化规则*/
@-webkit-keyframes div_frame { /* Safari 和 Chrome */
   0%   {background-color: red;}
   25%  {background-color: yellow;}
   50%  {background-color: green;}
   100% {background-color: blue;}
}
</style>
<body>
    <div></div>
</body>
```

（4）运行程序，可以看到 div 区域颜色自动由红色逐渐变成蓝色，之后还原为红色。

（5）代码分析：①分析过渡和动画实现过程可知，过渡是利用 transition 属性改变指定 CSS 样式属性，形成由开始状态变为结束状态的特殊动画效果，且需要依赖事件的触发；动画则是由 animation 和@keyframes 两个属性配合，对指定 CSS 属性自动完成由开始状态逐渐变化为结束状态的过程。因此，过渡适用于元素状态改变的应用场景，而动画则适用于对元素状态变化过程有更细粒度控制需求的应用场景。② @keyframes div_frame 中采用百分比方式，设置渐变的颜色和渐变的速度。这里的百分比是动画全过程的时间占比，动画过程从开始到结束的时间占比为 100%。

5.2 实现过渡和动画

Vue 提供了内置组件 Transition，帮助我们实现基于状态变化的过渡和动画。该组件是在一个元素或组件进入和离开 DOM 时生效的。

5.2.1 Transition 组件

Transition 是一个内置组件，这意味着它无须注册就可以在任意组件中使用。当它包裹元素或组件时，被包裹者就可应用进入和离开的动画效果。需要强调的是，它在同一时间只能包裹单个元素或组件。

微课视频

1. 进入和离开状态触发方式

（1）由 v-if 指令控制元素的插入和删除操作。

（2）由 v-show 指令切换元素的显示和隐藏状态。

（3）由内置组件 Component 控制组件间的动态切换。

2. Transition 组件的语法

Transition 组件的语法格式为：

```
<transition>
      <!--需要应用过渡和动画的元素标签-->
</transition>
```

3. Transition 组件的常用属性

（1）name：用于自动生成过渡样式类（class）名。如果 Transition 组件没有设置 name 属性，则 v-是这些类名的默认前缀，否则替换为自定义的 name 属性值，如<transition name="fade">，v-enter 将会被替换为 fade-enter。

（2）appear：表示是否在初始渲染时使用过渡，默认值为 false。

（3）css：表示是否使用过渡样式类，默认值为 true。其值为 false 时，需要结合 JavaScript 钩子函数实现过渡。

（4）type：用于指定过渡事件类型，侦听过渡何时结束，有效值为“transition”和“animation”。当同时使用 animation 或 transition 且未指定 type 时，默认取两种类型中持续时间长的作为结束时刻。

（5）mode：表示控制离开/进入过渡的模式，有效值为“out-in”和“in-out”，默认当前元素和新元素的过渡动作同时进行。

（6）duration：指定过渡的持续时间。默认过渡在所在根元素的第一个 transitionend 或 animationend 事件发生后完成。

4. 过渡和动画实现原理

当插入或删除被包裹在 Transition 组件内的元素时，Vue 首先判断目标元素是否应用了一个 CSS3 过渡/动画效果。如果是，则会在某个时间点自动添加或移除对应的样式类；否则，将会调用对应的 JavaScript 钩子函数。如果上述情况均不存在，则下一帧将立即执行插入或删除元素的操作。

5. 过渡和动画样式类

Vue 提供了 6 个样式类，具体描述如表 5-1 所示。各个样式类在过渡或动画过程中的生效时间点如图 5-1 所示。

表 5-1　6 个样式类

过渡/动画阶段	样式类	说明
进入（enter）	v-enter-from	定义进入的开始状态。元素被插入前添加，插入后立即被清除
	v-enter-active	定义进入的生效状态。元素被插入前添加，直到过渡/动画完成之后才被清除。它可用于定义进入过渡/动画的持续时间、延迟和曲线函数
	v-enter-to	定义进入的结束状态。元素被插入后添加，在过渡/动画完成之后被清除
离开（leave）	v-leave-from	定义离开的开始状态。元素即将被移除时添加，移除后立即被清除
	v-leave-active	定义离开的生效状态。在离开被触发时立即添加，直到过渡/动画完成后才被清除。它可用于定义离开过渡/动画的持续时间、延迟和曲线函数
	v-leave-to	定义离开的结束状态。在离开被触发的下一帧添加，过渡/动画完成后被清除

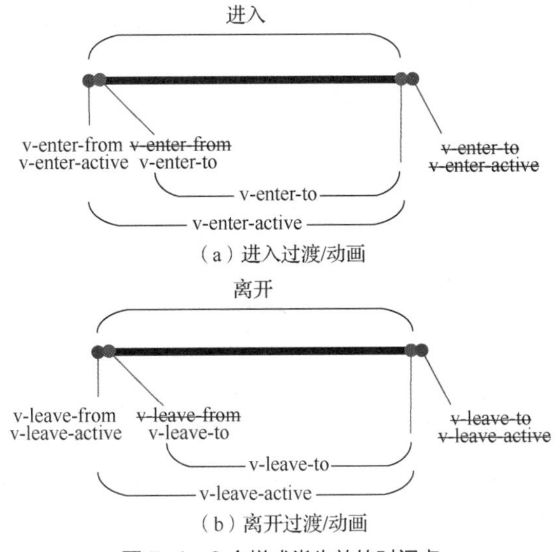

图 5-1　6 个样式类生效的时间点

5.2.2 过渡

Transition 组件通过包裹单个元素，并结合定义样式类，实现元素状态变化的过渡效果。下面我们通过一个例子来演示过渡效果的实现过程。

【例 5-2】采用过渡方式，实现字符串“Hello World”的显示和隐藏。

（1）创建 5-2.html 文件，程序代码如下：

```
<style>
    .fade-enter-to,
    .fade-leave-from {
        color:red;/*当进入过渡的结束状态或离开过渡的开始状态时，字体颜色为红色*/
    }
    .fade-enter-active {
        transition: all 1s ease-out; /*以慢速结束*/
    }
    .fade-leave-active {
        /*使用贝塞尔曲线函数定义的速度曲线，过渡效果时长为 2s*/
        transition: all 2s cubic-bezier(0.1, 0.7, 1.0, 0.1);
    }
    .fade-enter-from,
    .fade-leave-to {
        transform: translateX(80px);  /*在 x 轴上移动 80px*/
        opacity: 0;
    }
</style>
<body>
   <div id="app">
      <transition name="fade">
         <p v-if="show">Hello World</p>
      </transition>
      <button id="btn" @click="toChange">change</button>
   </div>
</body>
<script>
   const appObj = Vue.createApp({
      data() {
         return {
            show: false
         }
      },
      methods: {
        toChange() {
          this.show = !this.show
        }
      }
   })
   appObj.mount("#app")
</script>
```

（2）运行程序，当单击“change”按钮时，字符串在右侧出现并向左移，以慢速结束，过程中字体颜色变为红色；再次单击“change”按钮时，字符串向右移动一段距离后消失，但变化速度与左移过程的不太一样，过程中字体颜色变为红色。

（3）代码分析如下。

① 首次单击“change”按钮时，show 变量值更新为 true；v-if 指令控制 p 元素插入；.fade-enter-from 定义了 transform 属性为 translateX(80px)，opacity 为 0，使得 p 元素的插入从 x 轴方向右移 80px 处开始；.fade-enter-to 定义 color 为 red，表示进入过渡的结束状态时字体颜色变成红色；.fade-leave-from 定义 color 为 red，表示离开过渡的开始状态时字体颜色变成红色；再次单击“change”按钮时，show 变量值更新为 false，v-if 指令控制 p 元素删除，删除的过渡处理与插入的类同。

② 在整个过渡过程中，尽管 6 个样式类添加的时机不同，但最终都会被清除，也就是说，这些样式都不会是一直生效的，因此，不能将它们用于设置元素样式。

5.2.3 动画

Transition 组件也可用于在元素插入或删除过程中实现动画效果。与实现过渡不同的是，它需要 CSS3 的 animation 和@keyframes 两个属性的配合。

下面通过一个例子来演示动画效果的实现过程。

【例 5-3】以动画方式，实现字符串“Hello World”的显示和隐藏。

（1）创建 5-3.html 文件，复制例 5-2 创建文件中的代码，修改其 style 部分，这里仅列出修改部分的代码：

```
<style>
     .fade-enter-active {
        animation: p_in_frame 1s ease-out; /*以慢速结束*/
     }
     .fade-leave-active {
        /*所有属性使用贝塞尔曲线函数定义的速度曲线，动画效果时长为 1s*/
        animation: p_out_frame 1s cubic-bezier(0.1, 0.7, 1.0, 0.1);
     }
     @keyframes p_in_frame {
       0% {transform: translateX(80px); opacity: 1; color: red; }
       25% {transform: translateX(60px); opacity: 0.8; color: red; }
       50% {transform: translateX(40px); opacity: 0.6; color: red; }
       75% {transform: translateX(20px); opacity: 0.4; color: red; }
       100% {opacity: 0; color: red; }
     }
     @keyframes p_out_frame {
       from {
          color: blue;
       }
       to {
            transform: translateX(80px);
            color: red;
       }
     }
   }
</style>
```

（2）运行程序，同样可以实现字符串的显示和隐藏，但变化过程的动画效果更为丰富。

（3）代码分析：动画效果的控制关键在于对@keyframes 属性的设置。

微课视频

5.2.4 基于钩子函数的过渡和动画

除了使用 CSS3 之外，Transition 组件还可以利用 JavaScript 钩子函数来实现过渡和动画。虽然这种方式在实现动画的效率上比 CSS3 稍逊色，但在操作 DOM 和控制时间上却有更强的灵活性，如使用这种方式可以根据组件当前状态，在 JavaScript 函数中应用不同的行为，实现动态过渡和动态动画。另外，它还能够保存过渡和动画的最终状态。

1. JavaScript 钩子函数

对应进入/离开两个阶段，Vue 定义了以下 8 个钩子函数。

（1）before-enter：进入过渡/动画开始前执行的方法。

（2）enter：进入过渡/动画过程中执行的方法。

（3）after-enter：进入过渡/动画完成后执行的方法。

（4）enter-cancelled：进入过渡/动画取消时执行的方法。

（5）before-leave：离开过渡/动画开始前执行的方法。

（6）leave：离开过渡/动画过程中执行的方法。

（7）after-leave：离开过渡/动画完成后执行的方法。

（8）leave-cancelled：离开过渡/动画取消时执行的方法。

以上这些 JavaScript 钩子函数可以和 CSS3 的 transition 或 animation 属性同时使用，也可以单独使用。

2. JavaScript 钩子函数与 CSS3 结合应用

下面以实现动态过渡效果为例，演示 JavaScript 钩子函数与 CSS3 混合使用的具体方法。

【例 5-4】同时使用 JavaScript 钩子函数和 CSS3，实现 div 区块显示和隐藏的动态过渡效果。

（1）创建 5-4.html 文件，程序代码如下：

```
<style>
     .box {
          width: 100px;
          height: 100px;
          background: red;
     }
     .v-leave-from, .v-leave-to {
          background-color: rgb(58, 0, 128);
          opacity: 1;
     }
     .v-leave-active {
         transform: translateX(100px);
         }
</style>
<body>
<div id="app">
    <button @click="toggle">change</button>
    <!-- 设置:css="true"，同时使用 JavaScript 和 CSS3 实现过渡-->
    <transition
              :css="true"
              @before-enter="handleBeforeEnter"
              @enter="handleEnter"
              @after-enter="handleAfterEnter">
         <div class="box" v-show="isShow"></div>
     </transition>
</div>
</body>
<script>
     const appObj = Vue.createApp({
        data(){
```

```
            return {
                isShow: false,
                fadeInDuration: ""
            }
        },
        methods:{
          toggle(){
              this.fadeInDuration="3s"
              this.isShow = !this.isShow
          },
          handleBeforeEnter(el){
             //进入过渡开始前
             console.log("handleBeforeEnter")
             el.style.opacity = "0"
             el.style.marginLeft = "0px"
          },
          handleEnter(el, done){
             //进入过渡过程中
             console.log("handleEnter");
             el.offsetHeight;  //或使用 el.offsetWidth;强制动画刷新
             el.style.transitionProperty = "all"
             el.style.transitionDuration = this.fadeInDuration
             //调用 done 回调函数，使得 handleAfterEnter 钩子函数随之被调用
             done();
          },
          handleAfterEnter(el){
             //进入过渡完成后
             console.log("handleAfterEnter")
             el.style.opacity = "1"
             el.style.marginLeft = "200px"
          }
        }
    })
    appObj.mount("#app")
</script>
```

（2）运行程序，当单击“change”按钮时 div 区块逐渐出现，以先慢后快再慢的速度沿 x 轴移动 200px 停止。同时，在控制台上依次显示钩子函数 handleBeforeEnter、handleEnter 和 handleAfterEnter 执行的输出信息。当再次单击“change”按钮时，div 区块再沿 x 轴移动 100px，且颜色逐渐变成蓝色，最终消失。

（3）代码分析如下。

① style 设置 v-leave-from、v-leave-to 和 v-leave-active 样式类，以定义离开过渡的效果，同时将 transition 组件元素的 css 属性值设置为 true，使得 JavaScript 和 CSS3 可以同时生效。进入过渡时，利用 JavaScript 钩子函数实现沿 x 轴移动 200px 的效果；离开过渡时，则采用 CSS 样式类实现再次移动 100px 和颜色改变的效果。

② toggle 函数中，利用 fadeInDuration 设置过渡时长，同时通过语句 this.isShow = !this.isShow 实现显示和隐藏效果。

③ handleBeforeEnter、handleEnter 和 handleAfterEnter 函数分别用于处理进入过渡开始前、进入过渡运行时，以及进入过渡完成后的操作。需要说明的是，handleAfterEnter 在 handleEnter 代码执行后立即会被调用，若过渡效果时长大于 0，它会先于过渡效果完成执行。

④ handleBeforeEnter、handleEnter 和 handleAfterEnter 函数中参数 el 表示应用过渡的元素对象。handleEnter 函数参数 done 为回调函数，需要强调的是，handleEnter 函数中必须调用 done 函数，否则后续的 handleAfterEnter 函数将不会被调用。这是因为使用 JavaScript 实现进入过渡时，要求钩子函数 enter 必须使用 done 函数进行回调，否则钩子函数 after-enter 会被同步调用，过渡效果也就不会生效了，类似地，使用钩子函数 leave 和 after-leave 时也需做同样的处理。

⑤ 如果希望在处于初始化状态时就应用过渡，可以设置 transition 的 appear 属性值为 true，同时在钩子函数 enter 中，利用定时器实现延迟调用 done 函数。

3.JavaScript 钩子函数单独应用

下面以实现动态动画效果为例，演示单独应用 JavaScript 钩子函数的具体方法。

【例 5-5】仅使用 JavaScript 钩子函数，实现 div 区块显示和隐藏的动态动画效果。

（1）创建 5-5.html 文件，程序代码如下：

```
<style>
   .box {
      width: 100px;
      height: 100px;
      background: red;
   }
</style>
<body>
    <div id="app">
        <button @click="toggle">change</button>
        <!--设置:css="false"，以阻止 Vue 查找样式类的默认行为-->
        <transition
                     :css="false"
                     @before-enter="handleBeforeEnter"
                     @enter="handleEnter"
                     @after-enter="handleAfterEnter">
           <div class="box" v-show="isShow"></div>
        </transition>
    </div>
</body>
<script>
   const appObj = Vue.createApp({
      data(){
         return {
            isShow: false,
            fadeInDuration: "3s"
         }
      },
      methods:{
         toggle(){
            this.isShow = !this.isShow
         },
         handleBeforeEnter(el){
            //进入动画开始前
            console.log("handleBeforeEnter")
            el.style.opacity = "0"
            el.style.marginLeft = "0px"
         },
         handleEnter(el, done){
            //进入动画过程中
```

```
            console.log("handleEnter");
            el.offsetHeight;  //或使用 el.offsetWidth; 强制动画刷新
             //使用 document.styleSheets[0].insertRule 定义@keyframes
            el.ownerDocument.styleSheets[0].insertRule(
                `@keyframes div_in_frame{
                    0% {transform :translateX(0px); opacity:0;}
                    100% {transform :translateX(200px); opacity:1; }`
            );
            el.style.animation = "div_in_frame 3s linear"
            //延迟 3s，使得 handleAfterEnter 钩子函数在动画完成后被调用
             setTimeout(function () {
                done()
            }, 3000)
        },
        handleAfterEnter(el){
            //进入动画完成之后
            console.log("handleAfterEnter")
            el.style.opacity = "1"
            el.style.marginLeft = "200px"
        }
    }
})
appObj.mount("#app")
</script>
```

（2）运行程序，单击“change”按钮时，div 区块逐渐出现，并沿 *x* 轴向右匀速移动 200px 后停止。

（3）代码分析如下。

① 与例 5-4 所示的代码类似，定义了 3 个钩子函数，不过这里 handleEnter 函数用于实现动画效果。

② 将 transition 的 css 属性值设置为 false，以阻止 Vue 查找 CSS 样式的默认行为，使得 JavaScript 钩子函数的动画效果生效。

③ handleEnter 函数中定义了元素的动画样式，其中@keyframes 的定义需要借助 document.styleSheets[0]的 insertRule 方法，虽然 Vue 不能直接使用 document 对象，但可以通过应用动画的当前元素的 ownerDocument 属性来使用。

④ 利用定时器延迟调用 done 函数，可以使得 handleAfterEnter 所定义的 CSS 样式与动画效果同步。

5.3 多个元素和组件过渡

在 Transition 组件语法中，规定了在同一时间只允许一个元素应用过渡效果。如果有多个元素要应用过渡效果，需要与 v-if/v-else 结合，或者为元素定义不同的 key 来应对。

1. 多个不同类型的元素

针对多个不同类型的元素，可以利用 v-if/v-else 进行元素间的切换，使这些元素应用同一个过渡效果。下面通过一个例子来演示具体的实现过程。

【例 5-6】多个不同类型的元素应用同一个过渡效果。

（1）创建 5-6.html 文件，程序代码如下：

```
<style>
    .fade-enter-from,
    .fade-leave-to{
```

```
            opacity:0;
        }
        .fade-enter-active,
        .fade-leave-active {
            transition:opacity 3s;
        }
</style>
<body>
<div id="app">
    <button @click="clear">隐藏城市列表</button>
    <button @click="resume">显示城市列表</button><br/>
    <transition name="fade">
        <ul v-model="citys" v-if="citys.length>0">
            <li v-for="item in citys" >{{item}}</option>
        </ul>
        <p v-else>无数据</p>
    </transition>
</div>
</body>
<script>
    const appObj = Vue.createApp({
        data(){
            return {
                citys: [
                    "北京",
                    "深圳",
                    "广州"
                ],
                arr:[]
            }
        },
        methods: {
            clear() {
                this.arr = this.citys
                this.citys = []
            },
            resume() {
                this.citys = this.arr
                this.arr = []
            }
        }
    })
    appObj.mount("#app")
</script>
```

（2）运行程序，单击“隐藏城市列表”按钮时，城市列表会逐渐消失，之后逐渐显示“无数据”提示信息；单击“显示城市列表”按钮时，“无数据”提示信息则逐渐消失，城市列表会逐渐恢复显示。

（3）代码分析：通过单击按钮，页面中的 ul 和 p 元素同时应用过渡效果，只有当 ul 元素应用进入过渡时，p 元素才应用离开过渡，反之亦然。

2. 多个相同类型的元素

针对多个相同类型的元素，如果使用 v-if/v-else 指令，Vue 为了效率只会切换不同类型的元素中的内容，而无法产生过渡效果。这种情况下，可以通过设置 key 属性值区分相同类型的不同元素来达到目的。下面通过一个例子来演示具体的实现过程。

【例 5-7】多个相同类型的元素应用同一个过渡效果。

（1）创建 5-7.html 文件，程序代码如下：

```
<style>
      .fade-enter-from,
      .fade-leave-to{
         opacity:0;
      }
      .fade-enter-active,
      .fade-leave-active {
         transition:opacity 3s;
      }
</style>
<body>
<div id="app">
   <button @click="show('一')">显示第一个阶段</button>
   <button @click="show('二')">显示第二个阶段</button>
   <button @click="show('三')">显示第三个阶段</button><br/>
   <transition name="fade">
      <p :key="index">第{{index}}个阶段</p>
   </transition>
</div>
</body>
<script>
   const appObj = Vue.createApp({
      data(){
         return {
            index: "一",
         }
      },
      methods: {
        show(i) {
          this.index = i
        }
      }
   })
   appObj.mount("#app")
</script>
```

（2）运行程序，分别单击 3 个按钮，当前显示的信息会逐渐消失，与按钮名称对应的另一个信息会逐渐显示出来。

（3）代码分析：单击不同的按钮，会为 show 方法提供不同的参数，使得相同类型的 3 个 p 元素得以切换，轮流应用同一个过渡效果。

3. 多个组件

对于多个组件而言，虽然 Vue 组件是一种自定义 HTML 元素，可以采用多个元素的处理方式，但 Vue 还为多个组件提供了另一种更为简单的处理方式，即利用内置组件 Component 的 is 属性轮流绑定应用过渡效果的组件名。代码如下所示：

```
<transition name="fade" mode="out-in">
     <component v-bind:is="组件名"></component>
</transition>
```

代码分析如下。

（1）component 组件元素相当于一个占位符，使用 is 属性指定将要渲染的组件。

（2）mode 属性用于设置过渡模式。Transition 组件在默认情况下，新元素的进入过渡和当前元素的离开过渡是同时发生的，有时会造成元素或组件切换时同一位置被重绘的现象。为了使得多个元素能够有序地应用同一过渡效果，Vue 提供了以下两种过渡模式。

① in-out：新元素先过渡进入，完成之后当前元素过渡离开。

② out-in：当前元素先过渡离开，完成之后新元素过渡进入。

5.4 列表过渡

列表是一种常见的页面布局方式。Vue 提供的内置组件 TransitionGroup 可以将过渡效果应用到列表的构建过程中，即在一个元素或组件被插入和移出 v-for 列表时应用过渡，从而实现动态列表效果。

微课视频

TransitionGroup 组件的语法格式为：

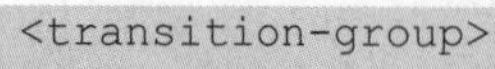

```
<transition-group>
    <!--需要应用过渡和动画效果的一组元素标签-->
</transition-group>
```

TransitionGroup 组件的属性多数与 Transition 的相同，不过，由于它不需要轮流应用过渡和动画效果，因此，没有 mode 属性。TransitionGroup 组件的特有属性如下。

（1）tag 属性：表示使用何种元素对 TransitionGroup 组件内的多个元素进行内层包裹，默认使用 span 元素。

（2）v-move 样式类：用于设置当 key 对应的元素位置发生变化时的样式。

下面通过一个例子来演示基于 TransitionGroup 组件的列表过渡的实现过程。

【例 5-8】列表应用过渡效果。

（1）创建 5-8.html 文件，程序代码如下：

```
<style>
      .options-item {
           margin-left: 10px ;
           display: inline-block;
       }
       .fade-enter-from,
       .fade-leave-to{
            opacity:0;
            transform: translateY(20px);
       }
       .fade-enter-active,
       .fade-leave-active {
            transition:opacity 2s;
       }
       .fade-move{
            transition: all 2s;
       }
</style>
<body>
     <div id="app">
        <button @click="add">新增</button>
        <button @click="remove">移除</button> <br/>
```

```
        <transition-group name="fade" tag="ul">
            <li v-for="(item, index) in options"
                :key="index"
                class="options-item">
                {{item}}
            </li>
        </transition>
    </div>
</body>
<script>
    const appObj = Vue.createApp({
        data(){
            return {
                options: [1, 2, 3 ]
            }
        },
        methods: {
            randomIndex() {
                return Math.floor(Math.random() * this.options.length)
            },
            add() {
                const position = this.randomIndex()
                const number = this.options.length + 1
                this.options.splice(position, 0, number)
            },
            remove() {
                const position = this.randomIndex()
                this.options.splice(position, 1)
            }
        }
    })
    appObj.mount("#app")
</script>
```

（2）运行程序，浏览器页面上显示一组数字，单击“新增”按钮时，在数字列表的随机位置上会增加一个数字；单击“移除”按钮时，则会随机地移除一个数字。当增加/删除操作发生在列表中间的某个位置上时，会看到整个列表调整的过渡效果。

（3）代码分析如下。

① 这里的列表采用 ul 和 li 元素构建。

② 在应用 v-move 样式类时需注意两点，一是必须设置列表元素的 key 属性，因为 v-move 根据 key 来确定需要改变定位的元素；二是必须设置列表样式的 display 属性为“inline-block”，否则过渡效果不生效。

应用实践

项目 5 会员中心页面

本项目通过“会员中心页面”任务，帮助学习者进一步掌握 Transition 和 TransitionGroup 组件的应用。

1. 需求描述

会员中心页面包括左侧导航栏和右侧内容，通过导航栏切换到“我的账户”和“我的游记”，并带有过渡效果；“我的账户”中可以动态增加或删除“邮箱”字段，同样也要求使用过渡效果。

会员中心页面的最终效果如图 5-2 所示。

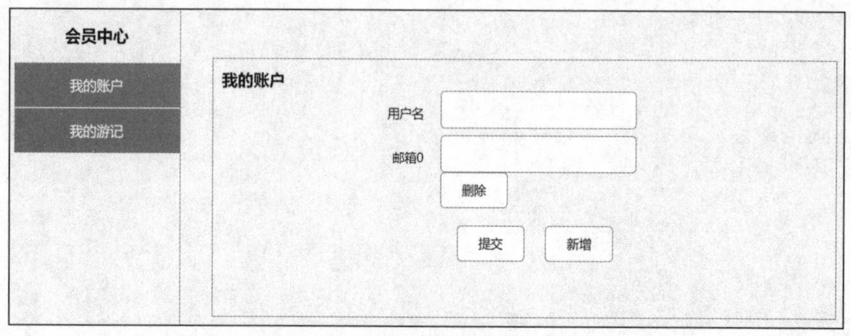

（a）“我的账户”页面

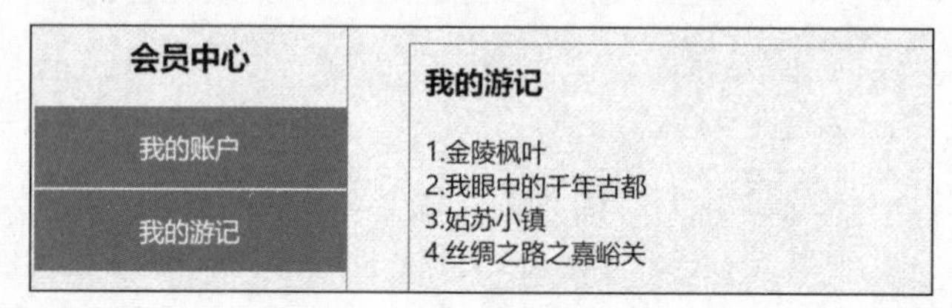

（b）“我的游记”页面

图 5-2　会员中心页面的最终效果

2. 实现思路

（1）采用局部组件，构建会员中心页面的“我的账户”和“我的游记”两个部分。

（2）由于“我的账户”和“我的游记”组件切换时，同一时间只需渲染其中一个，符合 Transition 组件应用条件，而“我的账户”表单中“邮箱”字段增加/删除所形成的列表，则需要 TransitionGroup 组件才能实现过渡效果。

任务 5-1　构建页面布局

（1）构建页面布局，程序代码如下：

```
<div class="main">
  <div class="wrap">
     <aside class="left">
        <h4>会员中心</h4>
        <ul>
            <li><a @click="handleAccount">我的账户</a></li>
            <li><a @click="handleArticle">我的游记</a></li>
        </ul>
     </aside>
     <article class="right">
          <transition name="accountFade" mode="out-in">
               <component :is="comp"></component>
          </transition>
     </article>
```

```
    </div>
    <div class="clear"></div>
  </div>
```

（2）代码分析：利用 Component 组件实现动态渲染组件的效果；结合 Transition 组件实现动态组件切换时的过渡效果，过渡模式为 out-in，即当前元素先过渡离开，完成之后新元素过渡进入。

任务 5-2　创建局部组件

（1）定义组件模板，程序代码如下：

```
<template id="article">
    <div class="content" :style="{height:s_height+'px'}">
        <h3>我的游记</h3><br/>
            <dl>
                <dt v-for="(item,index) in articles"
                     :key="index"
                     @click="handleArticle(item)">
                      {{item}}
                </dt>
           </dl>
      </div>
</template>
<template id="account">
    <div id="accountForm" class="content" :style="{height:s_height+'px'}">
          <h3>我的账户</h3>
             <dl class="account_item">
                   <dt class="lab"><label>用户名</label></dt>
                   <dd class="inp"><input type="text" name="userName" id="userName"
                         v-model="userForm.userName" /></dd>
             </dl>
             <div style="clear: both;"></div>
             <transition-group name="emailFade" >
                 <div v-for="(item, index) in userForm.emails" :key="index">
                      <dl class="account_item">
                      <dt class="lab"><label>邮箱{{index}}</label></dt>
                     <dd class="inp">
                       <input type="text" name="email" id="email" v-model=
                       "item.value" />
                     </dd>
                     <input type="button" class="btn" @click=
                     "removeEmailItem(item)" value="删除"/>
                     </dl>
                 </div>
             </transition-group>
            <div style="clear: both;"></div>
                <ul>
                <li>
                    <input type="button" class="btn" @click="onSubmit" value="提交"/>
                </li>
               <li>
                   <input type="button"  class="btn" @click="addEmailItem" value="
                   新增"/>
```

```
            </li>
        </ul>
    </div>
</template>
```

（2）定义局部组件，程序代码如下：

```
//“我的账户”局部组件
 let AccountComponent = {
      data(){
         return {
            userForm:{
               userName:'',
               emails:[{value:'', key:1}]
            },
            s_height: 270
         }
      },
      template:"#account",
      methods:{
         addEmailItem(){
             this.userForm.emails.push({
                   value:'',
                   key: Date.now()
             })
             this.s_height = this.s_height + 100
         },
         removeEmailItem(item){
              const index = this.userForm.emails.indexOf(item)
              if(index != -1) {
                  this.userForm.emails.splice(index, 1)
                  this.s_height = this.s_height - 100
              }
         },
         onSubmit(){
             const data = Object.assign({}, this.userForm)  //读取表单数据
             console.log(data)
         }
      }
   }
   //“我的游记”局部组件
   let ArticleComponent = {
       data(){
         return {
             articles:['1.金陵枫叶','2.我眼中的千年古都','3.姑苏小镇','4.丝绸之路之
嘉峪关'],
             s_height:200
         }
       },
       template:"#article"
   }
```

（3）代码分析：程序中定义了两个局部组件：AccountComponent（我的账户）和ArticleComponent（我的游记）。在AccountComponent中，data选项定义的userForm用于绑定账户输入项；methods定义的addEmailItem和removeEmailItem分别用于实现email字段

的增加/删除操作，每当单击“新增”按钮时，利用数组的 push 方法为 emails 添加一个新元素，页面相应新增一个邮箱输入框，删除处理流程类似。

同步训练

请编写一个登录页面，其中包含 3 个输入框：用户名、密码和验证码。只有当用户输入密码错误时，才要求输入验证码，并使用 Transition 组件实现验证码输入框显示的过渡效果。

单元小结

1. 在 Vue 中实现过渡和动画是指利用 Vue 内置组件 Transition 和 TransitionGroup 来实现 CSS3 过渡和动画，使得元素显示状态发生改变时，会伴随一个过渡或动画的效果，从而有效地提升用户体验。

2. Transition 组件可应用于单个元素、多个元素或多个组件在进入和离开 DOM 时的过渡和动画。Transition 组件通过包裹单个元素，并结合定义样式类，实现元素状态变化的过渡效果。Transition 组件与 CSS3 的 animation 和@keyframes 属性配合，可在元素状态变化过程中实现动画效果。

3. Vue 提供了 6 个样式类，其中 v-enter-from、v-enter-active、v-enter-to 用于定义进入阶段的开始、生效和结束状态的样式；v-leave-from、v-leave-active、v-leave-to 用于定义离开阶段的开始、生效和结束状态的样式。

4. Transition 组件与 JavaScript 钩子函数相结合，还可以实现动态过渡和动态动画。JavaScript 钩子函数共有 8 个，其中 before-enter、enter、after-enter 和 enter-cancelled 分别在进入阶段的开始前、运行时、完成后和被取消时被调用；before-leave、leave、after-leave 和 leave-cancelled 则是在离开阶段的开始前、运行时、完成后和被取消时被调用。

5. TransitionGroup 组件可以将过渡效果应用到列表的构建过程中，即在一个元素或组件被插入和移出 v-for 列表时应用过渡，从而实现动态列表效果。

单元练习

一、选择题

1. 下列关于 Transition 组件的说法，错误的是（　　）。
   A. v-enter 在元素被插入之前生效，在元素被插入之后的下一帧被清除
   B. v-leave 在离开过渡被触发时立刻生效，下一帧被清除
   C. v-enter-active 可以控制进入过渡的不同曲线
   D. 如果 name 属性为 test-name，则 test-就是过渡中切换的类名的前缀
2. 下列关于多个元素过渡的说法，错误的是（　　）。
   A. 当相同类型的多个元素切换时，需要通过 key 属性设置唯一的值来标记这些元素以让 Vue 区分它们
   B. 不同类型的元素之间可以使用 v-if/v-else 来应用同一个过渡效果

C．组件的默认行为指定进入和离开同时发生

D．不可以给同一个元素的 key 属性值设置不同的状态来代替 v-if/v-else

二、编程题

1．利用 Transition 组件实现一个 div 区域颜色变化的动画效果。

2．创建一个包含多个学生名字的列表，利用 Transition 组件和 v-if 指令实现查询名字的功能，当所查询的名字存在时列表仅显示该学生。

3．创建两个局部组件输入框和列表，利用 Transition 和 Component 组件的组合实现两个组件的交替出现。

单元6 组合式API

06

单元导学

在前面单元中，Vue 组件的编写是按照选项来归置代码块的，如 data 选项定义数据，methods 选项定义函数等。这种方式被称为选项式 API（Options API），它具有易学易用的特点，但代码本身的逻辑关联性却没有得到很好的体现。Vue3 引入了新的编写方式——组合式 API（Composition API），在程序结构上，它能够对同一功能的逻辑关注点进行聚合，便于复杂组件中各功能逻辑的组织。

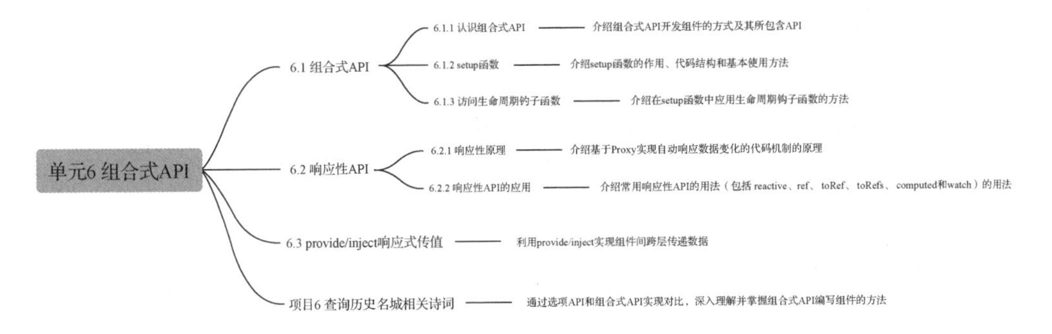

学习目标

1. 了解组合式 API 特点
2. 理解响应性原理（重点/难点）
3. 掌握 setup 函数应用方法（重点）
4. 掌握响应性 API 的使用（重点）
5. 能够利用 provide/inject 实现组件间传值

知识学习

6.1 组合式 API

Vue 中提供了两种编写组件的方式：选项式 API 和组合式 API。前者主要用于 Vue2 及以前的版本，后者则是 Vue3 中新引入的特性之一，它注重对同一功能的逻辑关注点相关代码的汇集，适用于大型项目中复杂组件的开发，具有代码可复用性高和可维护性强的特点。当然，Vue3 向后兼容选项式 API。

6.1.1 认识组合式 API

组合式 API 是 Vue3 所提供的一个非常重要的特性，它改变了组件编写的方式。暂且不去关注具体的语法，先通过与选项式 API 的对比，让我们对组合式 API 有一个基本的了解。

下面通过图 6-1 来说明两者的特点。

（1）选项式 API。图 6-1（a）展示的是采用选项式 API 开发组件的代码，其中 data、methods、computed 和 watch 选项，分别包含功能 1 和功能 2 的响应式数据、功能函数、计算属性和数据监听器，每个选项的相对位置固定，编写代码容易，结构清晰明了，适用于较为简单的组件。对于大型组件而言，其组件逻辑复杂度较高，多个功能逻辑点的数据或函数共用同一选项，会使得代码逻辑变得分散且凌乱，从而大大降低代码的可读性，不利于系统的扩展和维护。

（2）组合式 API。图 6-1（b）展示的是采用组合式 API 开发组件的代码，采用 setup 函数（详见 6.1.2 小节）定义各功能的响应式数据和功能函数，其中每个功能的响应式数据和功能函数是集中在一起的，也可以将功能代码移出去放在独立函数中，即用一个独立的函数包裹某个功能的所有相关代码，包括其响应式数据、功能函数等，如此一来，即使是针对复杂的组件，开发者也可以快速锁定某个功能的相关代码，从而提高代码的开发效率。同时，对过于复杂的组件还可以通过拆分处理，来降低其复杂度。

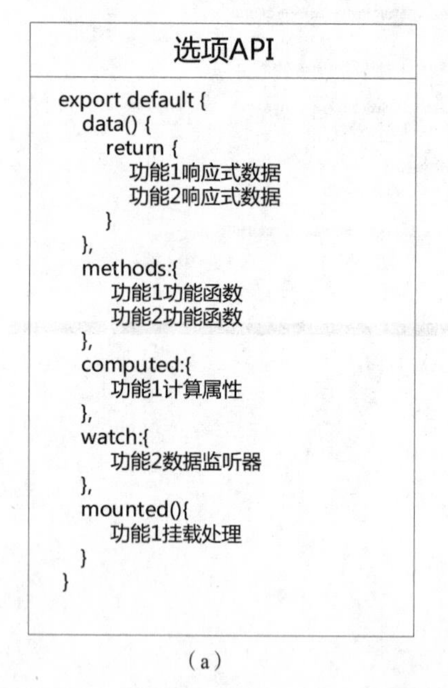

（a）

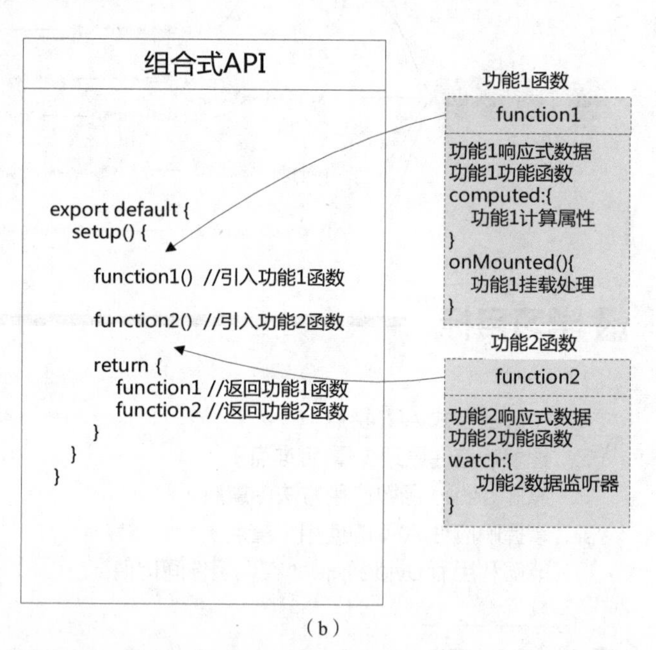

（b）

图 6-1 选项式 API 和组合式 API 对比

为了更好地理解两者的用法对比，下面通过一个简单案例来进一步说明，同样地，在这里我们忽略具体的语法规则。

【例 6-1】分别采用选项式 API 和组合式 API 构建一个 Vue 组件，该组件包括两个功能：（1）显示用户名信息；（2）根据手机产品名称搜索其价格。

（1）基于选项式 API，创建 6-1-1.vue 文件，程序代码如下：

```
<template>
    <div>
        <h3>显示用户名信息</h3>
        <button @click="showUser">显示</button>
        <p>{{userName}}</p>
    </div>
    <br/>
    <div>
        <h3>根据手机产品名称搜索其价格</h3>
          <input type="text" name="keyword" v-model="productName"/>
          <button @click="getProductPrice">搜索</button>
        <p v-if="productName!=''">{{productName}}: {{productPrice}}</p>
    </div>
</template>
<script>
     export default{
        name:'OptionsDemo',
        data() {
            return {
                userName:'',  //功能 1
                productName:'',  //功能 2
                productPrice: 0  //功能 2
            }
        },
        methods:{
          showUser(){  //功能 1
            this.userName = '张三'
          },
          getProductPrice(){  //功能 2
              if(this.productName != '') {
                   this.productPrice = 2000
              }
          }
        }

     }
</script>
```

（2）基于组合式 API，创建 6-1-2.vue 文件，其组件模板定义部分与 6-1-1.vue 文件中的是相同的，这里仅列出其 JavaScript 部分代码：

```
<script>
    import {ref} from 'vue'
    export default{
        name:'CompositionsDemo-1',
        setup(){
            /**功能 1**/
            const userName = ref('')
            const showUser = () =>{
              userName.value = '张三'
            }
```

```
        /**功能 2**/
        let productName = ref('')
        let productPrice = ref(0)
        const getProductPrice = () =>{
            if(productName.value != '') {
                productPrice.value = 2000
            }
        }
        return {
            userName,
            showUser,
            productName,
            productPrice,
            getProductPrice
        }
      }
    }
</script>
```

(3)代码分析：对比上述两种方式的实现代码，我们会发现采用选项式 API 时两个功能的变量定义和函数定义是混合在一起的，而采用组合式 API 时则围绕功能逻辑点来组织代码，从形式上对各功能逻辑点进行了分割，使得功能逻辑点的分布较为清晰；如果组件中的功能多且逻辑复杂，可以将各功能代码分别移到独立函数中，再在 setup 函数中引入这些独立函数。将修改后的代码保存为 6-1-3.vue 文件，其中，JavaScript 部分代码如下：

```
<script>
    import {ref} from 'vue'

    function useUser(){  //功能 1
        const userName = ref('')
        const showUser = () =>{
            userName.value = '张三'
        }
        return {
            userName,
            showUser
        }
    }

    function useProduct(){  //功能 2
        let productName = ref('')
        let productPrice = ref(0)
        const getProductPrice = () =>{
            if(productName.value != '') {
                productPrice.value = 2000
            }
        }
        return {
            productName,
            productPrice,
            getProductPrice
        }
    }
    export default{
        name:'CompositionsDemo-2',
```

```
        setup(){
            //功能 1
            const {userName, showUser} = useUser()

            //功能 2
            const {productName, productPrice, getProductPrice } = useProduct()

            return {
                userName,
                showUser,
                productName,
                productPrice,
                getProductPrice
            }
        }
    }
</script>
```

在了解了组合式 API 的特点之后，可以归纳出其含义：组合式 API 包含一组 API，允许开发者使用导入的函数而非声明选项的方式来编写组件。其包含的 API 如下。

（1）生命周期钩子函数：在生命周期钩子函数名之前加“on”，并将函数名首字母改为大写，使得在组件中可以访问这些函数，如 onMounted 和 onUnmounted 函数。

（2）响应性 API：用于创建响应式数据、计算属性和数据监听器，如 ref 和 reactive 函数。

（3）依赖注入：允许开发者在使用响应性 API 的同时，利用 provide/inject 依赖注入系统。

需要说明的是，这些 API 只能在组件的 setup 函数中调用。

6.1.2 setup 函数

setup 函数是 Vue3 所提供的新的组件选项，它是组件中组合式 API 的起点。该函数在组件实例被创建之前、props 被解析之后立即被调用，且仅执行一次。setup 函数替代了生命周期钩子函数 beforeCreate 和 created，因此，setup 函数中所能访问的生命周期钩子函数不包括这两个函数，同时使用 this 也无法访问到组件实例。

微课视频

1. setup 函数结构

setup 函数结构如下：

```
setup(props, context){
    ... //定义响应式数据

    ... //定义功能函数或生命周期钩子函数

    return { //返回响应式数据及功能函数
        ... //响应式数据
        ... //功能函数名
    }
}
```

其中 props 和 context 是 setup 函数的两个参数，return 返回响应式数据和功能函数，将其暴露给当前组件的其他选项使用。

2. 参数 props

props 本身是子组件中的选项，其所定义的属性用于接收父组件传递过来的数据，props 以 setup

函数的参数形式将这些数据提供给 setup 函数使用。props 选项的属性为响应式数据，当父组件变更所传入的数据时，子组件的 props 中的属性也将被更新。

下面通过一个例子来演示 setup 函数访问 props 的具体过程。

【例 6-2】props 应用示例。

（1）创建 6-2.html 文件，程序代码如下：

```
<body>
   <div id="app">
      <local-component :name="pname"></local-component>
   </div>
   <template id="tmp">
      <div>
         <p>{{message}}</p>
      </div>
   </template>
</body>
<script>
   const LocalComponent= {
      template: '#tmp',
      props:{
         name: String
      },
      setup(props){
         const message = "这是一个局部组件"
         console.log(props.name)
         return {
            message
         }
      }
   }
   const appObj = Vue.createApp({  //语句 1
      components:{
        LocalComponent
      },
      setup(){
         const pname="父组件传来的信息"
         return {
            pname
         }
      }
   })
   appObj.mount('#app')  //语句 2
</script>
```

（2）运行程序，浏览器页面上显示“这是一个局部组件”，控制台中输出了“父组件传来的信息”，若修改了父组件中 pname 的值，控制台的输出内容也会更新。

（3）代码分析如下。

① 采用 createApp 函数创建 Vue 应用实例，利用 mount 函数进行挂载处理。也可以通过链式调用方式来编写代码，比如语句 1 和语句 2 可以写成 Vue.createApp({...}).mount('#app')。

② 子组件 LocalComponent 中 props 选项定义了 name 属性，当父组件传入了新的 name 值时，setup 函数输出的 name 值也会随之更新；定义了变量 message，通过 return 将其返回给 template 使用。

3. 参数 context

context 是一个普通的 JavaScript 对象，可为 setup 函数提供其他可能有用的值。下面我们通过一个例子来演示 context 的具体应用方法。

【例 6-3】context 应用示例。

（1）创建 6-3.html 文件，程序代码如下：

```
<body>
    <div id="app">
        <local-component name="局部组件名称"></local-component>
    </div>
    <template id="tmp">
        <div>
            <p>{{message}}</p>
        </div>
    </template>
    </body>
    <script>
        const LocalComponent = {
            template: '#tmp',
            props:{
                name: String
            },
            setup(props, context){
                const message = "这是一个局部组件"
                console.log(props.name)
                console.log(context.attrs)  //属性 context.attrs 相当于 this.$attrs
                console.log(context.emit)  //触发事件 context.emit 相当于 this.$emit
                console.log(context.slots)  //插槽 context.slots 相当于 this.$slots
                return {
                    message
                }
            }
        }
        const appObj = Vue.createApp({
            components:{
                LocalComponent
            }
        })
        appObj.mount('#app')
    </script>
```

（2）运行程序，浏览器页面上显示“这是一个局部组件”，控制台中输出了“局部组件名称”以及 context 的 3 个属性对象。

（3）代码分析：在 setup 函数中，只可以访问到组件实例的$attrs、$slots、$emit，以及 props 选项属性，不能访问 data、computed、methods 和 refs 组件选项。这是因为 setup 函数的调用是发生在 props 的属性被解析之后与 data、computed、methods 等的属性被解析之前。

6.1.3 访问生命周期钩子函数

在 setup 函数中访问组件生命周期钩子函数的方法是在每个钩子函数名之前加上“on”，并将函数名首字母改为大写。由于 setup 函数本身也是生命周期钩子函数，而它的执行时机与生命周期钩子函数 beforeCreate 和 created 一致，因此，在 setup 函数中能够访问的生命周期钩子函数包括 beforeMount、mounted、beforeUpdate、updated、beforeUnmount、unmounted。

下面以 mounted 应用为例，演示 setup 函数访问生命周期钩子函数的具体过程。

【例 6-4】 mounted 应用示例。

（1）创建 6-4.html 文件，复制例 6-3 程序代码，在此基础上加入 setup 函数对于 mounted 函数的访问，JavaScript 部分修改后的代码如下：

```
const LocalComponent = {
    template: '#tmp',
    props:{
         name: String
    },
    setup(props, context){
         const message = "这是一个局部组件"
         Vue.onMounted(() => {  //调用 mounted 函数
              console.log("mounted is invoked")
              console.log(message)
         })
         return {
             message
         }
    }
}
const appObj = Vue.createApp({
       components:{
          LocalComponent
       }
})
appObj.mount('#app')
```

（2）运行程序，浏览器页面和控制台均显示“这是一个局部组件”信息，且控制台还输出了字符串“mounted is invoked”。

（3）代码分析：onMounted 钩子函数执行时，能够向控制台输出“mounted is invoked”和 message 变量值，这说明 onMounted 的执行在 setup 函数之后。

6.2 响应性 API

响应性是 Vue 最独特的特性之一，它使得应用程序中的数据管理变得非常简单直观，前面单元使用选项式 API 编写组件的过程中，我们已有了对响应性的基本认知和编程体验。组合式 API 的响应性则体现在 setup 函数中。setup 函数汇集了一组响应式数据和操作这些数据的函数。

6.2.1 响应性原理

开发 Vue 项目过程中，响应性特性时常会被用到，理解其中的原理，能够帮助我们避免犯下一些常见的错误。也可以先略过这个小节，在有一些响应性 API 的应用体验之后再来了解，会更易理解其中原理。响应性是一种自动响应数据变化的代码机制，其本质工作是监听数据的变化，并做出相应的处理。由于之前版本所采用的 Object.defineProperty 方法不能应对数组和对象的部分监听情况，因此，在 Vue3 中使用 ES6 的 Proxy 来代替该方法，这大大提升了响应性系统的性能。

1. 副作用函数

我们先来了解一个相关概念——副作用函数，它是会引起副作用的函数，它的执行会直接或间接影响该函数作用域之外的部分。

例如：

```
effect(() => {
    document.body.div.innerText = 'hello world'
})
function fun(){
     alert(document.body.div.innerText)
}
```

effect 函数在执行时，会设置 div 元素的文本内容，而 fun 函数显示的就是 div 元素的文本内容，因而，effect 函数执行后，fun 函数的执行结果也随之发生改变，那么，effect 函数就是一个副作用函数。

既然副作用函数的执行会影响到函数作用域之外的其他内容，类似地，如果能够构建一类数据，当它改变时，也能影响到依赖它的所有函数的执行，也就实现了对数据的响应。

来看看下面的代码段：

```
const obj = {text: 'hello world'}
//effect 函数的执行触发对 obj.text 的读取操作
effect(() => {
    document.body.div.innerText = obj.text
})
obj.text = 'hello Vue.js'  //修改 obj.text 的值
```

当上面的代码行依次执行时，你会看到页面中显示“hello world”。尽管最后一条语句对 obj.text 进行了重新赋值，但不会影响页面的显示内容。

观察上面的代码，可以发现要实现对数据的响应，需要满足以下两个条件：

（1）effect 函数的执行触发对 obj.text 的读取操作；

（2）修改 obj.text 的值，触发 effect 函数的重新执行，并影响它的执行结果。

也就是说，当一个普通的变量的值发生变化时，其对应的副作用函数可以重新执行，那么，这个变量就是响应式数据。在 Vue3 中有 3 种 effect 函数，它们分别对应视图渲染、计算属性和数据监听器。

2. Proxy

现在探究一下 Proxy 的用法。Proxy 被称为代理，它包装了另一个对象，即在该对象和外界之间设置拦截，以便对外界的访问进行过滤和修改。这里所拦截的是读写数据对象的操作，当数据被访问时，会触发 getter 中的收集依赖，即在该数据对象和副作用函数之间建立依赖关系；修改数据时，会触发 setter 中的派发更新，即逐个执行与该数据有依赖关系的副作用函数。这里的 getter 和 setter 分别指的是属性的读取和设置函数。

定义 Proxy 对象的语法规则是：

```
new Proxy(target, handler)
```

其中 target 是使用 Proxy 包装的目标对象，它可以是任何类型的对象，包括原生数组、函数，甚至是另一个代理；handler（处理器）通常是以函数作为属性的对象，这些函数分别定义了在执行各种操作时 Proxy 的行为。

3. 响应式数据

Vue3 利用 Proxy 和副作用函数来实现响应式数据，其实现流程示意如图 6-2 所示。

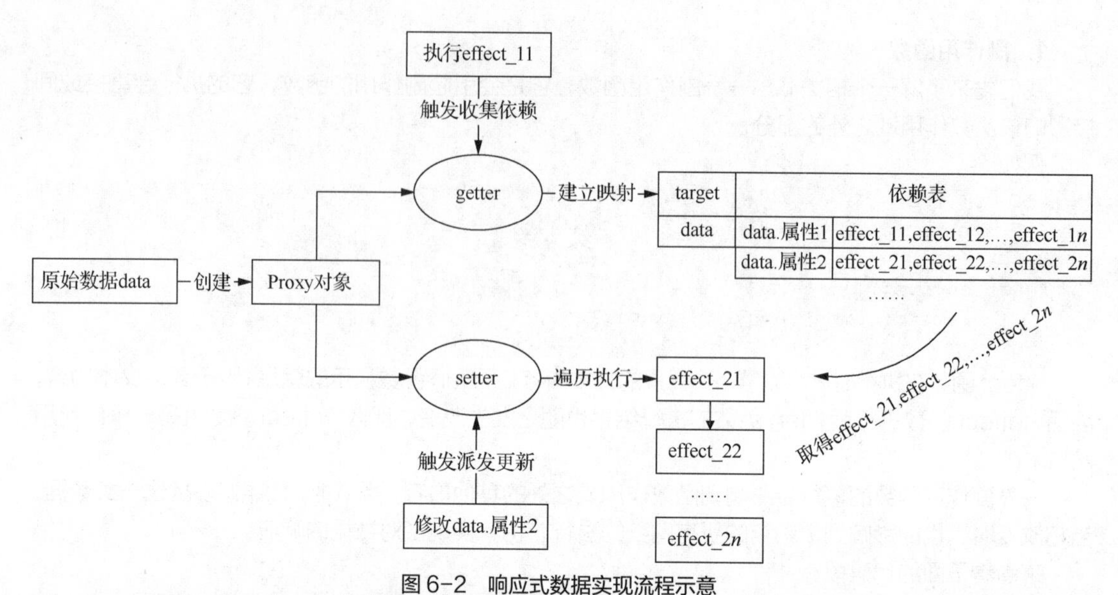

图 6-2　响应式数据实现流程示意

下面通过一个例子来演示响应式数据的实现过程。

【例 6-5】实现响应式数据示例。

（1）创建 6-5.html 文件，程序代码如下：

```
//存储副作用函数的容器
const bucket = new Set()
//原始数据 data
const data = { text: 'hello world' }
// handler 对象
const handler = {
   //读取操作
   get(target, key) {
        //初次读取原始数据时，建立副作用函数与原始数据的关联
        bucket.add(effect)
        return target[key]
   },
   //更新操作
   set(target, key, newVal) {
        target[key] = newVal
        //遍历执行副作用函数
        bucket.forEach(fn => fn())
        return true
   }
}
//代理原始数据，实现对其读写操作的拦截
const obj= new Proxy(data, handler)
//副作用函数
function effect() {
   document.body.innerText = obj.text
}
//调用副作用函数
effect()
```

```
setTimeout(() => {
    obj.text = 'hello Vue.js'  //修改数据 data
}, 3000);
```

（2）运行程序，浏览器页面上先是显示“hello world”，3s 后变成了“hello Vue.js”。

（3）代码分析：handler 对象定义了 get 和 set 函数，get 函数的作用是在目标对象 target 的每个属性 key 与其副作用函数间建立依赖关系，一个属性可以对应多个副作用函数；set 函数则用于在属性 key 发生修改的情况下，逐个调用其副作用函数，这样，原始数据 data 的每个属性就成了响应式数据。

如果希望目标对象 target 与副作用函数 effect 的关系更为明确，可通过泛化副作用函数名字的方式来优化例 6-5 的实现过程，有兴趣的读者可查找相关资料做进一步探究。

6.2.2　响应性 API 的应用

Vue3 响应性 API 中包含 20 多个 API，常用的主要有 reactive、ref、toRef、toRefs、computed 和 watch 等。

1. reactive 和 ref

在选项式 API 中，data 默认返回的是响应式数据，但对于组合式 API 的 setup 函数而言，其中所定义的变量，需要利用 reactive 或 ref 经过包装后，才能返回响应式数据。

微课视频

（1）reactive

reactive 根据传入的对象，返回一个深度响应式对象。reactive 是通过 Proxy 来实现响应式的，即对传入的对象进行包裹，并创建其 Proxy 对象。如果响应式对象的属性值发生改变，无论嵌套层级有多深，都会触发数据响应，而且新增和删除属性时，也会触发数据响应。

例如，利用 reactive 定义的响应式对象 data，可以读写其中的属性，代码如下：

```
const data = reactive({
    product:{
        name:'book',
        price:0
    },
    total:0
})
console.log(data.product.name)  //显示 book
console.log(data.total)  //显示 0
data.product.name='food'  //修改 product 对象的 name 属性
console.log(data.product.name)  //显示 food
```

（2）ref

虽然 Proxy 提供了各种拦截方式，可以很好地满足 Vue3 对响应性的需求，但却不支持基本数据类型，使得 reactive 也具有相同的局限性，因而，Vue3 提供了 ref 来达到优势互补的目的。ref 只接收一个基本类型数据，并返回一个响应式且可变的 ref 对象。ref 对象只有一个属性 value，在 setup 函数内调用时，通过该属性可访问 ref 对象的值。

例如，利用 ref 定义响应式对象 count，可通过其 value 属性进行读写操作，代码如下：

```
const count = ref(0)  //定义 count 为 ref 对象，初始值为 0
console.log(count.value)  // 显示 0
count.value++  //改变 count 的值
console.log(count.value)  // 显示 1
```

下面通过一个完整示例，进一步演示 ref 和 reactive 的应用方法。

【例 6-6】ref 和 reactive 应用示例。

（1）创建 6-6.html 文件，程序代码如下：

```
<body>
  <div id="app">
     <local-component></local-component>
  </div>
  <template id="tmp">
      <h4>使用 ref 定义基本类型数据</h4>
      <p>title:{{title}}</p>
      <button @click="toChangeTitle">修改 title</button>
      <h4>使用 reactive 以对象方式定义基本类型数据</h4>
      <p>student:{{student.name}}, {{student.major}}</p>
      <button @click="toChangeStudent">修改 student</button>
      <h4>使用 reactive 定义对象数据</h4>
      <p>{{data.product.name}}</p>
      <button @click="toChangeProduct">修改 product</button>
  </template>
</body>
<script>
    const LocalComponent = {
      template: '#tmp',
      setup(props, context){
          const title = Vue.ref("无标题")  //使用 ref 定义基本类型数据

          const student = Vue.reactive({  //使用 reactive 以对象方式定义基本类型数据
             name:'无姓名',
             major:'无专业'
          })

          const data = Vue.reactive({  //使用 reactive 定义对象数据
             product:{
                name:'教科书',
                price:0
             }
          })

          const toChangeTitle = () =>{
            title.value = "学生信息"
            console.log(title)
          }

          const toChangeStudent = () => {
             student.name = "张三"
             student.major = "前端开发"
             console.log(student)
          }

          const toChangeProduct =  () => {
             console.log(data.product)
             data.product.name="技术新书"
```

```
            }

            return {
               data,
               title,
               student,
               toChangeTitle,
               toChangeStudent,
               toChangeProduct
            }
         }
      }
      const appObj = Vue.createApp({
         components:{
           LocalComponent
         }
      })
      appObj.mount('#app')
   </script>
```

（2）运行程序，在页面上分别单击“修改 title”“修改 student”和“修改 product”按钮，页面中的 title、student 和 product 的值会随之发生变化。

（3）代码分析如下。

① ref 的原理是创建一个具有 value 属性的对象，并使用 Object.defineProperty 方法将其定义为响应式对象，而在模板结构中，编译器会根据响应式对象的类型判断是否需要从 value 属性中取值，因此，ref 所定义的基本数据类型变量，在 setup 函数中需要通过其 value 属性来读写值，而在组件模板结构中则无须这样做。

② reactive 多用于定义对象类型，如本例中的 data，但也可以用于将基本数据类型转换为对象形式来定义，如 student。这样一来，无论是在 setup 函数还是在组件模板结构中，其访问方式都是一样的。

③ const 定义的数据类型是不能改变的。如果定义的是对象类型，对象本身是不能改变的，但其属性还是可以修改的。例如，toChangeProduct 函数对 data 的 product 对象属性进行了修改。

④ 对响应性对象赋新值，会使该对象失去响应性。

例如，在 toChangeStudent 函数中，加入以下语句：

```
student = {name:'lisi',major:'dddd'}
```

此后，student 中任何属性的改变都将不会使视图随之发生更新。

2. toRef 和 toRefs

实际应用中，需要对响应性对象进行一些处理，例如，获取其中的某个属性，或使用解构得到其中的属性，并要求这些属性仍具有响应性。对此，Vue3 提供了 toRef 和 toRefs 来解决这个问题。toRef 和 toRefs 可以将响应式对象中的属性也转换为响应式的，区别在于前者一次只能转换一个属性，而后者是一次性将所有属性都转换为响应式的。

（1）toRef

toRef 接收两个参数：源响应式对象和属性名，返回一个 ref 数据，并且转换后的值和转换前的值是关联的。

例如，当父组件传递 props 给子组件时，为了引用 props 中的 name 属性并保持其响应性，可以编写以下代码：

```
const name_props = toRef(props, 'name')
console.log(name_props.value)
```

由于返回的是 ref 对象，因此，在读取 name_props 值时，仍需通过其 value 属性完成。

（2）toRefs

toRefs 接收一个对象类型参数，返回的结果对象的每个属性都是指向原始对象相应属性的 ref 对象。toRefs 常用于 ES6 的解构赋值操作，它可使响应式对象解构后的数据将仍具有响应性。

例如，子组件需要获得父组件传递过来的所有的属性对象时，可以编写以下代码：

```
const props_update = toRefs(props)
console.log(props_update.name.value)
```

下面通过一个完整例子，来进一步演示 toRef 和 toRefs 的使用方法。

【例 6-7】toRef 和 toRefs 用法示例。

（1）创建 6-7.html 文件，程序代码如下：

```
<body>
    <div id="app">
        <local-component></local-component>
    </div>
    <template id="tmp">
        <h4>toRef 转换示例</h4>
        <p>title:{{title.tip}}, {{title.type}}</p>
        <p>title_tip:{{title_tip}}</p>
        <button @click="toChangeTitle">修改 title</button>
        <h4>toRefs 转换示例</h4>
        <p>student:{{student.name}}, {{student.major}}</p>
        <p>student_1:{{student_1.name}}</p>
        <button @click="toChangeStudent">修改 student</button>
        <h4>...toRefs 解构后保持响应性示例</h4>
       <!--直接访问解构后的 product 和 total-->
        <p>product: {{product.name}}, {{product.price}}</p>
        <p>total:{{total}}</p>
        <button @click="toChangeProduct">修改 product</button>
    </template>
  </body>
<script>
    const LocalComponent = {
         template: '#tmp',
         setup(props, context){
             const title = Vue.reactive({
                 tip:'无标题',
                 type:'html'
             })
             const student = Vue.reactive({
                 name:'无姓名',
                 major:'无专业'
            })
            //利用 toRef 抽离响应式对象的某个属性，并返回其 ref 对象
            const title_tip = Vue.toRef(title, 'tip')
            //利用 toRefs 抽离响应式对象的所有属性，并返回各属性的 ref 对象
            const student_1 = Vue.toRefs(student)

            const data = Vue.reactive({  //利用 reactive 定义对象
               product:{
```

```
                name:'教科书',
                price:0
             },
             total:1
          })
          const toChangeTitle = () =>{
             title_tip.value = "学生信息"
          }
          //改变 toRef 之后的属性值
          const toChangeStudent = () => {
             student_1.name.value = "李四"
             student_1.major.value = "计算机"
          }
          //改变 toRefs 之后的属性值
          const toChangeProduct =  () => {
             data.product.name="技术手册"
             data.product.price=20
          }
          return {
             ...Vue.toRefs(data),
             title,
             title_tip,
             student,
             student_1,
             toChangeTitle,
             toChangeStudent,
             toChangeProduct
          }
       }
    }
    const appObj = Vue.createApp({
       components:{
          LocalComponent
       }
    })
    appObj.mount('#app')
</script>
```

（2）运行程序，分别单击“修改 title”“修改 student”和“修改 product”按钮，页面中的 title、student 和 product 的值会随之发生变化。

（3）代码分析：利用 reactive 定义了 3 个对象 title、student 和 data，利用 toRef 对对象 title 的属性 tip 进行抽离，返回 ref 对象 title_tip，利用 toRefs 对 student 的全部属性进行抽离，返回的 student_1.name 和 student_1.major 均为 ref 对象，setup 函数中需要通过 value 属性才能读写这些对象的值，而在 template 中可以直接访问，每当 setup 函数中对这些值进行修改时，template 中原有对象和转换后的对象都会随之更新。data 的转换是在 return 语句中通过...Vue.toRefs(data)完成的。...Vue.toRefs(data)等同于：

```
const {product, total} = Vue.toRefs(data)
```

该语句表示对 data 进行解构操作，并保持 data 中所有属性的响应性。如此一来，template 中可以直接访问解构后的 product 和 total，但在 setup 函数中还是需要通过 data.product 和 data.total 方式来对其进行处理。

3. computed

微课视频

计算属性 computed 依赖于响应式原始数据，当数据变化时会触发它的更新，得到一个全新的数据，因此可将 computed 理解为“计算属性 effect”。它在 setup 函数中的作用仍然是缓存数据，但使用方法有些不同。computed 仅接收一个回调函数作为参数，返回一个 ref 对象。

下面通过一个例子来演示在 setup 函数中应用 computed 的具体过程。

【例 6-8】computed 用法示例。

（1）创建 6-8.html 文件，程序代码如下：

```
<body>
    <div id="app">
        <local-component></local-component>
    </div>
    <template id="tmp">
        <div>count:{{count}}</div>
        <div>computedCount:{{computedCount}}</div>
        <button @click="handleAdd">递增</button>
    </template>
  </body>
  <script>
  const LocalComponent = {
        template: '#tmp',
        setup(props, context){
            const count = Vue.ref(1)
            const computedCount = Vue.computed(() => {  //声明 computed 函数
                return count.value + 1
            });
            const handleAdd = () => {
                count.value++
            };
            return {
                count,
                computedCount,
                handleAdd
            }
        }
   }
   const appObj = Vue.createApp({
      components:{
          LocalComponent
      }
   })
   appObj.mount('#app')
</script>
```

（2）运行程序，浏览器页面上显示 count 为 1，computedCount 为 2，每单击一次“递增”按钮，count 和 computedCount 均会增加 1。

（3）代码分析：每单击一次“递增”按钮，handleAdd 函数就会被调用一次，count 随之更新，同时触发 computed 回调函数执行，该函数所返回的 computedCount 是一个 ref 对象，因此，computedCount 也会更新。

4. watch

数据监听器 watch 用于侦听指定的数据源，并在回调函数中调用副作用函数。默认情况下，它是惰性的，即只有当被侦听的源数据发生变化时它才执行回调函数，其用法与选项式 API 中的有些不同。

（1）watch 语法

watch 接收的参数是监听对象和回调函数，其中监听对象可以是使用 ref 或 reactive 定义的响应式对象、具有返回值的 getter 函数，或是由这些类型的值组成的数组；回调函数有两个参数：监听对象的原始值和更新值。

（2）watch 监听对象

例如，监听使用 ref 定义的对象的代码如下：

```
const count = Vue.ref(1);
Vue.watch(count, (newVal, oldVal) => {
    console.log('old count val :>> ', oldVal)  //显示原始值
    console.log('new count val :>> ', newVal)  //显示更新值
})
```

当 watch 监听的是使用 reactive 定义的对象时，该对象中任何一个属性发生变化，都会被 watch 捕捉到。根据业务需要，可以监听该对象的某个属性，也可以监听整个对象。

例如，监听使用 reactive 定义的对象的某个属性的代码如下：

```
const data = Vue.reactive({
    product:{
        name:'教科书',
        price:0
    },
    total: 1
})
//监听对象的某个属性
Vue.watch(() => data.product.name, (newVal, oldVal) => {
      console.log('old data.product.name val :>> ', oldVal)
      console.log('new data.product.name val :>> ', newVal)
})
```

由于 data.product.name 不符合 watch 第一个参数的类型要求，因此，需要利用 getter 函数返回 data.product.name，代码为() => data.product.name。另外，代码中只有 data.product.name 被监听，那么其他属性变更将不会触发 watch 的执行。

如果需要监听对象的所有属性，监听部分的代码需要改为：

```
const computedData = Vue.computed(() => {
      return JSON.stringify(data);
});
Vue.watch(computedData, (newVal, oldVal) => {
      console.log('old data val :>> ', oldVal)
      console.log('new data val :>> ', newVal)
},{deep:true})
```

大家一定会好奇为什么要加一个计算属性。这是因为 watch 能够监听到对象的变化，但当对对象属性或数组元素进行更新操作时，监听函数中的新值和旧值都指向了同一个对象或数组，并且 Vue3 不会保留变更之前的副本，这会造成 newVal 和 oldVal 的值是一样的。因此，利用计算属性对监听对象进行深拷贝，创建一个新的地址，将监听对象与原始对象分离开，这样就可以观察到监听对象的变化了。

6.3 provide/inject 响应式传值

微课视频

我们先来看一个应用场景：假设有一个父组件包含子组件，子组件又包含孙组件，孙组件又包含重孙组件，如果需要将父组件的数据传给重孙组件，按

照以传统方式进行的逐层传递需要 3 次才能完成。显然，这种方式实现起来相当烦琐，是否能够简化一下呢？答案是肯定的，Vue3 中将 provide 和 inject 结合使用，可以方便地实现跨层传递数据的功能。

provide 负责提供数据和函数，为后代组件所用；inject 用于给后代组件注入 provide 所提供的数据和函数。在使用 provide 和 inject 时，仍需遵循 Vue 框架的单向数据流原则：在父传子前提下，父组件的数据发生变化会通知子组件自动更新，而子组件不能在其内部直接修改父组件传递过来的数据。

现在以上面的应用场景为背景，举例说明 provide 和 inject 的用法。

【例 6-9】利用 provide 和 inject 实现跨层传递数据。

（1）创建 6-9.html 文件，程序代码如下：

```
<body>
   <div id="app">
      父组件:
      <parent-component></parent-component>
      <br/>
   </div>
   <template id="parent">
      <div>parent count:{{count}}</div>
      <button @click="handlePlus">递增</button>
      <br/>
      子组件:
      <son-component></son-component>
   </template>
   <template id="son">
      <div>soncount:{{son_count}}</div>
      <br/>
      孙组件:
      <grandson-component></grandson-component>
   </template>
   <template id="grandson">
      <div>grandsoncount:{{grandson_count}}</div>
      <button @click="grandsonHandleMinus(num)">递减</button>
   </template>
</body>
<script>
    const GrandsonComponent = {  //孙组件
       template: '#grandson',
       setup(props, context){
          const num = Vue.ref(10)
          const grandson_count = Vue.inject('count')  //注入祖父组件数据
          const parentMinus = Vue.inject('handleMinus')  //注入祖父组件函数
          const grandsonHandleMinus = (num) => {
            parentMinus(num)
          }

          return {
             num,
             grandson_count,
             grandsonHandleMinus
```

```
            };
          }
        }
        const SonComponent = {  //子组件
          template: '#son',
          components:{
            GrandsonComponent
          },
          setup(props, context){
            const son_count = Vue.inject('count')  //注入父组件数据

            return {
              son_count
            }
          }
        }
        const ParentComponent = {  //父组件
          template: '#parent',
          components:{
            SonComponent
          },
          setup(props, context){
            const count = Vue.ref(100);
            const handlePlus = () => {  //递增处理
              count.value = count.value + 10
            }
            const handleMinus = (num) => {  //递减处理
              count.value = count.value - num
            }
            Vue.provide('count', count)  //提供数据给后代组件使用
            Vue.provide('handleMinus', handleMinus)  //提供函数给后代组件使用
            return {
              count,
              handlePlus,
              handleMinus
            }
          }
        }
        const appObj = Vue.createApp({
          components:{
            ParentComponent
          }
        })
        appObj.mount('#app')
    </script>
```

（2）运行程序，在页面上每次单击父组件中的“递增”按钮时，父、子和孙组件显示的数据均同时递增 10，单击孙组件中的“递减”按钮时，3 个组件也同时递减 10。

（3）代码分析：父组件提供了数据 count 和函数 handleMinus，子组件中注入了数据 count，孙组件中则注入了数据 count 和函数 handleMinus，因此，当父组件进行递增处理时，后代组件也会随之自动更新；孙组件通过注入函数，可借助父组件进行递减处理。

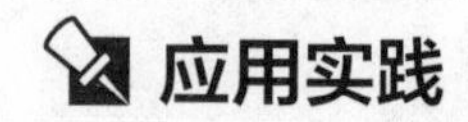

应用实践

项目 6　查询历史名城相关诗词

本项目针对“查询历史名城相关诗词”任务，分别采用选项式 API 和组合式 API 两种方式实现。通过对比，使得学习者更好地理解组合式 API 的特点，掌握其使用方法。

1. 需求描述

在历史名城游网站的诗词栏目中，要求根据用户所选区域里的城市名称，查询相关的诗词，并显示出诗词的名称、作者及其所属朝代和内容。

最终效果如图 6-3 所示。

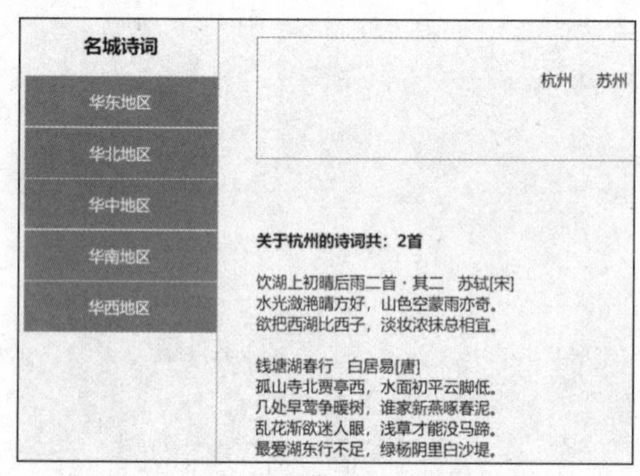

图 6-3　历史名城相关诗词查询最终效果

2. 实现思路

（1）将查询处理部分构建成局部组件，作为根组件的子组件。

（2）根组件通过 props 将所选区域里的城市列表传递给子组件，作为用户选择城市的依据。

（3）根据查询结果，利用计算属性 computed 更新某个城市相关诗词的数量。

（4）采用 v-for 指令和 dl 元素显示所查询出来的诗词列表。

任务 6-1　采用选项式 API 实现

（1）创建 6-10.html 文件，程序代码如下：

```
//页面布局
<div class="main">
     <div class="wrap">
        <aside class="left">
             <h4>名城诗词</h4>
             <ul>
                  <li><a @click="handleArea(0)">华东地区</a></li>
                  <li><a @click="handleArea(1)">华北地区</a></li>
                  <li><a @click="handleArea(2)">华中地区</a></li>
                  <li><a @click="handleArea(3)">华南地区</a></li>
                  <li><a @click="handleArea(4)">华西地区</a></li>
             </ul>
```

```
        </aside>
        <article class="right">
            <poetry-component :citys="cityList"></poetry-component>
        </article>
    </div>
    <div class="clear"></div>
</div>
//定义组件模板
<template id="searchPoetry">
    <div class="content">
        <ul>
          <li v-for="(city, index) in citys"
              :key="city"
              @click="handleVerse(city)">
              {{city}}
          </li>
        </ul>
    </div>
    <div class="poetry">
        <h4 v-if="result.length > 0">{{statistics}}</h4><br/>
        <dl v-for="(item, index) in result" :key="index">
            <dt>{{item.title}}   {{item.author}}</dt>
            <dd v-for ="(stat, index_1) in item.verse" :key="index_1">{{stat.line}}
            </dd><br/>
        </dl>
    </div>
</template>

<script>
    //定义查询组件
    const PoetryComponent = {
        template: '#searchPoetry',
        props:{
           citys: Array  //父组件传递过来的城市列表
        },
        data(){
            return {
                 cityName:'',
                 cityInfo:[],
                 result:[],
                 mockData: [
                 {
                     city:'杭州',
                     title:'饮湖上初晴后雨二首·其二',
                     author:'苏轼[宋]',
                     verse:[
                          {line:'水光潋滟晴方好，山色空蒙雨亦奇。'},
                          {line:'欲把西湖比西子，淡妆浓抹总相宜。'}
                     ]
                 },
                 {
                     city:'济南',
                     title:'济南二首·其一',
```

```
                author:'顾炎武[清]',
                verse:[
                    {line:'落日天边见二峰，平临湖上出芙蓉。'},
                    {line:'西来水窦缘王屋，南去山根接岱宗。'},
                    {line:'积气苍茫含斗宿，馀波瀁滀吐鱼龙。'},
                    {line:'还思北海亭中客，胜会良时不可逢。'}
                ]
            },
            {
                city:'杭州',
                title:'钱塘湖春行',
                author:'白居易[唐]',
                verse:[
                    {line:'孤山寺北贾亭西，水面初平云脚低。'},
                    {line:'几处早莺争暖树，谁家新燕啄春泥。'},
                    {line:'乱花渐欲迷人眼，浅草才能没马蹄。'},
                    {line:'最爱湖东行不足，绿杨阴里白沙堤。'}
                ]
            },
            {
                city:'广州',
                title:'送人游岭南',
                author:'司空曙[唐]',
                verse:[
                    {line:'万里南游客，交州见柳条。'},
                    {line:'逢迎人易合，时日酒能消。'},
                    {line:'浪晓浮青雀，风温解黑貂。'},
                    {line:'囊金如未足，莫恨故乡遥。'}]
            }
        ]
    }
},
computed: {
    statistics: function(){  //根据城市名称更新诗词数量
        return "关于" + this.cityName + "的诗词共：" + this.result.
            length + "首"
    }
},
watch:{
    citys: function(nVal, oVal){  //监听 props.citys
        this.result.splice(0, this.result.length)  //清空 result 数据
    }
},
methods:{
    getDataList(){
        setTimeout(() => {
            this.cityInfo= this.mockData
        }, 2000)
```

```
            },
            handleVerse(name) {
              this.cityName = name
              this.result = this.cityInfo.filter((item) => {
                  return item.city === name
              })
            }
          },
          mounted(){  //模拟获取数据
            this.getDataList()
          }
      }
      const appObj = Vue.createApp({
          components:{
            PoetryComponent
          },
          data(){
              return {
                  cityData:[
                      ['杭州','苏州'],
                      ['北京','济南'],
                      ['长沙','荆州'],
                      ['广州','桂林'],
                      ['成都','西安']
                  ],
                  cityList:[]
              }
          },
          methods:{
              handleArea(index){
                  this.cityList = this.cityData[index]
              },
              handleInit() {
                  this.cityList = this.cityData[0]
              }
          },
          mounted(){
              this.handleInit()
          }
      })
      appObj.mount('#container')
</script>
```

（2）运行程序，在页面的左侧导航栏中选择任何一个区域，页面右侧会显示对应的城市列表，单击某个城市名，如果存在相关诗词，则显示出诗词的数量和相关内容，否则，不显示任何信息。

（3）代码分析如下。

① 程序包括两个组件：根组件和 PoetryComponent 局部组件。它们分别负责实现页面导航处理和查询城市相关诗词的功能。在程序中将后者注册为前者的子组件。

② 利用 props 将根组件中所选择区域对应的城市列表传递给子组件。

③ 利用 computed 计算某个城市相关诗词的数量。

④ 利用 watch 监听 props 属性值的变更，即当区域选择变更时，清空原来显示的诗词相关内

容，等待用户重新选择城市。

⑤ 利用 mounted 钩子函数模拟从数据库获取数据。

任务 6-2　利用组合式 API 重构

（1）利用组合式 API 实现查询功能，需要对 JavaScript 代码进行重构。使用 setup 函数整合选项式 API 中的 computed、mounted，通过 setup 函数的参数 props 来读取父组件传递的数据，通过 setup 函数的 return 来返回响应式数据。创建 6-11.html 文件，程序代码如下：

```
<script>
    const PoetryComponent = {
        template: '#searchPoetry',
        props:{
            citys: Array
        },
        setup(props, context){
            const cityName = Vue.ref('')
            const data = Vue.reactive({
                cityInfo:[],
                result:[],
                mockData: [
                ... //省略，与任务 6-1 中 mockData 数组的数据相同
                ]
            })
            const getDataList = () => {
                setTimeout(() => {
                    data.cityInfo = data.mockData
                }, 2000)
            }
            const handleVerse = (name) => {
                cityName.value = name
                data.result = data.cityInfo.filter((item) => {
                return item.city === name
            })
        }
        //模拟获取数据
        Vue.onMounted(getDataList)
        const statistics = Vue.computed(() => {
            return "关于" + cityName.value + "的诗词共：" + data.result.
                    length + "首"
        })
        Vue.watch(props.citys, (nVal, oVal) => {
            data.result.splice(0, data.result.length)  //清空 result 数据
        })
        return {
            cityName,
            statistics,
            ...Vue.toRefs(data),
            handleVerse,
            getDataList
        }
    }
}
```

```
    //创建 Vue 应用实例
    const appObj = Vue.createApp({
        components:{
          PoetryComponent
        },
        setup(){
            const viewData = Vue.reactive({
                cityData:[
                    ...  //省略，与任务 6-1 中 cityData 数组的数据相同
                ],
                cityList:[]
            })
            const handleArea = (index) => {
                viewData .cityList = viewData .cityData[index]
            }
            const handleInit = () => {
                viewData .cityList = viewData .cityData[0]
            }
            Vue.onMounted(handleInit)
            return {
                ...Vue.toRefs(viewData ),
                handleInit,
                handleArea
            }
        }
    })
    appObj.mount('#container')
</script>
```

（2）运行程序，执行效果与任务 6-1 的相同。

（3）代码分析如下。

① 实现思路与任务 6-1 的相同，但是 props、computed、watch 和 mounted 的使用方法均有不同之处。

② 以根组件为例，利用 reactive 定义响应式对象 viewData，通过 toRefs 保持其属性的响应性，组件模板中可以直接使用这些属性。

同步训练

请利用组合式 API 实现简易计算器，其中包括加、减、乘和除运算功能。

提示：通过监听输入框（input 元素）的输入事件，实现运算结果的动态刷新。

单元小结

1. 组合式 API 是 Vue3 所提供的一个非常重要的特性，它包含一组 API，允许开发者使用导入的函数而非声明选项的方式来编写组件。其包含的 API 如下。

（1）生命周期钩子函数：在生命周期钩子函数之前加“on”，并将函数名首字母改为大写，使得在组件中可以访问这些函数。

（2）响应性 API：用于创建响应式数据、计算属性和数据监听器。

（3）依赖注入：允许开发者在使用响应性 API 的同时，利用 provide/inject 依赖注入系统。

2. 组合式 API 采用 setup 函数定义各功能的响应式数据和功能函数，以功能逻辑点为单位组织相关的响应式数据和功能函数，根据需要将它们集中在一起或独立出去，使得代码的结构更为清晰，尤其适用于复杂组件的开发。

3. setup 函数是生命周期钩子函数，它可以访问除 beforeCreate 和 created 之外的其他生命周期钩子函数，包括 beforeMount、mounted、beforeUpdate、updated、beforeUnmount、unmounted，访问方式是 on+首字母大写的生命周期钩子函数名。

4. 响应性 API 常用的主要有 ref、reactive、toRef、toRefs、computed 和 watch 等。

（1）ref：接收基本类型数据，并返回一个响应式且可变的对象，该对象是一个 ref 对象，在 setup 函数内需要通过 value 属性进行访问。

（2）reactive：根据传入的对象，返回一个深度响应式对象，如果响应式对象的属性值发生改动，无论嵌套层级有多深，均会触发数据响应。

（3）toRef 和 toRefs：分别用于将响应式数据中的某个属性或所有属性转换为响应式对象，以保持属性的响应性，每个属性转换后返回的对象也是 ref 对象，需要通过 value 属性进行访问。

（4）computed：用于缓存数据，它依赖于响应式原始数据，当数据变化时会触发它的更新，得到一个全新的数据。

（5）watch：用于侦听指定的数据源，并在回调函数中调用副作用函数。默认情况下，它是惰性的，即只有当被侦听的源数据发生变化时才执行回调函数。

5. Vue3 中将 provide 和 inject 结合使用，可以方便地实现跨层传递数据的功能，其中 provide 负责提供数据和函数，为后代组件所用；inject 用于给后代组件注入 provide 所提供的数据和函数。在使用 provide 和 inject 时，仍需遵循 Vue 框架的单向数据流原则：在父传子前提下，父组件的数据发生变化会通知子组件自动更新，而子组件不能在其内部直接修改父组件传递过来的数据。

单元练习

一、选择题

1. 下列关于组合式 API 特点的说法，正确的是（　　）。
   A. 组合式 API 采用选项方式编写组件
   B. 组合式 API 不适用于复杂组件的开发
   C. 组合式 API 中使用 setup 函数整合各功能的数据和函数
   D. 组合式 API 通常采用 data 选项来返回响应式数据
2. 下列关于创建响应式数据的说法，正确的是（　　）。
   A. 使用 ref 直接包装任何类型的数据，可以返回响应式数据
   B. 使用 ref 直接包装对象数据，可以返回响应式数据
   C. 使用 reactive 直接包装任何类型的数据，可以返回响应式数据
   D. 使用 reactive 直接包装对象数据，可以返回响应式数据
3. 下列关于 setup 函数使用的说法，错误的是（　　）。（多选）
   A. 在 setup 函数中可以调用 mounted 钩子函数，因为它在 mounted 之前已执行
   B. 在 setup 函数中可以调用 created 钩子函数，因为它在 created 之前已执行
   C. 在 setup 函数中可以调用 beforeCreate 钩子函数，因为它在 beforeCreate 之前已执行
   D. 在 setup 函数中可以调用 beforeMount 钩子函数，因为它在 beforeMount 之前已执行

4. 下列关于 provide/inject 函数使用的说法，正确的是（　　）。
   A. provide/inject 是一种可以实现跨层传递数据的依赖注入模式
   B. provide 只能提供数据给后代组件，inject 用于给后代组件注入这些数据
   C. provide 只能提供函数给后代组件，inject 用于给后代组件注入这些函数
   D. provide/inject 是一种只能在父子组件间传递数据的依赖注入模式

二、编程题

采用选项式 API 和组合式 API 分别实现航班信息查询页面，功能包括：

（1）显示当前热销的机票信息；

（2）根据出发地和目的地查询航班机票，并返回航班信息列表的功能。

单元7 与后端交互——axios

单元导学

前端页面的动态数据是需要通过网络请求后端 API 来获取的。比如用户要查看自己的账户信息，该功能的实现过程是，首先前端将用户名作为参数，通过网络向后端 API 发出 HTTP（Hypertext Transfer Protocol，超文本传送协议）请求，后端 API 程序据此对用户信息表进行查询操作，然后前端通过网络可获得后端 API 返回的查询结果并显示。这个过程中，对提交请求和接收结果的处理，前端可以采用异步或同步方式实现。在 Vue 应用程序中，通常使用 axios 来完成这个工作。

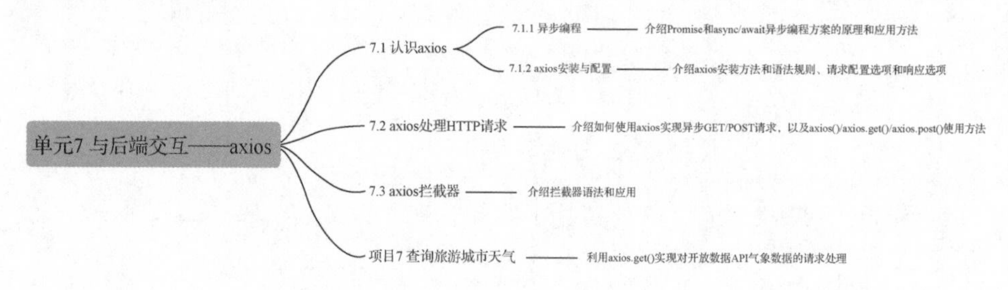

学习目标

1. 掌握 axios 的安装与配置
2. 理解 Promise 和 async/await（重点/难点）
3. 能够利用 axios 处理 GET/POST 请求（重点）
4. 掌握 axios 拦截器的应用

知识学习

7.1 认识 axios

微课视频

axios 是一个强大的 HTTP 库，可以用在浏览器或 Node.js 中，它提供了丰富的 API，支持 Promise API、异步请求处理、JSON 数据自动转换等。Vue 通过 axios 来实现对异步请求的处理。本节我们先了解两个相关的异步编程方案，再学习 axios 的基本使用方法。

7.1.1 异步编程

JavaScript 的 ES6 标准采用 Promise 代替传统的“回调函数+事件”异步编程方案，以解决“回调地狱”问题，ES7 则在此基础上加以改进，提出了 async/await 异步编程方案，使得代码更为简洁易读。不仅 axios 基于 Promise 实现对原生的网络请求异步操作的封装，而且 Vue 组件开发中，异步流程的处理也常常会用到 Promise。async/await 的优势体现在变异步为同步，使得多异步任务顺序执行的实现更为简洁。因此，了解这些异步编程方案，对于理解和使用 axios，以及学习 Vue 组件开发都是非常有必要的。

1. “回调地狱”问题

我们知道，使用回调函数的过程是将一个函数 B 作为一个参数，传入另一个函数 A，当函数 A 执行过程中，满足某个条件时，调用函数 B。传统编程中常用它来解决异步问题。

下面我们以读取文件为例描述回调函数的应用过程。假设有两个文件 fileA 和 fileB，要求先读取 fileA，完成后再读取 fileB。由于两个读取文件函数相互独立且完成时间不定，直接按顺序调用它们不一定能达到预期目标，但是，采用回调函数可以很好地解决这个问题，代码如下：

```
function read(fileName){
    ... //读取文件处理
    return result  //返回文件读取成功/失败信息
}
function readFileA(readFileB){
    let rs = read(fileA)
    if(rs > 0){  //文件 fileA 读取成功
        readFileB()  //执行回调函数
    }
  }
  function readFileB(){  //回调函数
    read(fileB)
  }
```

如此一来，可以保证读取文件按预期顺序完成。项目开发中回调函数多以匿名函数形式出现，下面通过一个例子来演示使用匿名回调函数实现多异步任务顺序执行的过程。

【例 7-1】回调函数嵌套实现多异步任务顺序执行。

（1）创建 7-1.html 文件，程序代码如下：

```
setTimeout(function () {  //第一层
    console.log('第一层嵌套');
    setTimeout(function () {  //第二层
        console.log('第二层嵌套');
        setTimeout(function () {  //第三层
            console.log('第三层嵌套'); },
        2000) },
     2000) },
 2000)
```

（2）运行程序，在停留 2s、4s、6s 后，控制台分别输出了“第一层嵌套”“第二层嵌套”“第三层嵌套”。

（3）代码分析：程序采用回调函数嵌套的方式，虽然实现了 3 个异步任务的串行执行，但显然代码读起来不太友好。

当一段代码中需要多个异步任务顺序执行时，采用回调函数嵌套回调函数的做法，会出现多层嵌套，从而形成“回调地狱”，导致代码可读性和可维护性变得很差。

2. Promise

所谓 Promise，可以理解为一个容器，里面包裹着某个事件（异步任务），这个事件会在将来的某个时刻发生，同时它还会保存事件的结果。

从语法上说，Promise 是一个对象，利用它可以获取异步操作的消息。创建 Promise 对象的语法为：

```
let pobj = new Promise(function(resolve, reject){
      ...  //异步任务
      if(/*异步任务执行成功*/){
          //调用函数，并将 value 传递给 then 中回调函数
          resolve(value)
      }else{
         //调用函数，并将 error 传递给 catch 中回调函数
         reject(error)
      }
})
pobj.then(function(value){})  //异步任务执行成功后执行
pobj.catch(function(error){})  //异步任务执行失败后执行
```

这里涉及 Promise 对象的状态、参数和方法几个概念。

（1）Promise 对象的状态

Promise 对象具有 3 个状态：Pending（等待中）、Resolved（已完成）或 Rejected（已失败）。Promise 对象一旦创建好，将会处于 Pending 状态，仅当 Promise 对象内的异步任务执行结束时，它才会转变为其他状态，而且它的状态一旦发生转变，其他操作都无法再改变。

（2）Promise 对象的参数

Promise 对象有两个参数 resolve 和 reject，它们是 Promise 构造函数的参数，由 JavaScript 引擎提供，无须自己部署。如果异步任务执行成功，resolve 会被调用，它将 Promise 对象的状态从 Pending 转变为 Resolved，并将执行结果以参数形式传递出去；否则，reject 会被调用，同时将 Promise 对象的状态从 Pending 转变为 Rejected，并将报错信息以参数形式传递出去。

（3）Promise 对象的方法

Promise 对象有两个方法 then 和 catch，它们分别接收一个回调函数为参数。当 Promise 对象的状态从 Pending 转变为 Resolved 时，then 方法中的回调函数会被调用；当 Promise 对象的状态从 Pending 转变为 Rejected 时，则 catch 方法中的回调函数会被调用。另外，then 方法也可以返回一个新的 Promise 对象。

Promise 实现异步编程的原理示意如图 7-1 所示。下面通过一个简单的例子说明 Promise 对象的具体应用方法。

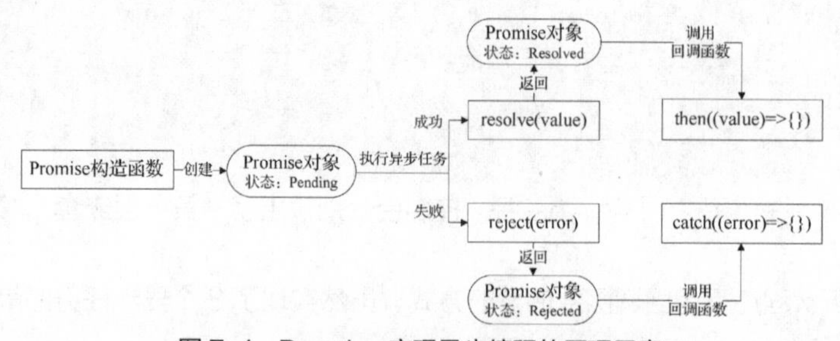

图 7-1　Promise 实现异步编程的原理示意

【例 7-2】Promise 对象的应用示例。

（1）创建 7-2.html 文件，程序代码如下：

```
let promise = new Promise(function(resolve, reject){
    setTimeout(function(){
        const num = Math.random()*10 - 5
        if(num > 0){
            resolve(num + " :number is more than zero")
        }else {
            reject("number is less than zero")
        }
    }, 2000)
})
promise.then(function(value){
   console.log(value)
})
promise.catch(function(error){
   console.log(error)
})
```

（2）运行程序，当随机生成的 num 大于 0 时，控制台输出“xx :number is more than zero”，否则，输出“number is less than zero”以及报错信息，如图 7-2 所示。

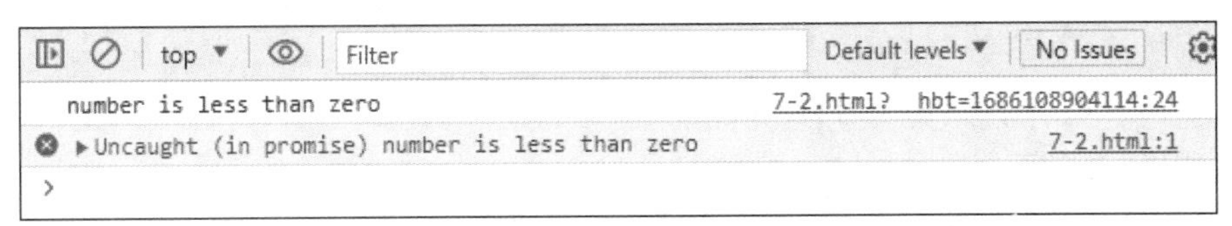

图 7-2　异步任务执行失败时的输出及报错信息

（3）代码分析：使用计时器函数 setTimeout 延迟来模拟异步任务执行，当 num 大于 0 时，表示异步任务执行成功，调用 resolve 函数，将结果以参数形式传递给 then 方法中的回调函数；当 num 小于等于 0 时，表示异步任务执行失败，调用 reject 函数，将报错信息以参数形式传递给 catch 方法中的回调函数。Promise 对象允许将 then 和 catch 方法写在一起，例如：

```
promise.then(
   function(value){
        console.log(value)
   },
   function(error){
         console.log(error)
   }
)
```

那么，Promise 对象是如何优雅地实现多异步任务的串行执行，并解决“回调地狱”问题的呢？我们将例 7-1 中任务改为由 Promise 对象实现。

【例 7-3】Promise 实现多异步任务的顺序执行。

（1）创建 7-3.html 文件，程序代码如下：

```
function fn(info){
  let promise = new Promise(function(resolve, reject){
      //模拟处理异步任务
      let flag = true
      setTimeout(function(){
          if(flag){
               resolve(info);
```

```
            }else{
                reject('失败');
            }
        },2000)
    })
    return promise
}
fn('第一层嵌套')
.then(function(value){
    console.log(value)  //输出“第一层嵌套”
    return fn('第二层嵌套')
})
.then(function(value){
    console.log(value)  //输出“第二层嵌套”
    return fn('第三层嵌套')
})
.then(function(value){
    console.log(value)  //输出“第三层嵌套”
})
.catch(function(error){
  console.log(error)
})
```

（2）运行程序，执行效果与例 7-1 的相同。

（3）代码分析如下。

① fn 函数中创建并返回了一个 Promise 对象，其中异步任务执行成功时，结果将传递给 then 方法中的回调函数，执行失败时，则将报错信息传递给 catch 方法中的回调函数。

② 因为 then 方法会返回新的 Promise 对象，这里可采用 JavaScript 链式调用方式，构建 3 个异步任务执行的串行实现代码。每当 then 方法返回一个新的 Promise 对象（前两个 then 方法）时，该对象将把它的状态显露给链中下一个 then 方法，即当其状态转变为 Resolved 时，会调用链中下一个 then 方法中的回调函数，当其状态转变为 Rejected 时，则调用链中 catch 方法中的回调函数；如果 then 方法没有返回新的 Promise 对象（第三个 then 方法），那么仅执行当前 then 方法中的回调函数里的代码。

3. async/await

async/await 是一种更为友好的异步编程方案。它在 Promise 基础上用同步的写法来编写异步任务代码。

（1）async 和 await 的语法

async 是一个修饰符，用于表示某个函数是异步的，并返回一个 Promise 对象。该 Promise 对象是通过 Promise.resolve 函数构建的。

async 语法规则：aysnc 函数名{... [return 返回值]}。

使用 async 的示例如下：

```
async function fn(){  //声明异步函数
    return 'test async '  //等同于 return Promise.resolve('test async ')
}
fn().then(function(value){  //异步函数执行成功，触发 then 方法中的回调函数的执行
    console.log(value)  //输出“test async”
} )
```

await 是一个修饰符，用于表示等待某个表达式执行完成，只有该表达式执行完成，才能执行后面的语句，它只能在 async 函数中使用。

await 语法格式：[返回值] = await 表达式。

其中表达式是一个 Promise 对象或任何需要等待的值，如果表达式是 Promise 对象，则返回值为该对象处理结果，否则为该值本身。

使用 await 的示例如下：

```
function fn1(){
    let res1 = await fn2()  //等待异步函数 fn2 执行，返回结果给 res1
    console.log(res1)  //输出“test async/await”
    let res2 = await 'hello'  //将“hello”返回给 res2
    console.log(res2)  //输出“hello”
}
async function fn2(){
    return 'test async/await '
}
```

（2）async 和 await 的应用

当 async 和 await 配合使用时，可以让实现多异步任务的顺序执行变得更为简单。例如：

```
async function fn(){  //声明异步函数
    let res1 = await task1()  //语句 1：等待函数 task1 执行，返回结果给 res1
    let res2 = await task2()  //语句 2：等待函数 task2 执行，返回结果给 res2
    return 'hello world'  //语句 3
}
function task1(){return new Promise(...)}  //处理异步任务的函数
function task2(){return new Promise(...)}  //处理异步任务的函数
```

上面的代码中，task1 和 task2 均为处理异步任务的函数，语句 1 和 2 都使用了 await 修饰符，使得语句 1、2 和 3 能依次执行，实现了两个异步任务的顺序执行。

下面通过重构例 7-3 中的代码来演示在 setup 函数中 async/await 的具体应用过程。

【例 7-4】使用 async/await 实现多异步任务的顺序执行。

（1）创建 7-4.html 文件，程序代码如下：

```
<body>
    <div id="app">
        <button @click="doTask">测试 1</button>
        <button @click="doAsync">测试 2</button>
    </div>
</body>
<script>
    const appObj = Vue.createApp({
        setup(){
            const doTask = async() => {
                let first = await fn('第一层嵌套')
                console.log(first)
                let second = await fn('第二层嵌套')
                console.log(second)
                let third = await fn('第三层嵌套')
                console.log(third)
                let str= await 'await 字符串'
```

```
                console.log(str)
                return "async字符串"
            }
            const doAsync = () => {
                doTask().then((value) => {
                    console.log(value)
                })
            }
            const fn = (info) => {  //处理异步任务的函数
                let promise = new Promise(function(resolve, reject){
                    //处理异步任务
                    let flag = true
                    setTimeout(function(){
                        if(flag){
                            resolve(info);
                        }else{
                            reject('失败');
                        }
                    },1000)
                })
                return promise
            }
            return {
                doAsync,
                doTask,
                fn
            }
        }
    })
    appObj.mount('#app')
</script>
```

（2）运行程序，单击“测试 1”按钮，依次输出“第一层嵌套”“第二层嵌套”“第三层嵌套”和“await 字符串”；单击“测试 2”，依次输出“第一层嵌套”“第二层嵌套”“第三层嵌套”“await 字符串”和“async 字符串”。

（3）代码分析如下。

① 与例 7-3 相同，fn 是返回 Promise 对象的函数，本例中采用 async/await 也同样实现了多异步任务的顺序执行，而且代码更少，可读性更强。

② 由第二组输出信息可知，这时调用了 doTask 函数，并通过 then 方法中的回调函数，输出了“async 字符串”。

③ 两组输出信息反映的都是异步任务执行正常的情况。如果将 fn 函数中 flag 值设置为 false，我们就会发现输出了报错信息。这说明 Promise 对象处理异常时，await 表达式也会抛出异常。

7.1.2 axios 安装与配置

XMLHttpRequest（可扩展超文本传输请求）对象为前端开发提供了在前端和后端之间传输数据的功能。axios 本质上是对原生 XMLHttpRequest 对象实现异步请求处理的封装，并且它是一个基于 Promise 的实现版本，具有以下特征。

（1）从浏览器中创建 XMLHttpRequest 对象。

（2）从 Node.js 创建 HTTP 请求。

（3）支持 Promise API。
（4）拦截请求和响应。
（5）转换请求数据和响应数据。
（6）取消请求。
（7）自动转换 JSON 数据。
（8）客户端支持防御 XSRF（Cross-Site Request Forgery，跨站请求伪造）。
axios 的特征表明，它既适用于前端 Vue 项目的请求处理，也适用于 Node.js 后端项目，并且使用方法相同。这里我们重点关注它在前端 Vue 项目中的使用方法。

1. axios 的安装

由于 axios 是一个独立的插件，使用前需要先安装。我们使用 CDN 方式，在 HTML 文件的 <head>标签中引入 axios 库文件，代码如下：

```
<script src="https://unpkg.com/axios/dist/axios.min.js"></script>
```

2. axios API

axios 的语法规则为：

```
axios(config)
.then(function(response){
})
.catch(function(error){
})
```

其中，config 是请求配置，通过向 axios 传递相关配置来创建请求；response 是响应对象；error 是错误信息对象。通过 response 和 error 可以分别获得成功和异常状态下响应对象的所有属性值。

从语法上可以看出，axios 是一个返回 Promise 对象的函数，请求处理成功会触发 then 中回调函数的执行，否则会触发 catch 中回调函数的执行。

（1）请求配置 config

config 中除了 url 以外，其他均为可选项。由于 config 选项较多，这里仅列出常用的配置选项，如表 7-1 所示。

表 7-1 常用的 config 配置选项

配置项	描述
url	请求的服务器 URL（Uniform Resource Locator，统一资源定位符），如 url: '/user'
method	创建请求时使用的方法，包括 get（默认）、post 等，如 method: 'get'
baseURL	用于为 axios 实例的方法传递相对 URL，它将自动加在 URL 前面，如 baseURL: 'https://some-domain.com/api/'
transformRequest	允许在向服务器发送前，修改请求数据，如 transformRequest: [function (data, headers) { ... //对 data 进行任意转换处理 return data; }]
transformResponse	在传递给 then/catch 前，允许修改响应数据，如 transformResponse: [function (data) { ... //对 data 进行任意转换处理 return data; }]

续表

配置项	描述
headers	自定义请求头，如 headers: {'X-Requested-With': 'XMLHttpRequest'}
params	GET 请求参数，如 params: {id: 12345}
data	POST 请求参数，如 data: {firstName: 'Fred'}
responseType	表示服务器响应的数据类型，包括 json（默认）、arraybuffer、blob、document、text 和 stream，如 responseType: 'json'

（2）响应对象 response

response 对象可以包含多个信息，表 7-2 列出其中常用的响应选项。

表 7-2　常用的响应选项

响应选项	描述
data	由服务器返回的响应结果，如 data: {}
status	来自服务器响应的 HTTP 状态码，如 status: 200
statusText	来自服务器响应的 HTTP 状态信息，如 statusText: 'OK'

（3）请求方法别名

为了方便起见，axios 针对所支持的请求类型，都提供了请求方法别名。

```
axios.request(config)  //等同于 axios(config)
axios.get(url[, config])  //GET 请求
axios.delete(url[, config])  //DELETE 请求
axios.post(url[, data[, config]])  //POST 请求
axios.put(url[, data[, config]])  //PUT 请求
axios.patch(url[, data[, config]])  //PATCH 请求
```

其中，url 和 data 也就是请求配置中的 url 和 data，config 是请求配置对象。

7.2 axios 处理 HTTP 请求

微课视频

通过 axios 可以发起 HTTP 请求以及处理服务器端返回的结果。axios API 提供了多种形式的使用方法，包括传递请求配置对象处理任何类型的 HTTP 请求，针对不同类型 HTTP 请求的请求别名方式。

1. 处理任何类型请求

如果需要设置较为复杂的请求参数，可以构建一个请求配置对象，将它作为参数传递给 axios。

下面通过一个例子来演示具体的应用过程。需要说明的是，在本地测试 axios 执行效果，需要在 VS Code 中安装 Live Server 插件，它可以开启静态资源服务器。

【例 7-5】使用 axios 处理任何类型请求示例。

（1）创建 7-5.html 和 data.json 文件，程序代码如下：

```
//7-5.html
<body>
    <div id="app">
        <button @click="handleHttp">HTTP 请求</button>
        <p>{{resMsg}}</p>
    </div>
```

```
    </body>
    <script>
        const appObj = Vue.createApp({
            setup(){
                const resMsg = Vue.ref('')
                const handleHttp = () => {
                    axios({
                        url: './data.json',
                        method: 'get',
                        params: {
                            userId: '333'
                        },
                        headers: {
                            token: 'lisi'
                        }
                    })
                    .then((res) => {
                        resMsg.value = res.data
                    })
                    .catch((error) => {
                        console.log(error)
                    })

                }

                return {
                    resMsg,
                    handleHttp
                }
            }
        })
        appObj.mount('#app')
    </script>
    //data.json
    { "users": [ { "userId": "111", "token": "wangwu" }, { "userId": "222", "token": 
"zhangsan" }, { "userId": "333", "token": "lisi" } ] }
```

（2）在程序代码界面中，单击鼠标右键，在弹出的快捷菜单中选择“Open with Live Server”运行程序，单击“HTTP 请求”，浏览器页面显示 data.json 文件中的数据。

（3）代码分析如下。

① 将 method 设置为 get，对应地请求参数要使用 params 选项。利用 Devtools 工具，查看网络请求信息，其中的请求路径（Request URL）为 http://localhost:8090/examples/data.json?userId=333。

② headers 定义了 token，在网络请求信息中，可以看到请求头（Request Headers）的 token 参数为 lisi。

③ 请求处理响应成功时，axios 将响应结果对象 res 传递给 then 中的回调函数，这里 res 是请求 data.json 的结果，否则会传递异常对象 error 给 catch 中的回调函数。

2. 处理 GET/POST 请求

针对指定的 HTTP 请求类型，可以直接使用请求别名的快捷方法，代码编写更为简单。GET 和 POST 是最常用的请求类型，下面就以 GET 和 POST 为例演示请求处理的实现过程。

【例 7-6】使用 axios 处理 GET/POST 请求示例。

（1）使用例 7-5 中的 data.json 作为本地数据文件，创建 7-6.html，程序代码如下：

```
<body>
    <div id="app">
        <button @click="handleGet">GET 请求</button>
        <button @click="handlePost">POST 请求</button>
        <p>{{resMsg}}</p>
    </div>
</body>
<script>
    const appObj = Vue.createApp({
        setup(){
            const resMsg = Vue.ref('')
            const handleGet = () => {
                axios.get('./data.json',{
                    params: {
                        userId: '333'
                    },
                    headers: {
                        token: 'lisi'
                    }
                }).then((res) => {
                    resMsg.value = res.data;
                }).catch((error) => {
                    console.log('error init.' + error);
                })
            }
            const handlePost = () => {
                axios.post('./data.json',{
                    data: {
                        userId: '111'
                    },
                    header: {
                        token: 'wangwu'
                    }
                }).then((res) => {
                    resMsg.value = res.data;
                }).catch((error) => {
                    console.log('error ' + error);
                })
            }
            return {
                resMsg,
                handleGet,
                handlePost,
            }
        }
    })
    appObj.mount('#app')
</script>
```

（2）在程序代码界面中，单击鼠标右键，在弹出的快捷菜单中选择“Open with Live Server”运行程序，单击“GET 请求”按钮，浏览器的页面会显示 data.json 文件中的数据。由于 Live Server 不允许静态文件响应 POST 请求，单击“POST 请求”时会报 405 错误，可使用 Tomcat 服务器来测试 POST 请求，并解决这个问题。

（3）代码分析：handleGet 函数处理的是 GET 请求，对应地设置请求参数选项 params；

handlePost 函数处理的是 POST 请求，对应地设置请求参数选项 data；利用 Devtools 查看网络请求信息，可以看到 GET 请求的 URL 与例 7-5 中创建的文件中的是一样的，而 POST 请求的参数是单独出现在请求载荷（Payload）中的。

7.3 axios 拦截器

axios 拦截器是一种钩子函数，它会在特定的操作之前或之后被触发。axios 拦截器主要用于网络中存在请求时，对发起请求或请求响应的操作做一些相应的处理。axios 提供了两种拦截器，一种是请求方向的拦截器，称为请求拦截器，另一种是响应方向的拦截器，称为响应拦截器。前者在请求发送前统一执行某些操作，比如在请求头中添加 token 字段；后者则在接收到服务器端的响应结果后统一执行某些操作，比如，当响应状态码为 401 时，自动跳转到登录页。

微课视频

1. 拦截器语法

（1）创建请求拦截器的语法如下：

```
axios.interceptors.request.use(function (config) {
    ... //发送请求之前的操作
    return config;  //返回请求配置对象
}, function (error) {
    ... //对请求错误的处理
    return Promise.reject(error);
});
```

（2）创建响应拦截器的语法如下：

```
axios.interceptors.response.use(function (response) {
    ... //对响应数据的处理
    return response;  //返回响应对象
}, function (error) {
    ... //对响应错误的处理
    return Promise.reject(error);
});
```

2. 拦截器的应用

Vue 项目开发中，拦截器通常是面向同一个项目中的所有网络请求定义的，而且这些请求中的许多配置项是一样的。针对这种情况，我们可以利用 axios 提供的 create 函数，创建一个新的 axios 实例，结合 axios 全局配置选项来进行统一设置，之后网络请求由该实例发起，与具体的网络请求配置合并，这样一来，既实现了类同配置可复用，又能够让具体配置可定制。

axios 常用的全局配置选项有请求 IP 和端口号（baseURL）、请求头部（headers）、请求超时期限（timeout）和拦截器（interceptors）等。

下面我们通过一个例子来进一步说明拦截器的实现过程。

【例 7-7】 利用 axios API 实现网络请求拦截器，同时对所有请求的 IP 和端口号、数据格式，以及超时期限进行统一设置。

（1）使用例 7-5 中的 data.json 文件作为本地数据文件，创建 7-7.html 文件，程序代码如下：

```
<body>
  <div id="app">
    <button @click="handleGet">GET 请求</button>
    <p>{{resMsg}}</p>
  </div>
```

```
    </body>
    <script>
        const appObj = Vue.createApp({
            setup(){
                const resMsg = Vue.ref('')
                //创建 axios 实例
                const instance = axios.create({
                    headers: {
                        'content-type': 'application/json;charset=UTF-8'  //设置请求数
据格式
                    },
                    baseURL: 'http://127.0.0.1:5500/examples/',  //请求 IP 和端口号
                    timeout: 10000  //请求超时期限
                })

                //添加请求拦截器
                instance.interceptors.request.use((config) => {
                     //发送请求之前的处理，设置 token
                     config.headers['token'] = 'token';
                     return config;
                }, error => {
                     //请求错误时的处理
                     return Promise.reject(error);
                });

                //添加响应拦截器
                instance.interceptors.response.use((response) => {
                    //对响应数据进行一些操作
                    if (response.status === 200) {
                        console.log(response)
                        if (response.data) {
                            console.log('响应成功')
                            //在请求成功之后成功信息返回前端之前，对返回数据进行处理
                            response.data.users[2].desc = '我是返回的成功信息'
                        } else {
                            console.log('返回到登录...')
                        }
                    }
                    return response;
                }, error => {
                    return Promise.reject(error.response.data)  //返回响应的错误信息
                })

                const handleGet = () => {
                    instance.get('data.json',{  //语句 1：GET 请求
                            params: {
                                userId: '333'
                            }
                        }).then((res) => {
                            resMsg.value = res.data;
                        }).catch((error) => {
```

```
                    console.log(error)
                })
            }
        return {
            resMsg,
            instance,
            handleGet
        }
    }
})
appObj.mount('#app')
</script>
```

（2）在程序代码界面中，单击鼠标右键，在弹出的快捷菜单中选择“Open with Live Server”运行程序，单击“GET 请求”按键，浏览器页面会显示 data.json 文件内的数据，但数据中的数组的最后一个对象元素多了一个 desc 属性，如图 7-3（a）所示。

（3）代码分析如下。

① 利用 create 函数创建了 axios 的实例，函数参数对象定义了请求 IP 和端口号、请求数据格式，以及请求超时期限，这些配置会作用于每个请求。利用 Devtools 工具查看网络信息，可以看到请求语句 1 发起的 GET 请求的 URL，实际上是由 baseURL 定义的“http://127.0.0.1:5500/examples/”和“data.json”组合而成的，这里 http://127.0.0.1:5500 是 Live Server 访问地址，examples 为当前程序所在的本地目录；请求头部（Request Headers）的 content-type 显示了所定义的请求数据格式。

② 利用新创建的实例 instance 定义了请求拦截器和响应拦截器。请求拦截器设置了 token，使得每个请求头部 headers 都带有 token；响应拦截器则给响应结果数据增加了新属性，使得最终显示出来的数据与原有响应结果数据有所不同，如图 7-3（b）所示。

get请求 post请求

{ "users": [{ "userId": "111", "token": "wangwu" }, { "userId": "222", "token": "zhangsan" }, { "userId": "333", "token": "lisi", "desc": "我是返回的成功信息" }] }

（a）最终执行结果

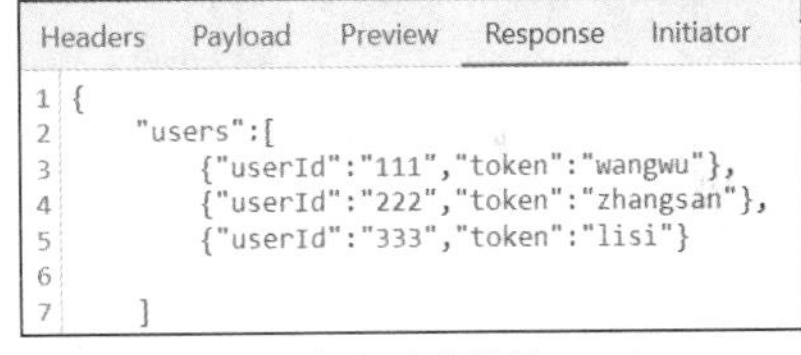

（b）响应结果

图 7-3　例 7-7 执行结果和网络请求信息

应用实践

项目 7　查询旅游城市天气

本项目针对“查询旅游城市天气”任务，借助开放数据接口服务，让学习者体验真实网络平台数据访问的实现过程，更好地理解异步编程相关概念，进一步掌握 axios 插件的应用方法。

1. 需求描述

历史名城游网站的信息栏目中，要求根据用户所选择区域里的城市名称，能查询到该市当天的天气情况，包括温度、风向、空气质量等，为用户出行提供天气资讯。

最终效果如图 7-4 所示。

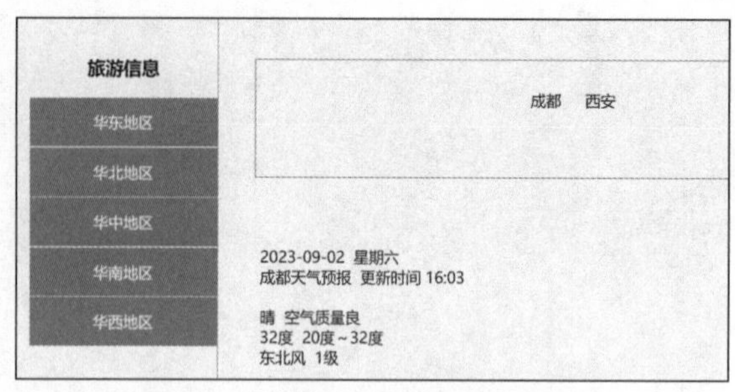

图 7-4 旅游城市天气查询最终效果

2. 实现思路

（1）将查询处理部分构建成局部组件，作为根组件的子组件。

（2）根组件通过 props 将所选区域里的城市列表传递给子组件，并将其作为用户选择城市的依据。

（3）利用 axios 全局配置，对访问站点、请求或响应失败处理进行统一设置。

（4）根据天气查询参数要求，利用 axios.get 函数发起网络请求，获得天气情况数据。

（5）使用 Live Server 插件对程序功能进行测试。

任务 7-1 构建页面布局

（1）构建页面布局，程序代码如下：

```
//页面布局
<div class="main">
     <div class="wrap">
         <aside class="left">
              <h4>旅游信息</h4>
              <ul>
                     <li><a @click="handleArea(0)">华东地区</a></li>
                     <li><a @click="handleArea(1)">华北地区</a></li>
                     <li><a @click="handleArea(2)">华中地区</a></li>
                     <li><a @click="handleArea(3)">华南地区</a></li>
                     <li><a @click="handleArea(4)">华西地区</a></li>
                </ul>
          </aside>
          <article class="right">
                <weather-component :citys="cityList"></weather-component>
          </article>
      </div>
      <div class="clear"></div>
 </div>
//组件模板
<template id="searchWeather">
    <div class="content">
      <ul>
          <li v-for="(city, index) in citys"
              :key="city"
              @click="handleWeather(city)">
          {{city}}
          </li>
      </ul>
```

```
      </div>
      <div class="weather">
          <div v-if="weatherInfo.city != ''">
              <p><span>{{weatherInfo.date}}</span>  
                  <span>{{weatherInfo.week}}</span></p>
              <p><span>{{weatherInfo.city}}天气预报</span>  
                  <span>更新时间 {{weatherInfo.update_time}}</span></p>
              <br/>
              <p><span>{{weatherInfo.wea}}</span>  
                   <span>空气质量{{weatherInfo.air_level}}</span></p>
              <p><span>{{weatherInfo.tem}}度</span>  
                  <span>{{weatherInfo.tem2}}度~{{weatherInfo.tem1}}度</span> </p>
              <p><span>{{weatherInfo.win}}</span>  
                   <span>{{weatherInfo.win_speed}}</span></p>
              </div>
      </div>
  </template>
```

（2）代码分析：根组件通过 props 传递所选区域里的城市列表给 cityList，使得选择左侧区域时，右侧区域可显示对应的城市列表。

任务 7-2 实现天气预报查询

（1）注册并成为“天气 API”用户。

“天气 API”是一个国内气象数据接口服务项目平台，我们将采用该平台提供的 API 作为查询天气的网络请求接口。该平台的注册用户可以获得有限次数的免费访问权限，注册的具体方法是通过网址 https://www.tianqiapi.com/index，进入“天气 API”网站首页，单击页脚“马上注册”按钮提供个人的邮箱等真实信息，即可成为注册用户。

“天气 API”为开发者提供了开发指南，该指南对请求地址、请求参数、响应结构等方面都做了详细的说明。该平台数据接口的请求地址为 https://www.tianqiapi.com，请求参数主要有 appid（用户编号）、appsecret（用户密码）、version（接口版本标识）、cityid（城市编号）、city（城市名称）和 province（所在省）等，响应结构为 JSON 格式，包括 cityid（城市编号）、city（城市名称）、date（日期）、week（星期几）、update_time（更新时间）、wea（实时天气情况）、tem（实时温度）、tem1（最高温）、tem2（最低温）、win（风向）、win_speed（风力等级）、air_level（空气质量等级）等。在首页（见图 7-5）中选择一个天气数据 API（如实况天气接口 v61）进入开发指南页面，根据指南说明文档，使用注册的 appid 和 appsecret 就可以查询到指定城市（如佛山）的天气情况，返回结果如图 7-6 所示。

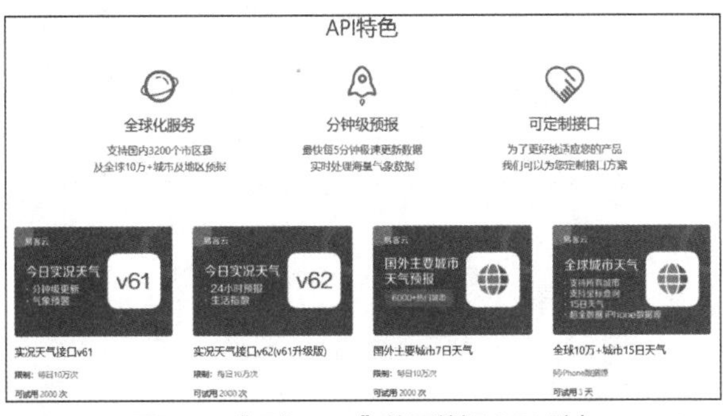

图 7-5 “天气 API”首页数据 API 列表

{"cityid":"101280800","date":"2023-09-02","week":"星期六","update_time":"16:03","city":"佛
山","cityEn":"foshan","country":"中国","countryEn":"China","wea":"暴
雨","wea_img":"yu","tem":"25","tem1":"30","tem2":"24","win":"东北风","win_speed":"3
级","win_meter":"15km\/h","humidity":"94%","visibility":"4km","pressure":"996","air":"21","air
_pm25":"10","air_level":"优","air_tips":"各类人群可多参加户外活动，多呼吸一下清新的空
气。","alarm":
{"alarm_type":"","alarm_level":"","alarm_content":""},"rain_pcpn":"39.8","wea_day":"暴
雨","wea_day_img":"yu","wea_night":"大
雨","wea_night_img":"yu","sunrise":"06:09","sunset":"18:44","hours":
[{"hours":"15:00","wea":"小雨","wea_img":"yu","tem":"26","win":"东北风","win_speed":"3
级","aqinum":"21","aqi":"优"},{"hours":"16:00","wea":"小
雨","wea_img":"yu","tem":"26.43","win":"东北风","win_speed":"3级","aqinum":"38","aqi":"优"},
{"hours":"17:00","wea":"小雨","wea_img":"yu","tem":"26.7","win":"东北风","win_speed":"3
级","aqinum":"41","aqi":"优"},{"hours":"18:00","wea":"暴
雨","wea_img":"yu","tem":"26.37","win":"东北风","win_speed":"3级","aqinum":"40","aqi":"优"},
{"hours":"19:00","wea":"小雨","wea_img":"yu","tem":"26.19","win":"东北风","win_speed":"3

图 7-6　查询佛山天气的返回结果

（2）定义查询处理组件，程序代码如下：

```
const WeatherComponent = {
    template: '#searchWeather',
      props:{
         citys: Array
      },
     setup(props, context){
         const cityName = Vue.ref('')
         const infoData = Vue.reactive({
               weatherInfo: {
                  city:'',
                  date:'',
                  update_time:'',
                  week:'',
                  wea:'',
                  tem:'',
                  tem1:'',
                  tem2:'',
                  win:'',
                  win_speed:'',
                  air_level:''
               }
          })
          const instance = axios.create({
              baseURL:'http://v0.yiketianqi.com'
          })
          //添加请求拦截器
          instance.interceptors.request.use((config) => {
              return config;
          }, (error) => {
               //请求错误时的处理
               console.log("请求出错")
               return Promise.reject(error);
          })
          instance.interceptors.response.use((response) => {
              if(response.status === 200 && response.data){  //响应成功时的处理
                  console.log("响应成功")
              }
              return response
```

```
        }, (error) => {
              //响应失败时的处理
              console.log("响应失败")
              return Promise.reject(error.response.data)
        })
        const handleWeather = (name) => {
            cityName.value = name
            instance.get(
                "/api",  //url
                {
                    params:{
                        unescape: 1,
                        version: 'v61',
                        appid: '36242922',
                        appsecret: 'BrVcr5RJ',
                        city: name
                    }
                }

            ).then((res) => {
                console.log(res)
                infoData.weatherInfo.city = res.data.city
                infoData.weatherInfo.date = res.data.date,
                infoData.weatherInfo.update_time = res.data.update_time
                infoData.weatherInfo.week = res.data.week,
                infoData.weatherInfo.wea = res.data.wea,
                infoData.weatherInfo.tem = res.data.tem,
                infoData.weatherInfo.tem1 = res.data.tem1,
                infoData.weatherInfo.tem2 = res.data.tem2,
                infoData.weatherInfo.win = res.data.win,
                infoData.weatherInfo.win_speed = res.data.win_speed,
                infoData.weatherInfo.air_level = res.data.air_level
            })
        }
        return {
            cityName,
            infoData,
            ...Vue.toRefs(infoData),
            handleWeather
        }
    }
}
```

（3）代码分析如下。

① 利用 axios.create 函数创建了新的 axios 实例，并定义了全局配置 baseURL，添加了拦截器。其中，baseURL 作为每个网络请求路径的前缀，请求拦截器和响应拦截器实现了请求和响应的出错处理，如此一来，axios 发起的每个网络请求只需要处理响应成功的情况即可，减少了重复代码。

② handleWeather 函数中 GET 请求处理代码采用的是基于 Promise 的链式调用方式，我们也可以将其转换为 async/await 的方式，转换后代码如下：

```
const handleWeather = async(name) => {
    cityName.value = name
    const res = await instance.get(
        "/api",
```

```
                {
                    params:{
                        unescape: 1,
                        version: 'v61',
                        appid: '36242922',
                        appsecret: 'BrVcr5RJ',
                        city: name
                    }
                })
            infoData.weatherInfo.city = res.data.city
            infoData.weatherInfo.date = res.data.date
            infoData.weatherInfo.update_time = res.data.update_time
            infoData.weatherInfo.week = res.data.week
            ...   //获取其他天气情况数据项
    }
```

对比两种不同的方式，不难发现采用 async/await 方式代码的可读性更好。

同步训练

利用“天气 API”气象数据接口和 axios.get 函数，编写一个天气查询页面，要求该页面中能够根据用户输入的城市，查询该城市四季天气，包括四季平均高温、低温和降水量（单位为 mm）指标。要求使用 axios 全局配置 baseURL 设置“天气 API”气象数据接口访问地址。

单元小结

1. Promise 是一种异步编程的解决方案，有效地解决了“回调地狱”问题。我们可以将它理解为一个容器，里面包裹着某个事件（异步任务），这个事件会在将来的某个时刻发生，同时它还会保存事件的结果。从语法上说，Promise 是一个对象，利用它可以获取异步操作的消息。它采用链式调用方式实现多异步任务的顺序执行。

2. async/await 是在 Promise 基础上的异步编程解决方案。它采用同步写法实现多异步任务的顺序执行。Promise 和 async/await 都常见于 Vue 组件开发的异步流程处理，但后者在多异步任务顺序执行的实现上更具优势。

3. Vue 通过 axios 来实现对异步请求的操作。axios 是一个强大的 HTTP 库，可以用在浏览器或 Node.js 中，它提供了丰富的 API，支持 Promise API、异步请求处理、JSON 数据自动转换等。

4. axios 处理网络请求的工作主要包括提交请求和接收响应结果两个部分，提交请求需要进行请求配置，包括请求地址（url）、请求参数（params/data）、请求类型（GET、POST 等）、自定义请求头（headers）等；接收响应结果则需要了解响应对象结构，读取所需的响应结果数据，响应对象的常用属性有响应结果（data）、响应的 HTTP 状态码（status）和响应的 HTTP 状态信息（statusText）。

5. axios 的用法有：（1）传递请求配置对象处理任何类型的 HTTP 请求；（2）针对不同 HTTP 请求，使用请求别名的快捷方式，如 axios.get()等。

6. axios 的全局配置，为开发者提供了网络请求通用配置的设置途径，结合具体的网络请求需要，实现了类同配置的复用与具体配置的定制的并举。常用全局配置选项有请求 IP 和端口号（baseURL）、请求头部（headers）、请求超时期限（timeout）和拦截器（interceptors）等。

7. axios 拦截器是一种钩子函数，它会在特定的操作之前或之后被触发。axios 提供了两种拦截器:（1）请求方向的拦截器，在请求发送前统一执行某些操作;（2）响应方向的拦截器，在接收到服务器端响应结果后统一执行某些操作。

单元练习

一、选择题

1. 下列关于 Promise 的说法，错误的是（　　）。
   A. Promise 对象有 3 个状态：Pending、Resolved 或 Rejected
   B. Promise 对象有两个参数：resolve 和 reject
   C. Promise 对象有两个方法：then 和 catch
   D. 一旦 Promise 对象创建好，就进入了 Resolved 状态
2. 下列关于 Promise 的说法，正确的是（　　）。
   A. 执行 reject，Promise 对象的状态从 Pending 转变为 Resolved
   B. 执行 resolve，Promise 对象的状态从 Pending 转变为 Resolved
   C. 执行 reject，Promise 对象的状态从 Pending 转变为 Resolved，并调用 catch 中的回调函数
   D. 执行 resolve，Promise 对象的状态从 Pending 转变为 Resolved，并调用 catch 中的回调函数
3. 下列关于 async/await 的说法，正确的是（　　）。（多选）
   A. async/await 是一种新的异步编程方案，与 Promise 没有任何关系
   B. async/await 是以 Promise 为基础的异步编程方案
   C. async/await 采用同步写法来编写异步操作代码
   D. async/await 是一种同步编程方案
4. 下列关于 axios 的说法，正确的是（　　）。
   A. axios 是一种 HTTP 库，可在浏览器或 Node.js 中使用，但在它们中的编写方法不同
   B. axios 主要用于处理同步网络请求
   C. axios 主要用于处理异步网络请求
   D. axios 是 Vue 框架的一部分，不需要单独安装

二、编程题

1. 分别使用 Promise 和 async/await，结合计时器实现数字之间的显示间隔为 1s，要求显示的数字为 1、2 和 3，请分别完成。

2. 利用“天气 API”气象数据接口和 axios()，实现查询指定城市的天气，并根据返回结果 air_tips 值显示提示信息，以提醒用户今天是否适合出行。

单元8 路由管理——Vue Router

08

单元导学

页面跳转是 Web 应用开发中的常见操作。在单页面应用普及的今天，页面跳转工作多交由前端完成，而 Vue 是单页面应用的常用开发框架。单页面应用中只有一个 HTML 主页，它的页面跳转是通过前端路由切换页面中某部分内容（组件），形成逻辑上的新页面来实现的。Vue 采用的 Vue Router 允许使用不同的请求路径访问同一页面中不同的内容，以实现单页面应用程序中页面跳转的效果。

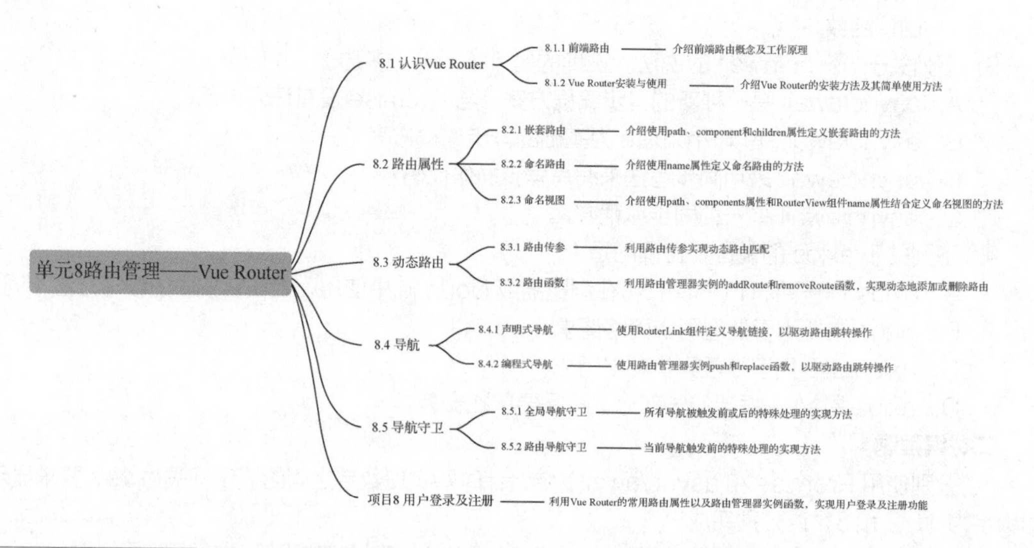

学习目标

1. 理解前端路由及相关概念
2. 能够安装和使用 Vue Router
3. 能够定义和命名路由（重点）
4. 能够实现动态路由
5. 能够实现声明式和编程式导航（重点）
6. 能够实现导航守卫（重点/难点）

知识学习

8.1 认识 Vue Router

Vue Router 是 Vue 官方推荐的路由管理器,它与 Vue 框架核心深度集成,负责管理 URL 和实现 URL 到组件的映射。本节将讲解路由相关概念,以及 Vue Router 的安装与使用方法。

微课视频

8.1.1 前端路由

在单页面应用开发中，前端路由是其核心技术要点。下面就从路由开始介绍前端路由的工作原理。

1. 路由

路由可以理解为一种对应关系。它分为前端路由和后端路由。

(1)前端路由

前端路由是在单页面应用中实现组件切换的方式，也是 Vue 项目所用的方式。它是 Hash 地址与组件之间的对应关系。比如 URL 为 http://localhost:8090/myDemo/index.html#print 表示将页面中 id 为 print 的元素所在的位置滚动到可视区域。浏览器会将 URL 中#后的部分解释为位置标识符，使得该请求不会被发送到服务器端。我们将#及其后面的字符称为 Hash 地址。

前端路由的工作过程是，每当用户单击页面链接时，会使得浏览器地址栏中 Hash 地址发生变化，当前端路由监听到该变化时，会将对应的组件渲染到页面的指定位置。

(2)后端路由

后端路由是请求方法、请求地址与请求处理函数之间的对应关系。比如 URL 为 http://localhost:8090/myDemo/user?id=1 表示访问服务器端的地址映射名为 user 的请求处理函数，且请求参数为 id。

后端路由的工作过程是每当地址栏中 URL 发生变化时，浏览器都会将该请求提交到服务器端，由服务器端路由模块负责为其匹配到对应的请求处理函数，接着执行该请求处理函数，最后将结果页面渲染好并返回给前端。

2. 路由管理器

为了让前端路由所定义的对应关系能够起作用，需要使用一个机制来管理它。我们将负责管理路由、实现 Hash 地址到组件间映射的机制，称为路由管理器。

表 8-1 列出了路由管理机制相关的概念及其用途。

表 8-1 路由管理机制相关的概念及其用途

概念	用途	示例
路由(route)	一个路由，定义一个对应关系	'/home' => Home 组件
一组路由(routes)	多个路由，定义多个对应关系组成的数组	[{'/home' => Home 组件}, {'/about' => About 组件}]
路由管理器(router)	包含一些操作路由的功能函数，用来实现编程式导航	router.push('/home') //切换至 Home 组件

综上所述，使用前端路由的步骤如下。

(1)创建一个或一组路由，建立对应的 Hash 地址与组件间的映射关系。

（2）创建路由管理器实例，利用其提供的功能函数，实现组件间的切换，实现页面内容更新的效果。

8.1.2 Vue Router 安装与使用

Vue Router 是独立于 Vue 框架的插件，需要安装才能使用。采用 CDN 方式，在 HTML 文件的<head>标签中引入 Vue Router，引入代码如下：

```
<script src="https://unpkg.com/vue-router@4"></script>
```

下面通过一个例子来演示和讲解如何使用 Vue Router 进行组件切换。

【例 8-1】 Vue Router 实现页面中组件的切换。

（1）创建 8-1.html 文件，程序代码如下：

```
<body>
    <div id="app">
      <!-- 使用 RouterLink 组件来导航 -->
      <router-link to="/">主页</router-link>
      <router-link to="/account">用户账户</router-link>
      <!-- 路由出口，路由匹配到的组件将被渲染在这里 -->
      <router-view></router-view>
    </div>
</body>
<script>
    //局部组件
    const Home = {
        template: '<h2>主页信息</h2>'
    }
    const Account = {
      template: '<h2>账户信息</h2>'
    }
    //创建路由管理器实例
    const router = VueRouter.createRouter({
      history: VueRouter.createWebHashHistory(),
      routes: [
        {
          path: '/',
          component: Home
        },
        {
          path: '/account',
          component: Account
        }
      ]
    })
    //创建 Vue 应用实例
    const appObj = Vue.createApp({})
    appObj.use(router)
    appObj.mount('#app')
</script>
```

（2）运行程序，单击“主页”和“用户账户”时，页面内容分别显示“主页信息”和“账户信息”。

（3）代码分析：程序采用 Vue Router 实现了“主页”和“用户账户”组件间的切换，实现过程包括以下几个方面。

① HTML 代码部分的<router-link>和<router-view>标签对，分别表示调用 RouterLink 和 RouterView 组件，这两个组件均是由 Vue Router 提供的。这里使用 RouterLink 组件代替 HTML 的 a 元素来创建导航链接，并通过该组件的 to 属性传递 Hash 地址。当路由匹配到对应的组件时，该组件将会被渲染到<router-view>标签对所在位置，即该标签相当于一个占位符。

② 在 JavaScript 代码部分，使用 Vue Router 的 createRouter 函数创建路由管理器实例 router，可通过对象类型参数来初始化该实例，参数选项共有 7 个，这里仅使用了常用的两个：history 和 routes。

➢ history 是指页面刷新模式，它对应浏览器的 3 种状态：前进、后退和跳转。你可以尝试在执行当前示例程序时，使用浏览器地址栏上的后退或前进按钮，查看前一个或后一个页面内容。history 模式通常设置为 hash history，可使用 Vue Router 提供的 createWebHashHistory 函数来实现。

➢ routes 是路由数组，每个路由是一个对象，可包括多个属性，以定义匹配规则。这里仅使用了 path（Hash 地址）和 component（组件名）属性，该规则的作用是将 path 映射到 component。其他属性在后续内容中会详细介绍。

8.2 路由属性

针对定义路由，Vue Router 提供了多个属性，例 8-1 中应用了其中的 path 和 component 属性。本节将进一步介绍如何使用路由属性定义嵌套路由、命名路由，以及命名视图。

微课视频

8.2.1 嵌套路由

当应用程序页面包含多层嵌套的组件时，对应的路由规则也需要定义成嵌套结构，即在一个路由内包含其子路由，这种路由结构被称为嵌套路由。

嵌套路由需要 path、component 和 children 属性配合使用才能定义，其中 children 用于配置子路由。嵌套路由的定义方式与路由数组 routes 的定义方式类同。

例如：

```
routes: [{
    path: '/account',
    component: Account,
    children: [
        { path: 'login', component: Login },
        { path: 'register', component: Register }
    ]
}]
```

上述代码表示一个嵌套路由。路由数组 routes 只有一个元素，该元素定义的是顶层路由，它的 children 属性所定义的则是当前顶层路由的子路由，子路由也同样是一个路由数组。作为顶层路由，其 path 前面需加“/”表示，而子路由的 path 前面则无须加“/”，否则会从根路径开始请求，无法到达子路由对应的组件。

下面通过一个完整的示例，来演示嵌套路由的使用方法。

【例 8-2】嵌套路由示例。

（1）创建 8-2.html 文件，程序代码如下：

```
<body>
    <!--顶层组件-->
    <div id="app">
```

```
            <router-link to="/">主页</router-link>
            <router-link to="/account">用户账户</router-link>
            <!-- 路由出口，路由匹配到的组件将渲染在这里 -->
            <router-view></router-view>
        </div>

        <!--子组件-->
        <template id="tmpl">
          <div>
              <h2>用户账户组件</h2>
              <router-link to="/account/login">登录</router-link>
              <router-link to="/account/register">注册</router-link>
              <!-- 路由出口，路由匹配到的组件将渲染在这里 -->
              <router-view></router-view>
          </div>
        </template>
    </body>
    <script>
        //局部组件
        const Home = {
            template: '<h2>主页信息</h2>'
        }
        const Account = {
            template: '#tmpl'
        }
        const Login = {
            template: '<h2>登录信息</h2>'
        }
        const Register = {
            template: '<h2>注册信息</h2>'
        }
        //语句 1: 定义路由数组
        const routes = [
            {
                path: '/',
                component: Home
            },
            {
                path: '/account',
                component: Account,
                //使用 children 属性定义子路由
                children: [
                    { path: 'login', component: Login },
                    { path: 'register', component: Register }
                ]
            }
        ]

        //语句 2: 创建路由管理器实例
        const router = VueRouter.createRouter({
            history: VueRouter.createWebHashHistory(),
```

```
        routes: routes
    })

    //创建 Vue 应用实例
    const appObj = Vue.createApp({})
    //语句 3：注册路由管理器
    appObj.use(router)
    appObj.mount('#app')
</script>
```

（2）运行程序，单击“主页”和“用户账户”时，分别显示“主页信息”和用户账户组件，在用户账户组件内容中，单击“登录”和“注册”，分别显示“登录信息”和“注册信息”。

（3）代码分析如下。

① 在 HTML 代码部分，顶层组件和子组件结构类同，都是采用 RouterLink 组件 to 属性传递 Hash 地址，RouterView 组件设置路由出口。但子组件中的 RouterLink 组件所传递的 Hash 地址包括两个层级。

② 在 JavaScript 代码部分，语句 1 定义了路由数组 routes，其中第二个元素定义了两层路由，其子路由数组中又包含两个路由；语句 2 创建了路由管理器实例，该实例还需要通过语句 3 注册，才能在程序中使用。

③ 当路由数组名与路由管理器实例的 routes 属性名相同时，语句 2 可简写成：

```
const router = VueRouter.createRouter({
        history: VueRouter.createWebHashHistory(),
        routes
})
```

8.2.2 命名路由

从前面的内容中我们了解到，在使用路由时，可借助 RouterLink 组件 to 属性来传递路由的 path 属性。这种显式的 path 引用方式的弊端是一旦路由规则发生改变，则所有引用都需要随之调整，不利于代码的维护。Vue Router 所提供的路由属性 name 可为路由进行命名，很好地解决了这个问题。

下面通过一个例子来演示命名路由的应用过程。

【例 8-3】命名路由示例。

（1）创建 8-3.html 文件，程序代码如下：

```
<body>
    <div id="app">
        <router-link :to="{name: 'home'}">主页</router-link>
        <router-view></router-view>
    </div>
</body>
<script>
    //局部组件
    const Home = {
        template: '<h2>主页信息</h2>'
    }
    const routes = [
        {
            path: '/',
            name:'home',
```

```
                component: Home,
            }
        ]

        const router = VueRouter.createRouter({
            history: VueRouter.createWebHashHistory(),
            routes:routes
        })

        //创建 Vue 应用实例
        const appObj = Vue.createApp({})
        appObj.use(router)
        appObj.mount('#app')
</script>
```

（2）运行程序，浏览器页面上显示“主页信息”。

（3）代码分析：在路由定义中使用 name 对路由进行命名，再通过 RouterLink 组件 to 属性与路由对象进行绑定，可链接到一个命名路由。

8.2.3 命名视图

RouterView 组件用于定义路由出口，即路由匹配到的组件将要渲染的位置。每个路由可以对应一个或多个 RouterView 组件，前面的示例展示的均为一对一的情况。如果应用程序需要在同层路由展示多个视图，可以通过为 RouterView 命名，建立一个路由与多个视图的对应关系。

下面通过一个例子来演示命名视图的应用过程。

【例 8-4】命名视图应用示例。

（1）创建 8-4.html 文件，程序代码如下：

```
<body>
    <div id="app">
        <router-link :to="{name: 'home'}">主页</router-link>
        <!--语句 1-->
        <router-view name="Menu"></router-view>
        <!--语句 2-->
        <router-view></router-view>
        <!--语句 3-->
        <router-view name="Footer"></router-view>
    </div>
</body>
<script>
    //局部组件
    const Home = {
        template: '<h2>主页信息</h2>'
    }
    const Menu= {
        template: '<h3>菜单信息</h3>'
    }
    const Footer = {
        template: '<h3>页脚信息</h3>'
    }
    const routes = [
```

```
            {
                path: '/',
                name:'home',
                components:{  //语句 4
                    default: Home,
                    Menu: Menu,
                    Footer: Footer
                }
            }
        ]
        const router = VueRouter.createRouter({
            history: VueRouter.createWebHashHistory(),
            routes:routes
        })

        //创建 Vue 应用实例
        const appObj = Vue.createApp({})
        appObj.use(router)
        appObj.mount('#app')
    </script>
```

（2）运行程序，页面中按照上、中和下的位置顺序，同时显示“菜单信息”“主页信息”“页脚信息”。

（3）代码分析：语句 1 和 3 分别引用 RouterView 组件，两个组件的 name 属性值分别对应语句 4 中的组件名“Menu”和“Footer”；语句 2 中未定义 name 属性，默认命名为“default”，对应语句 4 中的组件名“default”；另外，由于 path 为“/”的路由中对应了多个组件，语句 4 需要使用 components 属性，将其定义为由多组件构成的对象。

8.3 动态路由

在实际应用中，有时组件的切换方式需要根据程序运行情况而定。比如同是切换至账户组件，但账户 ID 不同，则页面呈现的组件内容就不一样。再如不同权限的用户登录后，页面呈现的可用功能模块情况应有差别。这就要求路由配置能够根据功能逻辑的需要动态调整。Vue Router 提供了路由传参和路由函数两种方式，支持通过对路由进行操作来实现动态路由。

微课视频

8.3.1 路由传参

Vue Router 提供的路由传参方式，可以支持同一类型的多个请求路径对应同一组件的映射。这种方式是通过增加一个动态字段定义路由匹配模式，从而构成一个带参的路由。利用传递参数的不同，可实现动态路由匹配。

路由传参是在 path 属性中加入动态字段。当一个路由被匹配时，可以在任何组件中使用 this.$route.params 形式使其暴露出来。比如 path: 'account/:id'，这里“:id”表示冒号后面是一个动态字段（也称为路径参数），在组件中使用 this.$route.params.id 可以获得 id 值。

下面通过一个例子来演示路由传参的应用过程。

【例 8-5】利用路由传参实现动态路由匹配。

（1）创建 8-5.html 文件，程序代码如下：

```
<body>
    <div id="app">
      <router-link to="/">主页</router-link>
```

```
        <!--语句 1 -->
        <router-link to="/account/zhangsan">用户账户</router-link>
        <router-view></router-view>
    </div>
</body>
<script>
    //局部组件
    const Home = {
        template: '<h2>主页信息</h2>'
    }
    //语句 2
    const Account = {
        template: '<h2>账户信息</h2>' +
            '<p>用户名：{{$route.params.userName}}</p>'
    }
    const routes = [
        {
            path: '/',
            component: Home
        },
        {
            path: '/account/:userName',  //语句 3
            component: Account,
        }
    ]
    const router = VueRouter.createRouter({
        history: VueRouter.createWebHashHistory(),
        routes:routes
    })

    //创建 Vue 应用实例
    const appObj = Vue.createApp({})
    appObj.use(router)
    appObj.mount('#app')
</script>
```

（2）运行程序，单击“用户账户”，显示“账户信息”和“用户名：zhangsan”。

（3）代码分析：语句 3 中定义了路径参数 userName，语句 1 在 to 属性中加入了该参数值“zhangsan”，这样，语句 2 所定义的局部组件 Account 中，通过$route.params.userName 可获取用户名信息；当 to 属性中的路径参数值不同时，显示的用户名也将随之发生变化。

8.3.2 路由函数

某些情况下，应用程序在运行过程中需要添加路由或删除已有路由。Vue Router 提供了添加、删除路由的函数，支持动态地更新路由操作。

动态更新路由发生在程序运行过程中，需要通过编程方式来实现，包括以下两个环节。

（1）使用路由管理器实例的 addRoute 或 removeRoute 函数，实现添加或删除路由的操作。

（2）使用路由管理器实例的 push 函数，实现新路由的跳转操作。

下面通过一个例子来演示动态更新路由的具体实现过程。

【例 8-6】动态更新路由实现示例。

(1)创建 8-6.html 文件，程序代码如下：

```
<body>
  <div id="app">
    <router-link to="/">主页</router-link>
    <span @click="handleToRoute('about')">关于网站</span>
    <button @click="handleRemoveRoute()">删除路由</button>
    <router-view></router-view>
  </div>
</body>
<script>
   //局部组件
   const Home = {
     template: '<h2>主页信息</h2>'
   }
   const About = {
     template: '<h2>关于网站信息</h2>'
   }
   const routes = [
       {
         path: '/',
         name: 'home',
         component: Home
       }]
   //创建路由管理器实例
   const router = VueRouter.createRouter({
     history: VueRouter.createWebHashHistory(),
     routes:routes
   })

   //创建 Vue 应用实例
   const appObj = Vue.createApp({
     setup(){
       const handleAddRoute = () => {  //添加路由
         router.addRoute({ path: '/about', name: 'about', component: About })
       }
       Vue.onMounted(handleAddRoute)  //执行路由添加操作
       const handleToRoute = (path) => {  //跳转操作
             if(path === 'about') {
                 console.log(router.getRoutes())  //读取路由数组
                 router.push('about')
             }
       }
       const handleRemoveRoute = () => {  //删除路由
             router.removeRoute('about')
       }
       return {
         handleAddRoute,
         handleToRoute,
         handleRemoveRoute
       }
```

```
        }
    })
    appObj.use(router)
    appObj.mount('#app')
</script>
```

（2）运行程序，单击“主页”和“关于网站”，页面上分别显示“主页信息”和“关于网站信息”；单击“删除路由”按钮后，再次单击“关于网站”，页面上将无任何信息，并在控制台提示找不到匹配“about”的路由。

（3）代码分析如下。

① 路由添加处理：通过 onMounted 在页面初始化后，以路由对象{ path: '/about', name: 'about', component: About }为参数，调用路由管理器实例的 addRoute 函数，添加一个名为“about”的路由；以路由名“about”为参数，调用 push 函数将当前组件切换成 About 组件。通常路由规则定义和路由添加操作会分开处理，即事先定义好路由规则，在程序运行需要的时候再实施添加操作。

② 路由删除处理：handleRemoveRoute 函数中，以路由名“about”为参数，调用路由管理器实例的 removeRoute 函数，从路由数组中移除该路由。

③ 利用路由管理器实例的 getRoutes 函数获取当前路由数组（见图 8-1），帮助我们了解路由添加或删除后路由数组的变化情况。一旦路由 about 被删除，再执行 push 函数，将会看到警告信息“No match found for location with path "about"”。

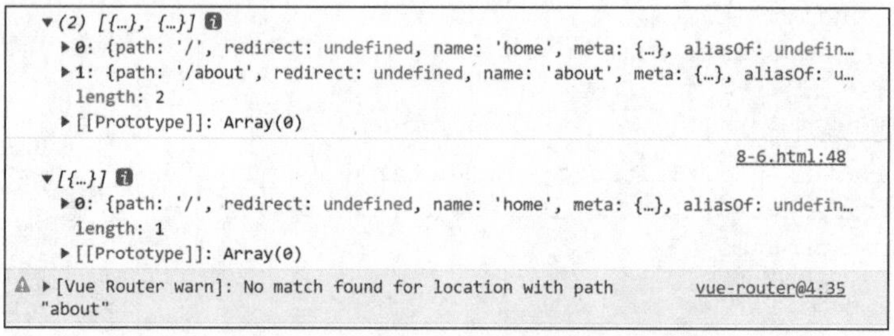

```
▼(2) [{…}, {…}]
  ▶0: {path: '/', redirect: undefined, name: 'home', meta: {…}, aliasOf: undefin…
  ▶1: {path: '/about', redirect: undefined, name: 'about', meta: {…}, aliasOf: u…
   length: 2
  ▶[[Prototype]]: Array(0)
                                                                    8-6.html:48
▼[{…}]
  ▶0: {path: '/', redirect: undefined, name: 'home', meta: {…}, aliasOf: undefin…
   length: 1
  ▶[[Prototype]]: Array(0)
⚠ ▶[Vue Router warn]: No match found for location with path         vue-router@4:35
"about"
```

图 8-1　例 8-6 中的代码执行后的控制台输出信息

8.4 导航

导航是指页面间的路由跳转操作。Vue Router 支持声明式和编程式导航。本单元前面示例都是通过 RouterLink 组件定义导航链接的，即当单击链接时，进行路由跳转，这种方法属于声明式导航。除此之外，还可以使用编程式导航来实现路由跳转。

8.4.1 声明式导航

声明式导航采用 RouterLink 组件代替 HTML 的 a 链接定义导航链接。其语法格式有以下两种。

（1）使用 to 属性指定路由

语法格式为：

```
<router-link to="/xxx">页面内容名称</router-link>
```

其中"/xxx"表示目标路由对象 path 属性。

（2）使用 to 属性绑定路由对象

语法格式为：

```
<router-link :to="{...}">页面内容名称</router-link>
```

其中{...}表示 to 属性所绑定的路由对象。

下面通过一个例子来演示声明式导航的应用过程。

【例 8-7】声明式导航示例。

（1）创建 8-7.html 文件，程序代码如下：

```
<body>
   <div id="app">
      <!--语句 1-->
      <router-link to="/">主页</router-link>
      <!--语句 2-->
      <router-link :to="pathName">账户</router-link>
      <router-view></router-view>
   </div>
</body>
<script>
    //局部组件
    const Home = {
       template: '<h2>主页信息</h2>'
    }
    const Account = {
       template: '<h2>用户账户信息</h2>'
    }
    const routes = [
         {
            path: '/',
            name: 'home',
            component: Home
         },
         {
            path: '/account',
            name: 'account',
            component: Account
         }]
    const router = VueRouter.createRouter({
       history: VueRouter.createWebHashHistory(),
       routes:routes
    })

    //创建 Vue 应用实例
    const appObj = Vue.createApp({
       setup(){
          const data = Vue.reactive({
             pathName: {name: 'account'}
          })
          return {
             ...Vue.toRefs(data)
          }
       }
    })
    appObj.use(router)
    appObj.mount('#app')
</script>
```

（2）运行程序，单击“主页”和“账户”，页面上分别显示“主页信息”和“用户账户信息”。

（3）代码分析：程序中语句 1 和语句 2 均采用声明式导航，使用 to 属性分别指定路由“/”和绑定路由对象 pathName；在 setup 函数中通过 Vue.reactive 函数声明了路由对象 pathName。

8.4.2 编程式导航

编程式导航采用编程方式进行导航驱动。这是借助路由管理器实例的 push 和 replace 函数实现的。

1. push 函数

push 函数用于从一个位置导航到另一个不同位置，其作用等同于语句“<router-link to="/xxx">页面内容名称</router-link>”。push 函数接收路由为参数，它被调用执行时将跳转到该路由对应的组件，同时会向页面的历史栈中添加一条新记录，因此，当用户单击浏览器后退按钮时，会返回之前的请求路径。也可以利用路由管理器实例的 go 函数实现相同效果。

（1）push 函数

push 函数可以接收字符串或是对象类型的路径参数。

其使用示例如下：

```
router.push('/account/zhangsan')  //参数为字符串类型的路径
router.push({ path: '/account/zhangsan' })  //参数为对象类型的路径
```

上面第二条语句中函数参数也可以事先定义，即代码可以改写成：

```
const username = 'zhangsan'   //定义参数 username
router.push({ path: '/account', params: { username } })
```

（2）go 函数

go 函数接收整型参数，参数大于或小于 0，表示在历史栈中前进或后退多少条记录，也就是前进或后退多少个页面。

其使用示例如下：

```
router.go(2)  //前进两条记录
router.go(-1)  //后退一条记录
```

下面通过一个例子来演示 push 和 go 函数的应用过程。

【例 8-8】push 函数定义导航链接示例。

（1）创建 8-8.html 文件，程序代码如下：

```
<body>
    <div id="app">
        <router-link to="/">主页</router-link>  
        <span @click="handleToRoute(pid)">产品详情</span>  
        <button @click="goBack()">返回前一个页面内容</button>
        <router-view></router-view>
    </div>
</body>
<script>
     //局部组件
     const Home = {
         template: '<h2>主页信息</h2>'
     }
     const Product = {
         template: '<h2>产品详细情况</h2>'+
```

```
        '<h3>产品编号：{{$router.currentRoute.value.params.id}}</h3>'
    }
    const routes = [
        {
            path: '/',
            name: 'home',
            component: Home
        }]
    //创建路由管理器实例
    const router = VueRouter.createRouter({
        history: VueRouter.createWebHashHistory(),
        routes:routes
    })

    //创建 Vue 应用实例
    const appObj = Vue.createApp({
        setup(){
            //定义路由
            const route = { path: '/product', name: 'product', component: Product }
            //添加路由
            const handleAddRoute = () => {
                router.addRoute(route)
            }
            //挂载时执行路由添加操作
            Vue.onMounted(handleAddRoute)
            //切换显示 Product 组件内容
            const handleToRoute = () => {
                const id = 'P001'
                router.push({name:'product', params:{id}})
            }
            //返回前一条记录
            const goBack = () => {
                router.go(-1)
            }
            return {
                handleAddRoute,
                handleToRoute,
                goBack
            }
        }
    })
    appObj.use(router)
    appObj.mount('#app')
</script>
```

（2）运行程序，页面显示“主页信息”；单击“产品详情”，页面显示“产品详细情况”以及“产品编号：P001”；单击“返回前一个页面内容”，会再显示“主页信息”。

（3）代码分析如下。

① 在 setup 函数中，先定义路由对象 route，然后利用路由管理器实例的 addRoute 函数实现路由添加，最后利用 push 函数传递路由参数，并切换显示 Product 组件内容。

② 在 setup 函数中，使用路由管理器实例的 go 函数，返回历史栈中的前一条记录，即前一个页面组件内容。

2. replace 函数

replace 函数用于用其他位置替换当前位置，其作用等同于语句“<router-link to="/xxx" replace>页面内容名称</router-link>”。replace 函数用法与 push 函数用法类似，但它在导航时不会向历史栈中增加记录，而是取代当前记录。

该函数使用示例如下：

```
router.replace({path:'/product'})  //将当前路由替换为“/product”
```

要进行替换当前位置的处理，可以直接在 push 函数中增加一个属性 replace，设置其值为 true，即上述代码可以改写成：

```
router.push({ path: '/product', replace: true })
```

8.5 导航守卫

导航守卫的作用类似于拦截器，它在导航被触发前或后，会激发特殊动作，并决定是否执行此次路由跳转操作。Vue Router 提供了多种定义导航守卫的方式。

微课视频

导航守卫由一组钩子函数组成，可应用于导航到某个路由前、路由变化时或导航离开某个路由的阶段。

导航守卫根据作用范围可分为全局、路由和组件三类。三者被调用执行的顺序为：全局->路由->组件。由于项目开发中组件类导航守卫较为少见，因此，本节主要介绍全局和路由两类导航守卫中常用的钩子函数。

8.5.1 全局导航守卫

Vue Router 提供的 beforeEach 和 afterEach 钩子函数，可用于实现全局前置守卫和全局后置守卫。全局前置守卫用于导航被触发前，全局后置守卫则用于导航被触发后。

beforeEach 钩子函数可接收 to、from 和 next 三个参数，afterEach 则可接收 to 和 from 两个参数。下面列出这些参数的具体含义。

（1）to：即将进入的目标路由对象。

（2）from：当前导航正要离开的路由对象。

（3）next：下一步执行的操作函数。每个 beforeEach 函数必须调用该函数。next 可以接收布尔和字符串类型参数。next()表示执行下一个钩子函数；next(false)表示中断当前导航；如果参数为路径字符串或路由对象，则表示跳转到该路由。

下面通过一个例子来进一步说明全局导航守卫的具体应用方法。

【例 8-9】全局导航守卫应用示例。

（1）创建 8-9.html 文件，程序代码如下：

```
<body>
    <div id="app">
        <router-link to="/">主页</router-link>
        <router-link to="/account">用户账户</router-link>
        <router-link to="/about">关于网站</router-link>
        <router-view></router-view>
    </div>
</body>
<script>
     //局部组件
     const Home = {
```

```
        template: '<h2>主页信息</h2>'
    }
    const Account = {
        template: '<h2>用户账户信息</h2>'
    }
    const About = {
        template: '<h2>关于网站信息</h2>'
    }
    const routes = [
        {
            path: '/',
            name: 'home',
            component: Home
        },
        {
            path: '/account',
            name: 'account',
            component: Account,
            meta: {title: 'accountPage'}
        },
        {
            path: '/about',
            name: 'about',
            component: About
        }]

    //创建路由管理器实例
    const router = VueRouter.createRouter({
        history: VueRouter.createWebHashHistory(),
        routes:routes
    })
    //全局前置守卫
    router.beforeEach((to, from, next) => {
        console.log('from:')
        console.log(from)
        console.log('to:')
        console.log(to)
        document.title = ' '
        //目标路由为 about 且非 account 时，跳转至 account
        if(to.name != 'account' && to.name === 'about') {
            next('/account')
        } else {
            next()
        }
    })
    //全局后置守卫
    router.afterEach((to, from) => {
        if(to.meta.title) {
            //设置网页标题为路由对象的 meta.title
            document.title = to.meta.title
        }
    })
```

```
        //创建Vue应用实例
        const appObj = Vue.createApp({})
        appObj.use(router)
        appObj.mount('#app')
    </script>
```

（2）运行程序，页面标题显示为“8-9.html#/”，单击“用户账户”和“关于网站”，页面都会切换到Account组件内容，页面标题变成“accountPage”；单击“主页”，则切换至Home组件内容，页面标题恢复为最初内容。

（3）代码分析如下。

① 使用路由管理器实例的beforeEach钩子函数实现全局前置守卫，它作用于每个路由跳转之前。beforeEach输出了目标路由（to）和来源路由（from）对象，如图8-2所示，第一个框内所示的是程序启动时的最初状态，目标路由对象name为“home”，即“主页”，第二个框内所示的是单击“关于网站”时显示的信息，有两组from和to信息，原因是在全局前置守卫中定义了一个判断规则：当to.name为“about”时，跳转至name为“account”的路由。规则中还要求to.name必须是非“account”，以防止无限循环。

② 使用路由管理器实例的afterEach钩子函数实现全局后置守卫，该函数将在每个路由跳转之后生效。使用它要求路由对象存在meta.title属性，而routes中只有路由account定义了该属性，因此，只有当跳转到路由account的情况下，页面标题才会被重新赋值。

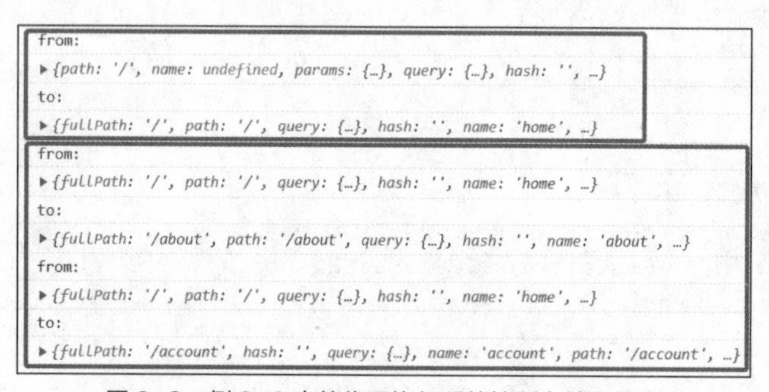

图8-2　例8-9中的代码执行后的控制台输出信息

8.5.2　路由导航守卫

路由导航守卫的作用范围仅限于当前路由，且它只有前置守卫，由Vue Router提供的beforeEnter钩子函数来实现。

beforeEnter定义在路由对象中，作为其一个对象属性。beforeEnter接收3个参数，它们是to、from和next，其含义和用法与beforeEach中的相同。

【例8-10】路由导航守卫应用示例。

在例8-9代码基础上，复制8-9.html中的内容，修改路由数组routes部分，在路由account中加入导航守卫，并将修改后的文件保存为8-10.html文件。routes部分代码（加粗字体部分为新增代码）如下：

```
const routes = [
        {
            path: '/',
            name: 'home',
            component: Home
        },
        {
```

```
        path: '/account',
        name: 'account',
        component: Account,
        meta: {title: 'accountPage'},
        beforeEnter: (to, from, next) => {  //路由导航守卫
          const rand = Math.random()*10
          console.log(rand)
          if(rand > 5.0) {//随机数大于 5.0 时，显示提示信息
              alert("请先登录")
          } else {
              next()
          }
        }
      },
      {
        path: '/about',
        name: 'about',
        component: About
      }]
```

上述代码中，当 rand 值大于 5.0 时，单击“用户账户”将被拒绝进入路由 account。观察代码执行的过程，不难发现导航守卫的执行顺序是 beforeEach->beforeEnter->导航->afterEach。

应用实践

项目 8 用户登录及注册

本项目针对“用户登录及注册”任务，使用 Vue Router 进行路由管理。通过介绍用户登录及注册功能实现过程，使学习者进一步掌握 Vue Router 中的路由常用属性，以及路由管理器实例常用函数的应用方法。

1. 需求描述

在历史名城游网站中，要求用户登录后才能进入主页，如果用户不存在，则要求先注册。

最终效果如图 8-3 所示。

（a）主页

图 8-3 用户登录及注册最终效果

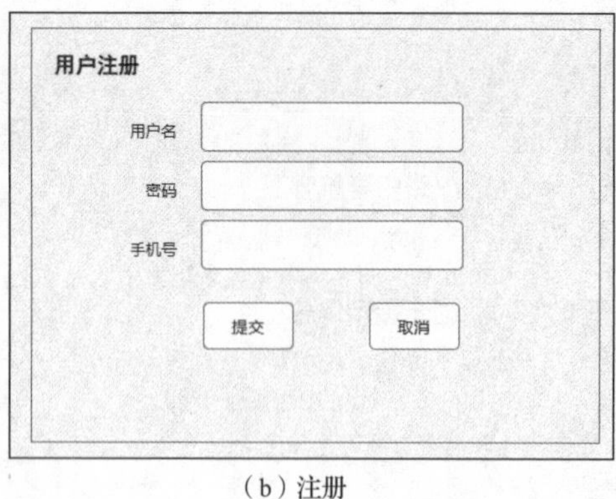

（b）注册

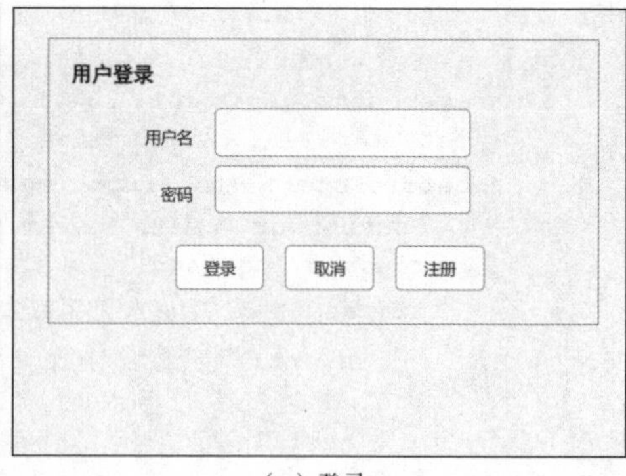

（c）登录

图 8-3　用户登录及注册最终效果（续）

2. 实现思路

（1）将主页、登录和注册部分均构建成局部组件，作为根组件的子组件。

（2）创建路由数组，包括主页、登录和注册路由。

（3）创建路由管理器实例。定义全局导航守卫，将用户登录与否作为是否跳转到主页路由的条件，即当用户未登录时，跳转至登录路由；当用户登录成功时，则跳转至主页路由。

（4）注册组件处理注册信息的录入和保存，并实现路由跳转逻辑：当用户注册成功时，保存用户名和密码，并跳转到登录路由。

（5）登录组件处理登录信息的录入和验证，并实现路由跳转逻辑：当用户登录成功时，跳转到主页路由，否则跳转到注册路由。

任务 8-1　构建页面头部布局

（1）构建页面头部布局，代码如下：

```
<div class="top">
    <div class="wrap">
        <div>
            <img class="magintop_20 floatLeft logo" src="img/logo.png" />
        </div>
        <div class="login floatRight magintop_20">
            <div class="floatLeft">
                <ul>
                    <li><router-link :to="{name:'login'}">注册|登录
                    </router-link></li>
                </ul>
            </div>
        </div>
        <div class="clear"></div>
    </div>
</div>
```

（2）定义登录和注册组件模板，代码如下：

```
<!--登录组件模板-->
<template id="login">
    <div class="content">
        <form class="login">
            <h3>我的账户</h3>
            <dl>
```

```
                <dt><label>用户名</label></dt>
                <dd><input type="text" v-model="loginForm.userName"/></dd>
            </dl>
            <div style="clear: both;"></div>
            <dl>
                <dt><label>密码</label></dt>
                <dd><input type="text" v-model="loginForm.password"/></dd>
            </dl>
            <div style="clear: both;"></div>
            <ul>
                <li><input type="button" value="登录"
                     @click="handleLogin"></li>
                <li><button>取消</button></li>
                <li><button @click="skipRegister">注册</button></li>
            </ul>
        </form>
    </div>
</template>
<!--注册组件模板-->
<template id="register">
    <div class="content">
        <form class="register">
            <h3>我的账户</h3>
            <dl>
                <dt><label>用户名</label></dt>
                <dd><input type="text" v-model="resForm.userName"/></dd>
                <div style="clear: both;"></div>
            </dl>
            <dl>
                <dt><label>密码</label></dt>
                <dd><input type="password" v-model="resForm.password"/></dd>
                <div style="clear: both;"></div>
            </dl>
            <dl>
                <dt><label>手机号</label></dt>
                <dd><input type="number" v-model="resForm.phone"/></dd>
                <div style="clear: both;"></div>
            </dl>
            <ul>
                <li><input type="button" value="提交"
                     @click="handleRegister"></li>
                <li><button>取消</button></li>
            </ul>
            <div style="clear: both;"></div>
        </form>
    </div>
</template>
```

任务 8-2　实现登录和注册功能

（1）定义登录和注册两个局部组件，创建路由管理器实例，程序代码如下：

```
<script>
  const HomeComponent = {
     template:'#home'
  }
  const LoginComponent = {  //登录组件
     template:'#login',
     setup(){
         const logUser = Vue.inject('user')
         const formData = Vue.reactive({
            loginForm: {
                userName:'',
                password:''
            }
         })
         const handleLogin = () => {
            //获取登录表单对象 loginForm
            const loginInfo = Object.assign({}, formData.loginForm)
            if(loginInfo.userName === ' ' || loginInfo.password === ' '){
                 alert("登录信息不完整")
                 return
            }
            if(loginInfo.userName === logUser.userName
                 && loginInfo.password === logUser.password){
                 alert("登录成功")
                 //将用户名保存至 sessionStorage
                 sessionStorage.setItem('token', logUser.userName)
                 formData.loginForm = {
                    userName:'',
                    password:''
                 }
                 //跳转到路由 home
                 router.push({name: 'home'})
            } else {
                 alert("请先注册")
                 router.push('register')
            }
         }
         const skipRegister = () => {
            //跳转到路由 register
            router.push({name: 'register'})
         }

         return {
            ...Vue.toRefs(formData),
            handleLogin,
            skipRegister
         }
     }
  }
  const RegisterComponent = {  //注册组件
     template:'#register',
     setup() {
```

```
        //利用 reject 读取全局对象
        const regUser = Vue.inject('user')
        const formData = Vue.reactive({
           resForm: {
              userName:'',
              password:'',
              phone:''
           }
        })
        const handleRegister = () => {
           //返回注册表单对象 resForm
           const registerInfo = Object.assign({}, formData.resForm)
           if(registerInfo.userName != '' && registerInfo.password != ''){
               alert("注册成功")
               //将注册用户密码保存到全局变量 user
               regUser.userName = registerInfo.userName
               regUser.password = registerInfo.password
               //跳转到路由 login
               router.push({name: 'login'})
           } else {
               alert("注册信息不完整")
           }
        }

        return {
           ...Vue.toRefs(formData),
           handleRegister
        }
     }
  }
  //路由数组
  const routes = [
     {
        path:'/',
        name:'home',
        component: HomeComponent
     },
     {
        path:'/login',
        name:'login',
        component: LoginComponent
     },
     {
        path:'/register',
        name:'register',
        component: RegisterComponent
     }
  ]
  //创建路由管理器实例
  const router = VueRouter.createRouter({
     history: VueRouter.createWebHashHistory(),
     routes:routes
```

```
    })
    //全局前置守卫
    router.beforeEach((to, from, next) => {
        //读取 sessionStorage 中的 token
        const token = sessionStorage.getItem('token')
        //当用户未登录时，跳转到路由 login
        if(to.name === 'home' && token === null) {
        next({name: 'login'})
        }else {
            next()
        }
      })
      //创建 Vue 应用实例
      const appObj = Vue.createApp({})
      //声明全局对象 user
      appObj.provide('user', {userName:'', password:''})
      //注册全局组件 router
      appObj.use(router)
      appObj.mount('#container')
</script>
```

（2）代码分析如下。

① 利用路由管理器实例的 beforeEach 函数创建全局前置守卫，以目标路由 to 和用户令牌 token 为依据，判断是否可以跳转到主页路由 home。

② 针对程序需要，这里采用两种定义导航链接的方式。页面头部的“注册|登录”链接，在页面上使用声明式的<router-link>标签来实现路由跳转；LoginComponent 组件和 RegisterComponent 组件的处理过程中，调用了编程式的 push 函数来完成路由跳转。

③ 采用 provide/inject 方式定义和使用全局对象 user，便于各个组件在功能逻辑处理过程中实现用户登录名的读写操作。

同步训练

请创建网站程序，其页面布局由头部导航栏和页面主体内容组成。导航栏包括一级菜单“首页”“科技”“关于我们”，“科技”包含二级菜单“探索”“应用”；对应菜单层次，创建顶级路由和子路由，以及对应的页面主体内容组件；实现各路由间的跳转操作，且跳转完成后页面主体内容更新为当前组件内容，页面标题更新为当前菜单名。

单元小结

1. Vue Router 是 Vue 官方推荐的路由管理器，它与 Vue 框架核心深度集成，负责管理 URL 和实现 URL 到组件的映射。

2. 路由可以理解为一种对应关系。它分为前端路由和后端路由。后端路由是请求方法、请求地址与请求处理函数之间的对应关系。前端路由是在单页面应用中实现组件切换的方式，也是 Vue 项目所用的方式。它是 Hash 地址与组件之间的对应关系。

3. 针对定义路由，Vue Router 提供了多个属性。使用 path 和 component 属性可以定义一个简单的路由；path、component 和 children 属性配合使用可定义嵌套路由；path、component 和 name 结合可为路由进行命名；path、components 属性与 RouterView 组件 name 属性结合可定义命名视图。

4. Vue Router 提供了两种方式，支持通过对路由进行操作来实现动态路由。一是采用路由传参支持同一类型的多个请求路径对应同一组件的映射。利用传递的参数不同，实现动态路由匹配。二是采用添加、删除路由的函数，支持动态地更新路由操作。动态更新路由发生在程序运行过程中，需要通过编程方式来实现。

5. 导航是指页面间的路由跳转操作。Vue Router 支持声明式和编程式导航。声明式导航采用 RouterLink 组件定义导航链接；编程式导航采用编程方式，借助路由管理器实例的 push 和 replace 函数进行导航驱动。

6. 导航守卫是在导航被触发前或后，会激发特殊动作，并决定是否执行此次路由跳转操作。Vue Router 提供了多种定义导航守卫的方式。导航守卫根据作用范围可分为全局、路由和组件三类。三者被调用执行的顺序为：全局->路由->组件。

单元练习

一、选择题

1. 下列关于 Vue 提供的路由组件的说法，错误的是（　　）。
   A. RouterLink 和 RouterView 是 Vue Router 组件
   B. RouterLink 和 RouterView 是 Vue 组件
   C. RouterLink 用于创建导航链接
   D. RouterView 用于定义路由出口
2. 下列关于动态路由的说法，正确的是（　　）。（多选）
   A. 在路由的 path 属性中，增加一个动态路径参数，形式为 path: '/xxx/xx'
   B. 采用路由管理器实例的 push 函数添加一个路由
   C. 在路由的 path 属性中，增加一个动态路径参数，形式为 path: '/xxx/:xx'
   D. 采用路由管理器实例的 addRoute 函数添加一个路由
3. 下列关于导航的说法，正确的是（　　）。（多选）
   A. 导航是指页面间的路由跳转操作
   B. 编程式导航是利用 Vue 的 push 函数实现的
   C. 声明式导航是利用 RouterView 组件实现的
   D. 声明式导航是利用 RouterLink 组件实现的
4. 下列关于导航守卫的说法，正确的是（　　）。（多选）
   A. 导航守卫的类别为全局、组件和路由
   B. 导航守卫的类别为全局、私有和路由
   C. 导航守卫钩子函数中的 next 必须被调用并执行
   D. 导航守卫钩子函数中的 next 不一定被调用并执行

二、编程题

利用 Vue 和 Vue Router 创建前端应用程序，实现 Tab 切换的效果，如图 8-4 所示。要求：

（1）创建登录和注册组件，实现登录和注册功能，并能在注册成功后，跳转到登录页面；

（2）创建路由数组，包括登录、注册两个路由。

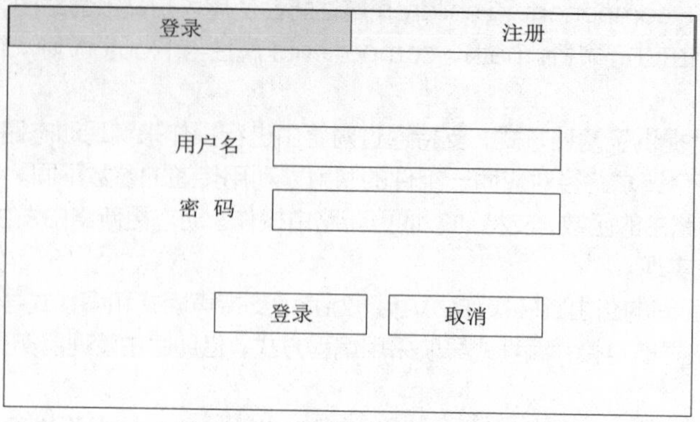

登录 注册

用户名

密 码

登录 取消

图 8-4 编程题的最终效果

单元9 状态管理——Vuex

单元导学

我们知道，Vue 是通过组件操作数据来更新视图的。这里的数据可以是组件内数据，也可以是由其他组件传递来的数据。当项目功能模块较多时，组件间的数据依赖关系会变得错综复杂，仅依靠全局定义或组件间通信的方式来处理共享数据，显然难以应对。Vue 提供的 Vuex 能够很好地对共享数据进行统一管理，它就像一个专门管理数据的仓库，使得组件间的数据共享更为简单高效。

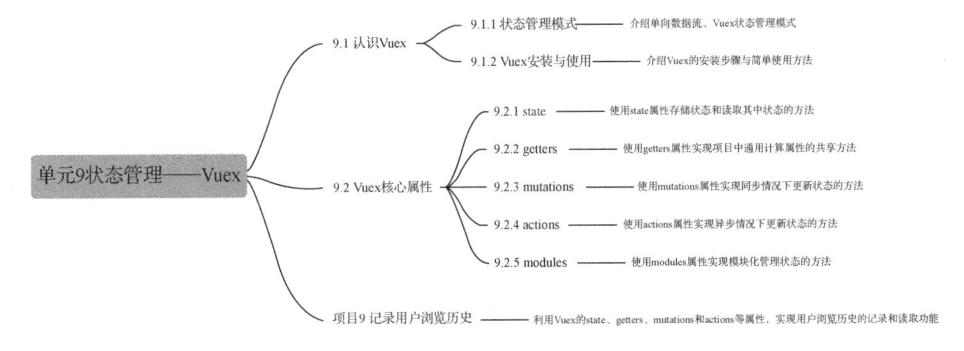

学习目标

1. 理解 Vuex 状态管理模式
2. 能够安装和使用 Vuex
3. 能够利用 store 实例存储和更新共享状态（重点）
4. 能够应用 Vuex 管理共享状态（重点/难点）

知识学习

9.1 认识 Vuex

微课视频

Vuex 是一个专门为 Vue 设计的状态管理库。在 2.1 节中我们介绍过，状态是 Vue 响应式数据的另一种称谓。Vuex 采用集中式存储来管理所有组件的状态，并以相应的规则保证状态以一种可预测的方式发生变化。本节将讲解 Vuex 的状态管理模式和其安装与使用方法。

9.1.1 状态管理模式

Vuex 所采用的集中式状态管理模式，能够很好地支持 Vue 单向数据流的简洁性。在介绍状态管理模式之前，有必要先介绍一下单向数据流的特点。

1. 单向数据流

单向数据流是指只能从一个方向来修改状态的数据流。下面通过一个简单示例来帮助我们理解单向数据流的原理。

【例 9-1】 计数器示例。

（1）创建 9-1.html 文件，程序代码如下：

```
<body>
    <div id="app">
        <count-view></count-view>
    </div>
    <!--语句 1：视图-->
    <template id="tmp">
        <!--状态展示-->
         <p>{{count}}</p>
         <!--用户交互请求-->
         <button @click="increment()">加一</button>
    </template>
</body>
<script>
    const CountView = {
        //语句 2：状态
        data () {
            return {
                count: 0
            }
        },
        //视图
        template: '#tmp',
        //语句 3：操作
        methods: {
          increment(){
              this.count++
          }
        }
    }
    const appObj = Vue.createApp({
        components:{
            CountView
        }
     })
     appObj.mount('#app')
</script>
```

（2）运行程序，浏览器页面初次显示数字“0”，每单击一次“加一”按钮，显示数字会增加 1。

（3）代码分析：通过状态、视图和操作 3 个部分间的单向绑定，实现数据驱动视图（见图 9-1）。代码中语句 2 定义了状态，它是用于驱动应用的数据；语句 1 定义了视图，以声明方式将状态映射到视图，同时定义用户交互请求，用于触发操作；语句 3 定义了操作，它用于响应用户交互请求，实现状态改变。

单向数据流是 Vue 项目开发需要遵循的重要原则，它使得状态的变化都是可追溯的，便于代码的维护和管理。前面所学习的组件间通信就体现了这一原则。如图 9-2 所示，父组件中数据的更新会向下流动到子组件，但反向流动是不允许的，只能通过$emit 函数触发父组件的更新方法执行，之后再让数据流向子组件。但当组件嵌套层次较多时，可能会出现多个视图依赖于同一状态，或多个视图需要修改同一状态的情况，组件间通信因复杂而变得难以实现，单向数据流简洁性优势也会减弱。

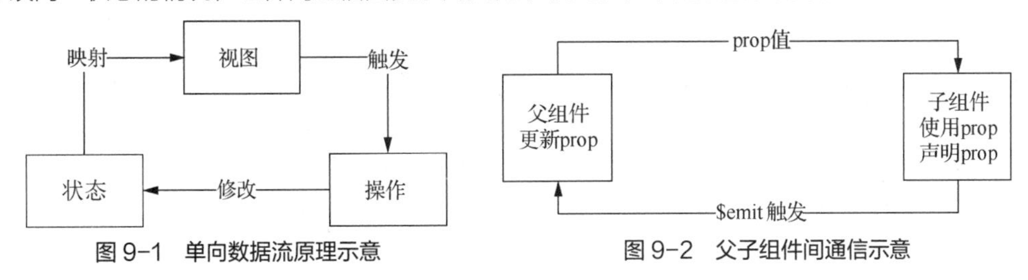

图 9-1　单向数据流原理示意　　　图 9-2　父子组件间通信示意

2. 状态管理模式

Vuex 的核心思想是采用 store（容器）管理组件间共享的一组状态。通过集中定义和管理状态，采用强制规则维持视图和状态间的独立性，Vue 提高了多组件间状态共享的实现效率，使得代码结构更为清晰且代码更易维护，尤其适用于大中型单页面应用项目。

Vuex 采用的状态管理模式中有 5 个核心属性，具体内容如表 9-1 所示。

表 9-1　状态管理模式中的核心属性

属性名	描述
state	用于存储状态
getters	类似于 Vue 组件的计算属性，用于重新处理 state 并返回处理结果
mutations	更新 state 的唯一途径，且使用同步方式
actions	定义 state 的异步方式的修改操作
modules	定义 store 的子模块

Vuex 的状态管理流程示意如图 9-3 所示。当 state 中状态的修改牵涉异步处理时，工作流程需要分为四步，否则略去第一步。

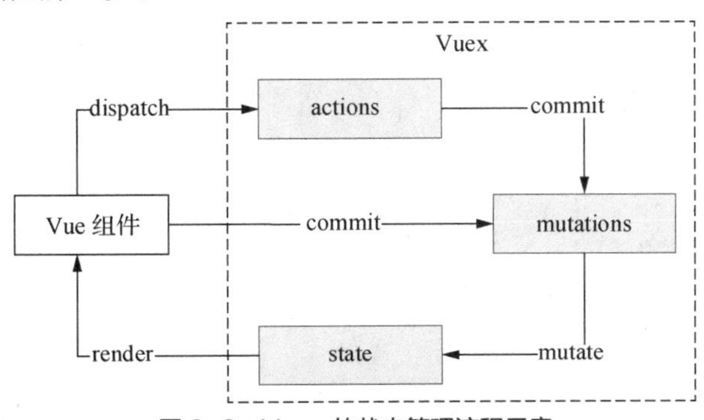

图 9-3　Vuex 的状态管理流程示意

（1）dispatch（分发）：用户与 Vue 组件交互发生事件，通过调用 dispatch 函数触发 actions 中对应的函数。

（2）commit（提交）：使用 actions 中对应的函数处理异步请求，并通过调用 commit 函数触发 mutations 中对应的函数。

（3）mutate（改变）：使用 mutations 中对应的函数对 state 中的状态进行修改。

（4）render（渲染）：通过 getters 获取新的 state，渲染到 Vue 组件，更新视图。

如果状态的修改与异步处理无关，则上述步骤（1）中内容并入（2），此时，commit（提交）负责的工作内容变成：用户与 Vue 组件交互发生事件，并通过调用 commit 函数触发 mutations 中对应函数。

9.1.2 Vuex 安装与使用

Vuex 是专门为 Vue 提供状态管理服务的插件，使用前需要进行安装。采用 CDN 方式，在 HTML 文件<head>标签中引入 Vuex，引入代码如下：

```
<script src="https://unpkg.com/vuex"></script>
```

下面通过一个例子来演示和讲解如何使用 Vuex 进行 Vue 状态管理。

【例 9-2】利用 Vuex 实现用户信息查询。

（1）创建 9-2.html 文件，程序代码如下：

```
<body>
    <div id="app">
        <div>
            数据列表：
            <ul>
                <li v-for="item in this.$store.state.users">{{item}}</li>
            </ul>
            <input type="text" name="search" v-model="id" placeholder="请输入编号"/>
            <button v-on:click="searchMutations">查询(mutations)</button>
            <button v-on:click="searchActions">查询(actions)</button>
        </div>
        <div>
            查询结果：
            <ul>
                <li v-for="item in this.$store.getters.userlist">{{item}}</li>
            </ul>
        </div>
    </div>
</body>
<script>
     //创建 store 实例
     const store = Vuex.createStore({
         state () {
             return {
                 users: [
                      {id:1, name:'zhangsan',email:'11@qq.com'},
                      {id:2,name:'lisi',email:'22@qq.com'}
                 ],
                 id: 0
             }
         },
         getters:{
             userlist: state => {return state.users.filter(u => u.id == state.id)}
```

```
        },
        mutations:{  //支持同步处理
           getUserInfo:function(state, id){
              state.id = id;
              console.log(state.id)
           }
        },
        actions:{  //支持异步处理
             searchUserInfo:function({state, commit}, id){
                ...  //异步请求处理
                commit('getUserInfo', id)
             }
        }
    })
    //创建 Vue 应用实例
    const appObj = Vue.createApp({
        data(){
           return {
              id:''
           }
        },
        methods: {
           searchMutations:function(){
              this.$store.commit('getUserInfo', this.id)
           },
           searchActions:function(){
              this.$store.dispatch('searchUserInfo', this.id)
           }
        }
    })
    appObj.use(store)
    appObj.mount('#app')
</script>
```

（2）运行程序，浏览器页面上显示所有用户信息。在输入框中输入用户编号，单击“查询(mutations)”和“查询(actions)”可获得同样的用户信息。

（3）代码分析如下。

① 在 JavaScript 代码部分，利用 Vuex.createStore 构造函数创建 store 实例，其初始化参数是一个对象，该对象共有 8 个属性，本例中使用了其中 4 个核心属性：state、getters、mutations、actions。state 定义了共享状态 users 和 id；getters 中 userlist 根据最新 id 返回匹配的 users 数组元素；actions 中的 searchUserInfo 函数处理异步请求，并通过 commit 函数触发 mutations 的执行；mutations 中的 getUserInfo 函数实现对 id 的修改操作。

② 在 JavaScript 代码部分，定义了两个操作函数 searchMutations 和 searchActions，前者采用同步方式，直接调用 commit 函数，传入新的 id，触发 mutations 中 getUserInfo 函数的执行；后者采用异步方式，需调用 dispatch 先触发 actions 中的 searchUserInfo 函数，传入新的 id，再由 searchUserInfo 函数去触发 mutations 中 getUserInfo 函数的执行。这里的 this.$store 是根组件实例的属性，通过它可以获取 store 实例的各属性对象。

③ 在 HTML 代码部分包括两个 ul 元素。其中第一个 ul 元素中使用 this.$store.state.users 直接读取共享状态 users；第二个 ul 元素则使用 this.$store.getters.userlist 返回与查询条件相匹配的用户信息。

9.2 Vuex 核心属性

store 采用单一状态树结构存储状态，即用一个对象包含所有的应用层级状态，使它成为整个应用中共享状态的唯一来源。这使得每个应用中仅允许有一个 store 实例。本节将介绍在 store 实例中如何定义 state、getters、mutations、actions 和 modules 属性，以及在组件中如何使用这些属性实现状态共享。

9.2.1 state

微课视频

state 用于存储状态。我们可将状态理解为项目中具有响应性的全局变量。state 是 store 实例的必选配置项。

由于 state 中每个状态都具有响应性，在定义时应对其进行初始化，在组件中可采用计算属性 computed 对其进行读取。读取方式有以下两种。

（1）直接读取方式，使用该方式的示例代码如下：

```
computed:{
    count() {  //组件的计算属性
        return this.$store.state.count
    }
}
```

其中计算属性名和 state 中的状态名均为 count，this.$store 是 store 实例。这种方式适用于读取单个状态。

（2）辅助函数方式，使用该方式的示例代码如下：

```
computed: mapState({
    count: state => state.count,  //写法 1
    count: 'count'  //写法 2
})
```

其中计算属性名和 state 中的状态名均为 count，mapState 为辅助函数。当需要读取的状态较多时，可利用 mapState 函数将状态直接映射到计算属性，从而简化代码。这里列出了两种写法。其中写法 1 通过函数映射状态，它利用组件内每一个属性函数的默认参数 state，直接返回状态；写法 2 则通过字符串映射状态，“'count'”等同于“state => state.count”；当计算属性名与 state 中的状态名相同时，可以向 mapState 函数传递字符串数组，代码可写为：

```
computed: mapState([
   'count'
])
```

下面通过一个例子来演示两种读取方式的应用过程。

【例 9-3】访问 state 示例。

（1）创建 9-3.html 文件，程序代码如下：

```
<body>
    <div id="app">
        <div>
            <p>标题：{{pageTitle}}</p>
            <p>书名：{{bookName}}</p>
            <p>价格：{{bookPrice}}</p>
            <p>数量：{{count}}</p>
        </div>
    </div>
```

```
</body>
<script>
    //创建 store 实例
    const store = Vuex.createStore({
        state () {
          return {
                book:{
                    name:'Vue 入门教材',
                    price:30
                },
                count: 100,
                title: '教材信息'
          }
        }
    })
    //创建 Vue 应用实例
    const appObj = Vue.createApp({
        computed:{
          bookName(){
             return this.$store.state.book.name
          },
          ...Vuex.mapState({
              bookPrice: state => state.book.price,  //语句 1
              pageTitle:'title'  //语句 2 等同于 state => state.title
          }),
          ...Vuex.mapState([
              'count'  //语句 3
          ])
        }
    })
    appObj.use(store)
    appObj.mount('#app')
</script>
```

（2）运行程序，浏览器页面上显示了一组信息，内容为“标题：教材信息”、“书名：Vue 入门教材”、“价格：30”和“数量：100”。

（3）代码分析如下。

① state 属性定义了 3 个状态，包括一个对象 book，两个属性 count 和 title。

② 根组件采用计算属性 computed 获取 state，使用两种读取方式，一是直接读取，即使用 this.$store.state.book.name 获取，二是采用 mapState 函数获取，当 mapState 与 computed 选项其他属性共存时，需要加上对象扩展运算符。

③ 语句 1、2 和 3 分别是 mapState 读取 state 的 3 种不同写法。

9.2.2 getters

getters 可以理解为 store 实例的计算属性。项目中一些通用的计算属性，可以通过 store 以共享的形式呈现，从而为多个组件所共享。

getters 的定义方法与 Vue 组件的计算属性 computed 的类同。在组件中访问 getters 的方式与访问 state 的类似，只是辅助函数换成了 mapGetters。下面通过一个例子来进一步了解 getters 的具体使用方法。

【例 9-4】getters 用法示例。

（1）以例 9-3 中的代码为基础，将其中部分代码修改后保存为 9-4.html 文件。修改后代码（加粗字体部分为更新代码）如下：

```
<body>
    <div id="app">
        <div>
            <p>标题：{{pageTitle}}</p>
            <p>书名：{{bookName}}</p>
            <p>价格：{{bookPrice}}</p>
            <p>数量：{{bookCount}}</p>
        </div>
    </div>
</body>
<script>
     //创建 store 实例
     const store = Vuex.createStore({
         state () {
           return {
                book:{
                     name:'Vue 入门教材',
                     price:30
                },
                count: 100,
                title: '教材信息'
           }
        },
        getters: {
            bookCount: state => "共计" + state.count + "本"  //语句 1
        }
     })
     //创建 Vue 应用实例
     const appObj = Vue.createApp({
         computed:{
           bookName(){
                return this.$store.state.book.name
           },
           bookCount(){  //语句 2
                return this.$store.getters.bookCount
           },
           ...Vuex.mapState({
                bookPrice: state => state.book.price,
                pageTitle:'title'  //等同于 state => state.title
           }),
           ...Vuex.mapGetters({  //语句 3
                bookCount: 'bookCount'
           }),
           ...Vuex.mapGetters([  //语句 4
                'bookCount'  //计算属性名与状态名相同
           ])
         }
```

```
    })
    appObj.use(store)
    appObj.mount('#app')
</script>
```

（2）运行程序，浏览器页面上显示信息与例 9-3 的不同的是“数量：100”变成了“数量：共计 100 本”。

（3）代码分析如下。

① 语句 1 表示在 getters 中定义了一个函数 bookCount，该函数对 state.count 做了一些简单处理，并返回处理后的结果。

② 根组件采用计算属性 computed 获取 getters 中的函数返回值。具体的实现方法可以采用直接读取或 mapGetters 函数方式，语句 2 采用的是第一种方式；语句 3 和语句 4 都采用的是第二种方式，分别为 mapGetters 函数的字符串映射和字符串数组形式。

9.2.3 mutations

微课视频

mutations 提供了状态修改功能，并且是唯一的更新 state 的途径（即提交 mutations）。mutations 中每个函数类似于一个事件，由 type（事件类型）和 handler（回调函数）组成，且回调函数的第一个参数为 store 实例的 state 属性。需要说明的一个重要原则是，该函数必须是同步函数。

mutations 的使用步骤如下。

（1）在 store 实例中创建 mutations 对象，注册事件，示例代码如下：

```
mutations: {
   increment (state, num) {
     state.count++  //更新操作处理
   }
}
```

其中函数名 increment 为事件类型，该函数为回调函数，第一个参数为 state，第二个参数是额外传入的参数，也称载荷。

（2）在需要更新 state 中状态之处，通过提交 mutations 触发某个事件类型的回调函数的执行，提交方式有 3 种。示例代码如下。

```
//方式一：普通提交风格
this.$store.commit('increment ', 10)  //type 为 increment，num 值为 10
//方式二：对象提交风格
//store 实例
mutations: {
   increment (state, payload) {
      state.count += payload.num  //读取载荷中 num 属性值
   }
}
//提交 mutations
this.$store.commit({
     type: 'increment',
     num: 10
})
需要说明的是，在大多数情况下，载荷会是一个对象，以包含多个字段，方便使用
//方式三：借助 mapMutations 辅助函数
methods:{
```

```
    ...mapMutations(['increment']),
    handleCount:{
        this.increment(10)
    }
}
```

下面通过一个例子来演示 mutations 修改 state 中状态的实现过程。

【例 9-5】 mutations 修改 state 中状态示例。

（1）以例 9-4 中的代码为基础，将其中部分代码修改后保存为 9-5.html 文件。修改后代码（加粗字体部分为更新代码）如下：

```
<body>
    <div id="app">
        <div>
            <p>标题：{{pageTitle}}</p>
            <p>书名：{{bookName}}</p>
            <p>价格：{{bookPrice}}</p>
            <p>数量：{{bookCount}}</p>
            <button id="btn_addCount" @click="handleAddCount">增加 count</button>
            <button id="btn_subCount" @click="handleSubCount">减少 count</button>
            <button id="btn_title" @click="handleTitle">编辑 title</button>
        </div>
    </div>
</body>
<script>
    //创建 store 实例
    const store = Vuex.createStore({
        state () {
            return {
                book:{
                    name:'Vue 入门教材',
                    price:30
                },
                count: 100,
                title: '教材信息'
            }
        },
        getters: {
            bookCount: state => "共计" + state.count + "本"
        },
        mutations: {
            addCount(state, num) {
                state.count += num
            },
            subCount(state, payload) {
                state.count -= payload.num
            },
            editTitle(state, tip) {
                state.title = tip
            }
        }
    })
    //创建 Vue 应用实例
```

```
    const appObj = Vue.createApp({
       computed:{
          ...  // 省略计算属性部分
       },
       methods:{
          handleAddCount(){
             this.$store.commit('addCount', 5)
          },
          handleSubCount(){
             this.$store.commit({type:'subCount', num: 5})
          },
          ...Vuex.mapMutations(['editTitle']),
          handleTitle(){
             this.editTitle('技术教材信息')
          }
       }
    })
    appObj.use(store)
    appObj.mount('#app')
</script>
```

（2）运行程序，浏览器页面上显示“标题：教材信息”、“书名：Vue 入门教材”、“价格：30”和“数量：共计 100 本”。单击“增加 count”和“减少 count”按钮，数量将会分别增加和减少 5；单击“编辑 title”，标题将会变成“技术教材信息”。

（3）代码分析如下。

① store 实例中定义了 mutations 对象，在该对象中注册了 addCount、subCount 和 editTitle 事件，分别用于增加 count、减少 count 和修改 title；根组件定义了 handleAddCount、handleSubCount 和 handleTitle 函数，通过调用 commit 函数提交 mutations，触发 mutations 的 3 个事件回调函数的执行。

② 当使用对象风格的提交方式时，整个对象都作为载荷传给 mutations 中的函数，也可以将参数部分单独构建对象作为载荷，即将提交 mutations 的代码改写成：

```
this.$store.commit('subCount', {
    num: 5
})
```

9.2.4 actions

actions 用于间接进行 state 中状态的修改，它通过触发提交 mutations 来实施状态的修改处理，并且它可以处理任何异步操作，可以说，在功能上它与 mutations 互相补充。

actions 中每个函数类似于一个事件，包括事件类型和回调函数，且回调函数的第一个参数为 context 对象，该对象与 store 具有相同的属性。

actions 的使用步骤如下。

（1）在 store 实例中创建 actions 对象，注册事件，该事件回调函数可以处理异步操作，并负责提交 mutations，示例代码如下：

```
actions: {
    doIncrement (context) {
        context.commit('increment')  //increment 是 mutations 中的函数
    }
}
```

其中函数名 doIncrement 为事件类型，该函数为回调函数，通过 context 可以获取 store 实例的各属性，也可提交 mutations 以触发事件回调函数的执行。为了编码简便起见，通常采用 ES6 解构方式提取 context 对象属性。上述示例代码中 doIncrement 函数可简化为：

```
doIncrement ({commit}) {  //从 context 析取出{commit}
    commit('increment')
}
```

（2）在需要更新 state 中状态之处，通过 dispatch 函数以分发方式触发事件回调函数，分发方式有 3 种，示例代码如下：

```
//方式一：普通分发风格
this.$store.dispatch( 'doIncrement ', 10)
//方式二：对象分发风格
//store 实例
actions: {
     doIncrement ({commit}, payload) {
        commit('increment', payload)
     }
}
//分发事件
this.$store.dispatch({
     type: 'doIncrement',
     num: 10
})
需要说明的是，在许多情况下，采用对象作为载荷，可以包含多个字段，便于使用
//方式三：借助 mapActions 辅助函数
methods:{
   ...mapActions(['doIncrement']),
   handleCount:{
       this.doIncrement(10)
   }
}
```

下面通过一个例子来演示 actions 修改 state 中状态的过程。

【例 9-6】 actions 修改 state 中状态示例。

（1）以例 9-5 中的代码为基础，将其中部分代码修改后保存为 9-6.html 文件。修改后代码（加粗字体部分为更新代码）如下：

```
<script>
    //创建 store 实例
    const store = Vuex.createStore({
        state () {
          return {
              book:{
                  name:'Vue 入门教材',
                  price:30
              },
              count: 100,
              title: '教材信息'
          }
        },
        getters: {
            bookCount: state => "共计" + state.count + "本"
        },
        mutations: {
```

```
        addCount(state, num) {
           state.count += num
        },
        subCount(state, payload) {
            state.count -= payload.num
            console.log(payload)
        },
        editTitle(state, tip) {
            state.title = tip
        }
    },
    actions: {
        addCount_1({commit}, num) {
           setTimeout(() => {
               commit('addCount', num)
           }, 2000)
        },
        subCount_1({commit}, payload) {
           setTimeout(() => {
               commit('subCount', payload)
           }, 2000)

        },
        editTitle_1({commit}, tip) {
            setTimeout(() => {
                commit('editTitle', tip)
            }, 2000)
        }

    }
  })
  //创建 Vue 应用实例
  const appObj = Vue.createApp({
     computed:{
       ...  // 省略计算属性部分
     },
     methods:{
        handleAddCount(){
           this.$store.dispatch('addCount_1', 5)
        },
        handleSubCount(){
           this.$store.dispatch({type:'subCount_1', num: 5})
        },
        ...Vuex.mapActions(['editTitle_1']),
        handleTitle(){
           this.editTitle_1('技术教材信息')
        }
     }
  })
  appObj.use(store)
  appObj.mount('#app')
</script>
```

（2）运行程序，执行效果与例 9-5 的类似，只是所有按钮被单击后需等待 2s，显示内容才发生改变。

（3）代码分析如下。

① store 实例中定义了 actions 对象，在该对象中注册了 addCount_1、subCount_1 和 editTitle_1 事件，分别以异步方式提交 mutations，触发 addCount、subCount 和 editTitle 事件回调函数的执行；根组件的 handleAddCount、handleSubCount 和 handleTitle 函数，通过调用 dispatch 函数分发事件，触发 actions 的 3 个事件回调函数的执行。

② 与 mutations 类似，actions 采用对象风格进行分发时，也可以将参数部分单独构建对象作为载荷。

9.2.5 modules

由于store采用单一状态树集中存储和管理一个项目的所有共享状态，当项目体量较大时，store 实例的结构会变得非常臃肿。Vuex 提供了 modules，允许开发者将 store 实例分割为多个模块（module），每个模块就相当于一个子 store，可以拥有 store 的所有属性。

默认情况下，模块内部 state 注册在该模块的局部命名空间，而 getters、actions 和 mutations 仍注册在全局命名空间。因此，在无命名空间的情况下，在不同模块中定义两个相同的 getters 函数会导致程序出错。为了使模块具有更好的封装性和复用性，可通过设置 namespaced 属性值为 true 的方式，使各模块拥有自己的命名空间，在使用模块的功能时，也需要指明其所属命名空间，示例代码如下：

```
//store 实例
const moduleA = {
    namespaced:true,
    state:() { ... },
    getters: { ... },
    mutations: { ... },
    actions: { ... }}
const moduleB = {
    namespaced:true,
    state: (){ ... },
    mutations: {addCount(state, num) {...}},
    actions: { ... }}
const store = Vuex.createStore({
    modules: {
        a: moduleA,
        b: moduleB
  }})
//Vue 组件
this.$store.state.a.xxx   //读取 moduleA 的状态
this.$store.commit('moduleB/addCount', 10)   //触发 moduleB 模块中 addCount 函数的执行
```

下面通过一个完整的例子，让我们进一步了解 modules 的使用过程。

【例 9-7】 modules 的应用示例。

（1）创建 9-7.html 文件，程序代码如下：

```
<body>
    <div id="app">
        <div>
            <p>数量：{{bookCount}}</p>
            <p>出版社：{{publishName}}</p>
            <button id="btn_addCount" @click="handleAddCount">增加 count</button>
            <button id="btn_title" @click="handleEditName">编辑 name</button>
```

```
        </div>
    </div>
</body>
<script>
    //模块 moduleBook
    const moduleBook = {
        namespaced: true,
        state () {
            return {
                book:{
                    name:'Vue 入门教材',
                    price:30
                },
                count: 100
            }
        },
        getters: {
            bookCount: state => "共计" + state.count + "本"
        },
        mutations: {
            addCount(state, num) {
                state.count += num
            }
        }
    }
    //模块 modulePublish
    const modulePublish = {
        namespaced: true,
        state () {
            return {
                name:'xxx 出版社'
            }
        },
        mutations: {
            editName(state, name) {
                state.name = name
            }
        }
    }
    //创建 store 实例
    const store =  Vuex.createStore({
        modules: {
            moduleBook,
            modulePublish
        }
    })
    //创建 Vue 应用实例
    const appObj = Vue.createApp({
        computed:{
            bookCount(){
                return this.$store.getters['moduleBook/bookCount']
            },
            publishName(){
```

```
            return this.$store.state.modulePublish.name
          }
        },
        methods:{
          handleAddCount(){
            this.$store.commit('moduleBook/addCount', 5)
          },
          handleEditName(){
            this.$store.commit('modulePublish/editName', 'xxx 出版社 1')
          }
        }
      })
      appObj.use(store)
      appObj.mount('#app')
    </script>
```

（2）运行程序，浏览器页面上显示“书数量：共计 100 本”和“出版社：xxx 出版社”。单击“增加 count”，书数量增加 5；单击“编辑 name”，出版社显示为“xxx 出版社 1”。

（3）代码分析：由于 state 与 getters 等属性的命名空间不同，它们在使用上也有所不同，state 中状态的读取模式是 state.模块名.状态名，getters 的访问方式是 getters['模块名/函数名']，提交 mutations 则变成 commit('模块名/函数名',参数)。

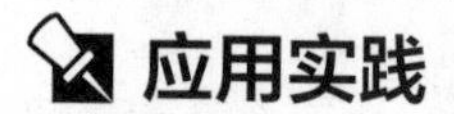

应用实践

项目 9　记录用户浏览历史

本项目针对“记录用户浏览历史”任务，使用 Vuex 对组件间的共享状态进行保存和管理。通过介绍记录用户浏览历史功能的实现过程，帮助学习者深化对状态管理模式的理解，进一步掌握 state、getters、mutations、actions 等属性的应用方法。

1. 需求描述

为了了解用户对网站的使用情况，需要记录用户登录后浏览过的页面，保存用户行为痕迹，以便分析网站各栏目受关注的程度。

最终效果如图 9-4 所示。

（a）单击“浏览历史”显示信息

（b）单击“登录/注册”显示信息

图 9-4　记录用户浏览历史的最终效果

2. 实现思路

（1）将首页、登录/注册、名城诗词、旅游信息和会员中心部分均构建成局部组件，并将其作为根组件的子组件。在首页上设置“浏览历史”链接，以获取用户浏览历史页面信息。

（2）采用 Vuex 来存储、记录用户浏览过的页面。创建 store 实例，在 state 中定义一个数组，用于记录用户浏览的页面（即跳转路由的名字）；在 getters 中定义读取数组的计算属性；在 mutations 中定义添加浏览页面的函数；在 actions 中定义模拟异步处理，实现提交 mutations。

（3）通过路由管理器，实现不同页面间的跳转。创建路由管理器实例；定义全局前置守卫，判断目标路由是否满足登录要求，如果满足则跳转到目标路由，否则跳转到登录路由，同时显示来源路由；定义全局后置守卫。其功能是，当路由跳转完成时，将该路由添加到 state 的数组中。

任务 9-1　构建页面布局

（1）构建页面头部

```
<div class="top">
    <div class="wrap">
        <div>
            <img class="magintop_20 floatLeft logo" src="img/logo.png" />
        </div>
        <div class="login floatRight magintop_20">
            <div class="floatLeft">
                <ul>
                    <li><router-link :to="{name:'login'}">登录/注册
                        </router-link></li>
                    <li @click="getTrace" class="trace">浏览历史</li>
                </ul>
            </div>
        </div>
        <div class="clear"></div>
    </div>
  </div>
  <div class="top_bar">
      <div class="wrap">
          <div class="floatLeft menu ">
              <div class="nav">
                  <router-link to="/" class="rlink">首页</router-link>
                  <router-link to="/poetry" class="rlink">名城诗词
                  </router-link>
                  <router-link to="/information" class="rlink">旅游信息
                  </router-link>
                  <router-link to="/account" class="rlink">会员中心
                  </router-link>
              </div>
          </div>
          <div class="search floatRight">
              <input type="text" placeholder="请输入关键词" />
              <input type="button" value="检索" />
          </div>
          <div class="clear"></div>
     </div>
</div>
```

（2）创建组件模板，代码如下：

```
<!--名城诗词组件模板-->
<template id="poetryContent">
    <div>
       <aside class="left">
           <h4>名城诗词</h4>
           <ul>
               <li><a href="#">华东地区</a></li>
               <li><a href="#">华北地区</a></li>
               <li><a href="#">华中地区</a></li>
               <li><a href="#">华南地区</a></li>
               <li><a href="#">华西地区</a></li>
           </ul>
       </aside>
       <article class="right">
            名城诗词页面
       </article>
    </div>
</template>
<!--旅游信息组件模板-->
<template id="infoContent">
    <div>
      <aside class="left">
           <h4>旅游信息</h4>
           <ul>
               <li><a href="#">华东地区</a></li>
               <li><a href="#">>华北地区</a></li>
               <li><a href="#">>华中地区</a></li>
               <li><a href="#">>华南地区</a></li>
               <li><a href="#">>华西地区</a></li>
           </ul>
      </aside>
      <article class="right">
          旅游信息页面
      </article>
    </div>
</template>

 <!--会员中心组件模板-->
 <template id="accountContent">
    <div>
       <aside class="left">
           <h4>会员中心</h4>
           <ul>
               <li><a href="#">我的游记</a></li>
               <li><a href="#">我的账户</a></li>
           </ul>
       </aside>
       <article class="right">
```

```
            会员中心页面
        </article>
    </div>
</template>
<!--首页组件模板-->
<template id="home">
    <div>
        <div class="banner ">
            <div class="wrap">
                <div class="outer ">
                    <ul>
                        <li>
                            <a href="#"><img src="img/slidepic/1.jpg"></a>
                        </li>
                    </ul>
                </div>
                <div class="mask">
                    <div class="floatLeft">
                        <div class="poet">
                            <h3>推荐桂林</h3>
                            <p>广西桂林，不仅有秀丽奇绝的风景....../p>
                        </div>
                    </div>
                    <div class="floatRight">
                        <ul class="slide_nav">
                            <li style="opacity: 1;" >
                                <a href="#">
                                    <img src="img/slidepic/s_1.jpg" style="opacity: 1;">
                                </a>
                            </li>
                            <li style="opacity: 0.6;">
                                <a href="#"><img src="img/slidepic/s_2.jpg"></a>
                            </li>
                            <li style="opacity: 0.6;">
                                <a href="#"><img src="img/slidepic/s_3.jpg"></a>
                            </li>
                        </ul>
                    </div>
                    <div class="clear"></div>
                </div>
                <div class="btn">
                    <div class="lbtn"></div>
                    <div class="rbtn"></div>
                </div>
            </div>
        </div>
        <div class="shangxi">
            <div class="wrap">
                <div class="shangxihead">
                    <div class="headleft floatLeft">
                        <img src="img/tit_2.jpg" />
                    </div>
                    <div class="headRight floatRight">
```

```
                    a href="#">更多分类
                        <icon-comp  :iconcolor="pIconColor" :family="fontType"
                        :size="pSize">
                            <i class="ri-add-fill"></i>
                        </icon-comp>
                    </a>
                </div>
                <div class="clear">
                </div>
            </div>
            <div class="shangxibody">
                <ul>
                    <li>
                        <div class="floatLeft">
                            <img src="img/scrollpic/1.png">
                        </div>
                            <div class="floatRight">
                                <h3>解读《别苏州》</h3>
                                <h5>白居易曾任苏州刺史......</h5>
                            </div>
                        </li>
                        <li>
                            <div class="floatLeft">
                                <img src="img/scrollpic/2.png">
                            </div>
                            <div class="floatRight">
                                <h3>解读《定风波》</h3>
                                <h5>此词作于元丰五年（1082 年）春天......</h5>
                            </div>
                        </li>
                        <div class="clear"></div>
                    </ul>
                </div>
            </div>
        </div>
    </div>
</template>
```

任务 9-2　实现浏览历史的记录和获取功能

（1）创建 store 实例，代码如下：

```
const store = Vuex.createStore({
    state () {
        return {
            pages: []  //保存历史路由名
        }
    },
    getters: {
        traceList: state => state.pages,  //读取所有历史路由名
        preTrace: state => state.pages[state.pages.length - 1]  //读取最近跳转
的路由名
```

```
    },
    mutations:{
      addPage(state, pageName) {  //添加最近一次跳转的路由名
        state.pages.push(pageName)
        console.log(state.pages)
      }
    },
    actions: {
      addPageAction({commit}, pageName) {  //模拟异步处理提交 mutations
        setTimeout(() => {
          commit('addPage', pageName)
        }, 500)
      }
    }
})
```

（2）创建路由数组和路由管理器实例，定义全局前置和后置守卫，代码如下：

```
//创建路由数组
const routes = [
    {
      path:'/',
      name:'home',
      component: HomeComponent
    },
    {
      path:'/login',
      name:'login',
      component: LoginComponent
    },
    {
      path:'/poetry',
      name:'poetry',
      component: PoetryComponent
    },
    {
      path:'/information',
      name:'information',
      component: InfoComponent,
      meta:{  //访问控制
        requiresAuth: true  //要求先登录
      }
    },
    {
      path:'/account',
      name:'account',
      component: AccountComponent,
      meta:{
        requiresAuth: true
      }
    }
]
//创建路由管理器实例
const router = VueRouter.createRouter({
    history: VueRouter.createWebHashHistory(),
```

```
    routes:routes
})
//定义全局前置守卫
router.beforeEach((to, from, next) => {
    //读取 sessionStorage 中的 token
    const token = sessionStorage.getItem('token')
    //当用户未登录时，跳转到路由 login
    if(to.meta.requiresAuth && (token === null || token === '')) {
        next({name: 'login'})
    }else {
        next()
    }
})
//定义全局后置守卫
router.afterEach ((to, from, failure) => {
      //分发事件触发 addPageAction 的执行
      store.dispatch('addPageAction',to.name)
})
```

（3）在首页上通过单击“浏览历史”获取浏览历史；单击“登录/注册”进入登录界面前，获取最近一次浏览页面对应的路由名。代码如下：

```
//定义登录组件
const LoginComponent = {
      template:'#login',
      setup(){
          //通过 useStore 访问 store 实例
          const loginStore = Vuex.useStore()
          const formData = Vue.reactive({
              loginForm: {
                  userName:'',
                  password:''
              }
          })
          const handleLogin = () => {
              //返回登录表单对象 loginForm
              const loginInfo = Object.assign({}, formData.loginForm)
              if(loginInfo.userName != '' && loginInfo.password != ''){
                    alert("登录成功")
                    formData.loginForm = {
                        userName:'',
                        password:''
                    }
                    //将用户名保存至 sessionStorage 中的 token
                    sessionStorage.setItem('token', loginInfo.userName)
                    //跳转到路由 home
                    router.push({name: 'home'})
              } else {
                    alert("请输入登录信息")
              }
          }
          //最近一次浏览页面对应的路由名
          const handleInit = () => {
```

```
                alert("上一个页面对应的路由名: " + loginStore.getters.preTrace)
            }

            Vue.onMounted(handleInit)

            return {
                ...Vue.toRefs(formData),
                handleLogin,
                handleInit
            }
        }
    }
//创建 Vue 应用实例
const appObj = Vue.createApp({
    setup() {
        const getTrace = () => {
            if(store.getters.traceList.length > 0){
                //将数组转换为字符串
                const traces = store.getters.traceList.join(",")
                alert("已浏览的页面对应的路由名: " + traces)
            }
        }

        return {
            getTrace
        }
    }
})
//注册全局组件 router
appObj.use(router)
//注册全局组件 store
appObj.use(store)
appObj.mount('#container')
```

（4）代码分析如下。

① 对于路由而言，通过增加 meta 属性可以设置访问控制。当 requiresAuth 属性值为 true 时，表示访问该路由前必须登录，同时在导航守卫中，通过 to 或 from 对象读取 meta.requiresAuth 属性值，作为是否跳转路由的判断依据。

② 在创建 store 实例后，需要通过 Vue 应用实例的 use 函数，将其注册为全局组件，以便在整个程序中应用。对于 store 实例中的属性，在根组件或局部组件外，可以通过“store.属性名”方式直接访问，而在局部组件内，如果是使用选项式 API 方式编写的组件，可使用“this.$store.属性名”方式访问，但如果是使用组合式 API 方式编写的组件，则需先使用 Vuex 的 useStore 函数返回 store 实例，再以“store 实例.属性”方式访问。

同步训练

请利用 Vuex 实现用户登录信息共享功能。创建一个程序，构建 index 和 main 两个页面，用户进入 index 页面，输入登录信息，登录成功后可跳转至 main 页面；用户进入 main 页面需要判断用户是否登录，如果已登录则进入 main 页面，否则跳转到 index 页面。

单元小结

1. Vuex 是一个专门为 Vue 设计的状态管理库。它采用集中式存储来管理所有组件的状态，并以相应的规则保证状态以一种可预测的方式发生变化。

2. Vuex 采用的状态管理模式中有 5 个核心属性：state、getters、mutations、actions 和 modules。其中 state 和 getters 用于读取状态，mutations 和 actions 用于更新状态，modules 用于提高 store 的封装性和复用性。

3. 状态管理流程：用户与 Vue 组件交互发生事件，通过调用 dispatch 函数触发 actions 中对应的函数；通过 actions 中对应的函数处理异步请求，并通过调用 commit 函数触发 mutations 中对应的函数；通过 mutations 中对应的函数对 state 中的状态进行修改；通过 getters 获取新的 state，渲染到 Vue 组件，更新视图。如果不涉及异步处理，可以直接调用 commit 函数触发 mutations 中对应的函数，更新 state 中的状态。

单元练习

一、选择题

1. 下列关于 store 实例说法，正确的是（　　）。（多选）
   A. Vuex 提供了 store 实例
   B. 通过 Vuex 的 createStore 函数可以创建 store 实例
   C. store 实例无须注册，可以直接在项目中使用
   D. store 实例需要使用 use 方法注册为全局组件，才能在项目中使用
2. 下列关于读取 state 中状态的说法，错误的是（　　）。
   A. 在使用选项式 API 方式编写的组件中，可使用“this.$store.state.状态名”方式读取状态
   B. 在根组件中，可使用“this.$store.state.状态名”读取状态
   C. 在全局导航守卫中，可使用“store.state.状态名”读取状态
   D. 在使用组合式 API 方式编写的组件中，要先用 useStore 函数得到 store 实例，再通过“store 实例.state.状态名”读取状态
3. 下列关于 mutations 的说法，错误的是（　　）。
   A. 无论是同步处理还是异步处理，都可使用 commit 提交 mutations
   B. 同步处理情况下，可以使用 commit 提交 mutations
   C. 异步处理情况下，无法提交 mutations
   D. 异步处理情况下，可以通过 actions 中的函数提交 mutations
4. 下列关于 modules 的说法，正确的是（　　）。
   A. modules 相当于一个子 store，用于提高 store 的封装性和复用性
   B. modules 用于创建组件模块
   C. modules 中的所有属性均注册在全局命名空间中
   D. modules 中的所有属性均注册在该模块的局部命名空间中

二、编程题

创建一个程序，构建用户登录和购物车页面，利用 Vuex 以模块化方式管理用户信息和用户购物车信息。用户登录成功后，可以进入购物车页面，否则返回登录页面；在购物车页面，用户可以增加或删除商品。要求购物车中商品的增/删操作采用异步处理方式（提示：利用 setTimeout 模拟）。

单元10 构建工程化的Vue项目

10

单元导学

到目前为止，我们已学习了 Vue 的主要功能，并将其应用于原生 HTML 开发的程序中。前端工程化是前端发展的必然趋势，这使得工程化的开发方式成为大中型前端项目开发的必备技能。企业级 Vue 项目通常是单页面应用，且采用工程化方式来开发。工程化的 Vue 项目开发需要借助一些工具的支持，以提高开发效率。Vue 官方提供的 Vue CLI 工具可实现项目的快速搭建和便捷管理，基于 Vue 的 UI 组件库 Element Plus 则能让页面布局的构建变得更为容易。本单元我们将利用这些工具对工程化的 Vue 项目进行搭建、开发和部署。

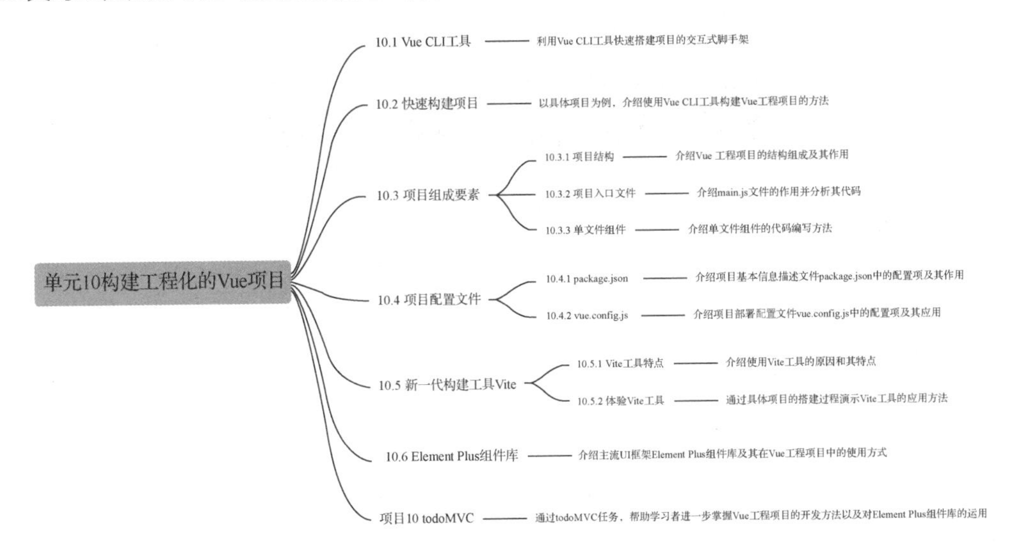

学习目标

1. 掌握 Vue CLI 工具的使用方法
2. 了解工程化的 Vue 项目的项目结构及其组成要素（重点）
3. 能够利用 Vue CLI 开发工程化的 Vue 项目（重点）
4. 了解 Vite 工具的使用方法

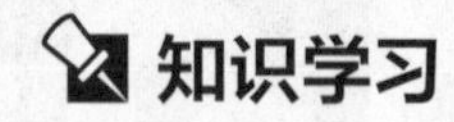

知识学习

10.1 Vue CLI 工具

Vue CLI 是一个基于 Vue 进行快速开发的完整系统，能够帮助开发者快速搭建项目的交互式脚手架。使用它可以轻松地创建、调用或管理项目，其流程化的工具链给开发者带来了极大的便利。采用工程化方式开发的单页面应用 Vue 项目，在结构上比单个 HTML 程序复杂许多。Vue CLI 为快速生成工程化的 Vue 项目（简称 Vue 工程项目）提供了很好的支持。

Vue CLI 工具采用 webpack 工具对代码进行编译和打包，而 webpack 又依赖于 Node.js 环境，因此，我们需要先安装 Node.js。进入 Node.js 官网首页，可以看到 Node.js 软件下载链接，如图 10-1 所示，选择当前新的长期维护版进行下载，下载之后双击安装文件 node.exe 进行安装。

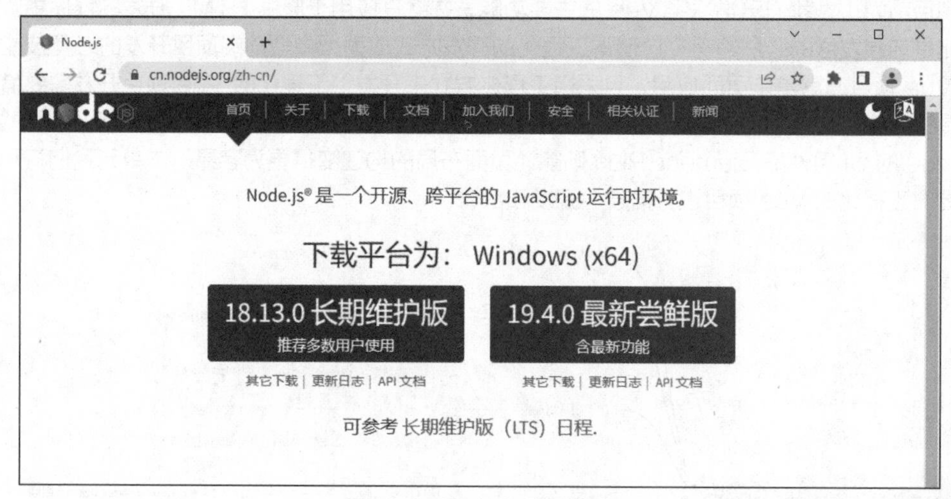

图 10-1 Node.js 官网首页

Node.js 安装完成后，npm 命令就可以使用了。为了保证 Vue CLI 的顺利安装，在 Windows 系统的命令行窗口中执行 node -v 和 npm -v 命令，分别检查 Node.js 环境和 npm 命令是否可用，两者均输出版本号则表示它们可用。

接着，采用全局方式安装 Vue CLI 工具，这样一来，在 Windows 系统的所有目录下均可直接应用该工具。在命令行窗口中，执行以下命令以全局安装 Vue CLI 工具：

```
npm install -g @vue/cli  //选项-g 表示全局安装
```

安装完成，执行以下命令检查 Vue CLI 工具是否安装成功：

```
vue -V 或者 vue --version  //选项-V 要求大写
```

命令执行后输出版本号，则表明安装成功。如需全局升级 Vue CLI 包，可执行以下命令：

```
npm update -g @vue/cli
```

由于使用 cnpm 命令下载时，采用的是国内镜像站点，因此下载体验较好。cnpm 安装命令为：

```
npm install -g cnpm --registry=https://registry.npm.taobao.org
```

安装完成，执行 cnpm -v 命令，检测是否安装成功。如果命令执行后输出版本号，则表明安装成功。

10.2 快速构建项目

我们通过一个具体项目的构建过程，来讲解 Vue CLI 工具的使用方法。

1. 项目初始化

在构建项目之前，我们需要先设置工作空间，即创建一个工作空间目录 d:\train，通过 VS Code 工具打开该目录，并使用菜单栏的 Terminal->New Terminal 命令打开命令行窗口，执行如下命令创建一个 Vue 工程项目：

```
vue create first-app
```

其中 vue 为 Vue CLI 工具的创建命令，first-app 是要创建项目的名称，项目命名要求采用 kebab-case 方式。此命令执行完，命令行窗口将会列出 3 个预设选项，如图 10-2 所示，可以通过方向键上下移动进行选择，按回车键确定。

图 10-2　项目创建的预设选项

3 个预设选项的含义如下。

（1）Default([Vue 3] babel, eslint)：Vue3 的项目，只包含 JavaScript 编译器 Babel、代码检测工具 ESLint。

（2）Default([Vue 2] babel, eslint)：Vue2 的项目，只包含 JavaScript 编译器 Babel、代码检测工具 ESLint。

（3）Manually select features：手动选择特性。

其中（1）（2）是默认设置，分别对应 Vue3 和 Vue2 的项目，包含基本的 Babel 和 ESLint 设置。（3）是手动设置，可自行选择所需的特性。尽管默认设置可以快速创建一个项目原型，但手动设置提供了更多的选择，实际开发中通常选择这种方式。

当确定选择“Manually select features”选项后，命令行窗口出现图 10-3 所示的内容。

```
Please pick a preset: Manually select features
Check the features needed for your project: (Press <space> to select, <a> to toggle all, <i> to
invert selection, and <enter> to proceed)
>(*) Babel
 ( ) TypeScript
 ( ) Progressive Web App (PWA) Support
 ( ) Router
 ( ) Vuex
 ( ) CSS Pre-processors
 (*) Linter / Formatter
 ( ) Unit Testing
 ( ) E2E Testing
```

图 10-3　手动选择特性

开发者可以根据项目需求进行选择，手动选择的特性有以下几种。

（1）Babel：JavaScript 编译器，支持 ES6 语法。

（2）TypeScript：支持使用 TypeScript 书写代码。

（3）Progressive Web App (PWA) Support：渐进式的网页应用程序。

（4）Router：支持 Vue Router 路由管理。

（5）Vuex：支持 Vuex 状态管理。

（6）CSS Pre-processors：支持 CSS 的预处理器。

（7）Linter/Formatter：支持代码风格检测与格式化。

（8）Unit Testing：支持单元测试。

（9）E2E Testing：支持端对端测试。

根据需要使用空格键选择所需选项，构建项目时会自动安装这些选项对应的依赖包。本项目仅选择（1）选项，确定后命令行窗口将显示项目构建过程的相关信息，如图 10-4 所示。等待片刻后项目创建完成，生成了一个名为 first-app 并具有完整 Vue 结构的项目。在工作空间目录 d:\train 下，可以看到 first-app 项目目录。

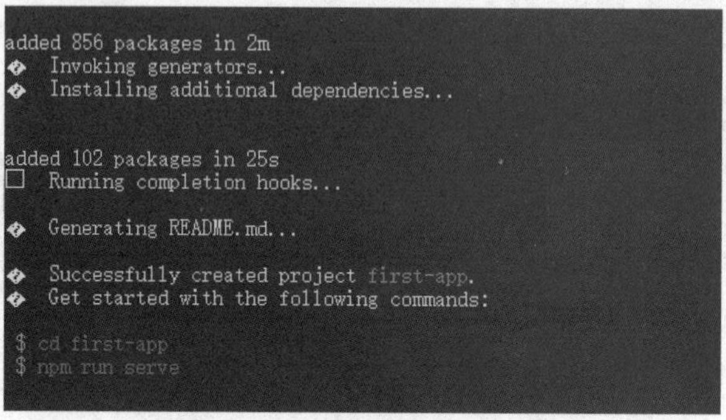
added 856 packages in 2m
Invoking generators...
Installing additional dependencies...
added 102 packages in 25s
Running completion hooks...
Generating README.md...
Successfully created project first-app.
Get started with the following commands:
$ cd first-app
$ npm run serve

图 10-4　项目创建过程的相关信息

2. 项目运行

在命令行窗口中，先使用 cd 命令进入项目所在目录，再使用 Vue 命令启动项目。

```
cd first-app
npm run serve
```

以上命令执行后，项目开始进入编译过程，同时启动本地开发服务器，默认端口为 8080。当我们看到图 10-5 所示的信息时，表示项目启动成功。

DONE Compiled successfully in 11252ms
11:24:04
App running at:
- Local: http://localhost:8080/
- Network: http://192.168.3.169:8080/
Note that the development build is not optimized.
To create a production build, run npm run build.

图 10-5　项目成功启动信息

在浏览器的地址栏中输入 http://localhost:8080/后按“Enter”键，就可以打开 first-app 项目的页面，效果如图 10-6 所示。

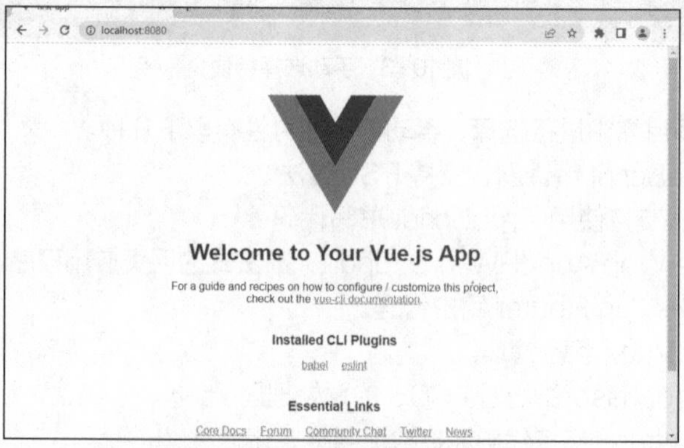
localhost:8080
Welcome to Your Vue.js App
For a guide and recipes on how to configure / customize this project,
check out the vue-cli documentation.
Installed CLI Plugins
babel
eslint
Essential Links
Core Docs
Forum
Community Chat
Twitter
News

图 10-6　first-app 项目的页面效果

在命令行窗口中，按“Ctrl+C”组合键可以终止开发服务器运行，并中断 first-app 项目的执行。

10.3 项目组成要素

微课视频

Vue CLI 工具所构建的 Vue 工程项目，具有逻辑清晰的项目结构。本节将以 first-app 项目为例，介绍项目的结构以及各组成要素的作用。

10.3.1 项目结构

从图 10-7 中，我们可以看到 first-app 项目的整体结构，其中包括项目的各种模块和配置文件等，这是由 Vue CLI 工具自动生成的默认项目结构，通过手动选择特性的方式，可以配置不同的选项，项目结构也会有所不同。

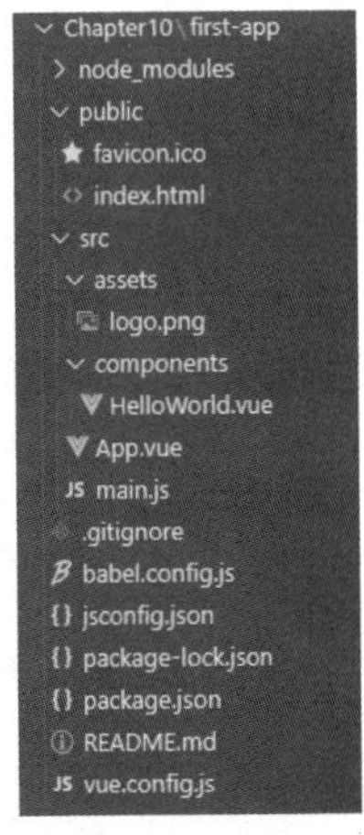

图 10-7 first-app 项目的整体结构

默认项目结构所包含的目录和配置文件如下。

（1）node_modules：存放项目依赖模块。其中的文件是通过 npm 命令安装后自动生成的。

（2）public：存放公有资源文件，如图标文件、运行入口文件 index.html 等。

（3）src：存放开发过程中所编写的代码。该目录包括子目录 assets 和 components，项目的根组件 App.vue 和入口文件 main.js。

- assets：存放静态文件，如页面所需的图片、样式文件等。
- components：存放开发所需的各种公共组件。
- App.vue：项目根组件。
- main.js：项目入口文件。

（4）.gitignore：提交 Git 仓库时需要忽略的文件列表。创建项目时已配置好，无须修改。

（5）babel.config.js：Babel 工具的配置文件，用于将 ES6 的代码转换为向后兼容 ES 旧版本的代码，无须修改。

（6）jsconfig.json：指定根目录和 JavaScript 语言服务提供的功能选项。

（7）package-lock.json：项目安装依赖包时生成的文件，用于记录已安装依赖包的具体来源和版本号，并锁定各依赖包的版本号，以保证再次安装时版本的一致性。

（8）package.json：存储一个 JSON 对象数据，用来描述项目名称、版本号、模块依赖等配置信息。

（9）README.md：项目说明文档，记录项目的编译和调试方式。

（10）vue.config.js：用于保存与项目部署相关的配置，包括代理设置、打包配置等。默认项目结构中未包含此文件，开发者可在项目根目录下自行创建。

与原生 HTML 开发的程序相比，Vue 工程项目的结构确实复杂得多，但对比两者内部的程序代码，你会发现后者是对前者单个文件中代码的重新组织。首先，它对前者代码进行拆分，有序地将其归入不同的文件，例如，每个组件的相关代码均以.vue 文件形式单独保存，将创建 Vue 应用实例及挂载操作部分放入 main.js 文件，将 HTML 页面主体结构保存为 index.html 等；其次，将这些文件分类归入不同的文件目录，形成模块化的层次结构。

10.3.2 项目入口文件

main.js 是 Vue 工程项目的入口文件，其作用是创建 Vue 应用实例、挂载根组件、导入项目所需插件以及注册全局组件。

first-app 项目的 main.js 代码如下：

```
//导入 Vue 库文件的 createApp 函数
import { createApp } from 'vue'
//导入根组件 App.vue
import App from './App.vue'
//创建 Vue 应用实例，并挂载根组件
createApp(App).mount('#app')
```

代码分析如下。

（1）Vue 工程项目使用的所有插件，均需先安装再使用。Vue CLI 工具构建项目时会根据所选特性自动安装对应的部分，Vue 库文件属于默认安装选项。语句 import { createApp } from 'vue'表示从 Vue 库文件中导入 createApp，由于 Vue 库文件所包含的内容众多，需要使用{}方式导入所需对象。

（2）语句 createApp(App).mount('#app')创建了 Vue 应用实例，并将根组件 App.vue 挂载到页面的挂载点上，该挂载点是 id 为 app 的 div 元素。我们可以在 public 目录下的 index.html 中找到该挂载点（加粗字体部分）。index.html 中的程序代码如下：

```
<!DOCTYPE html>
<html lang="">
  <head>
    <meta charset="utf-8">
    <meta http-equiv="X-UA-Compatible" content="IE=edge">
    <meta name="viewport" content="width=device-width,initial-scale=1.0">
    <link rel="icon" href="<%= BASE_URL %>favicon.ico">
    <title><%= htmlWebpackPlugin.options.title %></title>
  </head>
  <body>
    <noscript>
      <strong>We're sorry but <%= htmlWebpackPlugin.options.title %> doesn't work properly without JavaScript enabled. Please enable it to continue.</strong>
    </noscript>
    <div id="app"></div>
    <!-- built files will be auto injected -->
  </body>
</html>
```

由代码分析可知，项目运行时的加载过程是 index.html->main.js->App.vue。index.html 是运行入口文件。当我们执行 npm run serve 命令时，webpack 工具将项目中的 main.js 和 App.vue 打包成一个.js 文件引入 index.html。在地址栏中输入 http://localhost:8080/时，浏览器会先解析显示 index.html 的正文部分，再挂载 App.vue 到挂载点。当这些处理完成后，就可以看到完整的页面渲染效果了。

10.3.3 单文件组件

Vue 工程项目是采用单文件组件来构建组件的。单文件组件（Single-File Component，SFC）是一种特殊的文件格式，它将 Vue 组件的 template、script 和 style 这 3 个部分封装在一个扩展名为.vue 的单个文件中。其中 style 部分的写法与之前介绍的相同，而 template 和 script 部分的写法有些特别之处，这里以 first-app 项目 views 目录下的 Home.vue 组件为例进行说明。

Home.vue 组件程序代码如下：

```
<!--template 部分-->
<template>
    <img alt="Vue logo" src="./assets/logo.png">
```

```
    <HelloWorld msg="Welcome to Your Vue.js App"/>
</template>
<!--script 部分-->
<script>
    import HelloWorld from './components/HelloWorld.vue'

    export default {
      name: 'App',
      components: {
        HelloWorld
      }
    }
</script>
```

（1）调用组件

单文件组件的文件名就是其组件名。调用组件时，HelloWorld 或 hello-world 这样的写法都是被允许的，但为了保持代码风格的一致性，建议统一使用后者。

（2）导出和导入组件

代码中以下部分：

```
export default {
  name: 'App',
  components: {
    HelloWorld
  }
}
```

等同于：

```
const Comp = {  //创建组件 Comp
  name: 'App',
  components: {
    HelloWorld
  }
}
export default Comp//导出组件 Comp
```

我们知道，组件之间是可以相互引用的，单文件组件所封装的组件对象需要通过 ES6 的 export default 命令导出，以向外暴露该组件，而引用者则需使用 ES6 的 import 命令对其进行导入。

语句 import HelloWorld from './components/HelloWorld.vue'的作用就是导入 components 目录下的 HelloWorld 组件，导入后 Home 组件就可对其进行注册和使用了。

（3）导出组件的两种方式

① 方式一如下所示，其特点是仅能导出一个组件，导入时可使用任意名称直接引用。

```
//导出组件，文件名为 Comp.vue
const Comp = {...}  //创建组件
export default Comp
//导入组件
import Comp from 'Comp.vue'  //导入时使用原名接收 Comp
import MyComp from 'Comp.vue'  //导入时使用 MyComp 接收 Comp
```

② 方式二如下所示，其特点是能导出多个组件，导入时需使用{}，并要求按照组件名来接收，如果想更改组件名，需使用 as 关键字。

```
//导出组件，文件名为 Comp.js
const Comp1 = {...}  //创建组件
```

```
const Comp2 = {...}  //创建组件
export { Comp1, Comp2 }
//导入组件
import { Comp1 } from 'Comp.js'  //导入时使用原名接收 Comp1
import { Comp1 as MyComp } from 'Comp.js'  //导入时使用 MyComp 接收 Comp1
```

下面通过实现网页页头效果的例子来进一步演示使用 Vue CLI 工具创建项目的方法。

【例 10-1】创建 Vue 工程项目，实现历史名城游网站首页页头组件的正常加载。

（1）参照 first-app 项目的创建过程，在 d:\train 目录下创建项目 10-1-app，在项目的 components 目录下创建 HeaderComp.vue 文件，代码如下：

```
<template>
    <div id="container">
        <div class="top">
            <div class="wrap">
                <div>
                   <img class="magintop_20 floatLeft logo"
                         src="../assets/img/logo.png" />
                </div>
                <div class="login floatRight magintop_20">
                    <div class="floatLeft">
                        <ul>
                            <li><a href="#">注册</a><span>/</span>
                                <a href="#">登录</a>
                            </li>
                        </ul>
                    </div>
                </div>
            </div>
        </div>
    </div>
</template>
<script>
export default {
  name: 'HeaderComp'
}
</script>
<style scoped>
.top {
     width: 100%;
     height: 80px;
     background-color: rgb(218,210,199);
     overflow: hidden;
}
.wrap {
     width: 1000px;
     margin: 0 auto;
}
.logo {
     width: 100px;
     height: 48px;
}
.magintop_20 {
    margin-top: 20px;
```

```
}
.floatRight {
    float: right;
}
.floatLeft {
    float: left;
}
.login ul{
    list-style: none;
}
.login a,.login a:link,.login a:visited,.login span{
    line-height: 35px;
    font-size: 0.8em;
    color: #A58241;
    text-decoration: none;
}
ul{
    list-style: none;
}
ul li{
    margin:1px 0;
}
</style>
```

（2）在 App.vue 文件中，引入组件 HeaderComp 并使用，修改后代码如下：

```
<template>
  <div>
    <header-comp></header-comp>
  </div>
</template>
<script>
import HeaderComp from './components/HeaderComp.vue'

export default {
  name: 'App',
  components: {
    HeaderComp
  }
}
</script>
<style>
*{
  margin:0;
  padding:0;
}
</style>
```

（3）执行 npm run serve 命令成功后，在浏览器上运行项目，页面效果如图 10-8 所示。

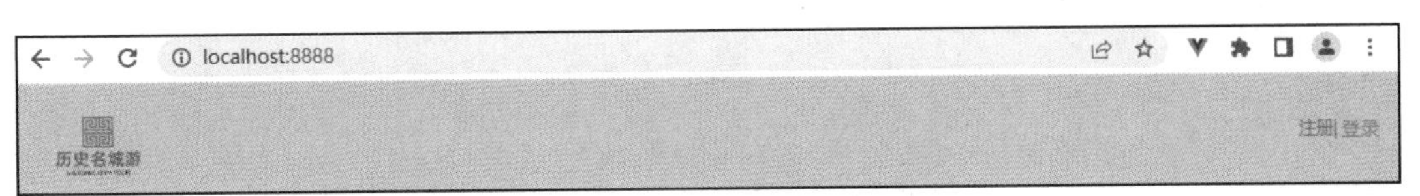

图 10-8　例 10-1 项目运行后的页面效果

（4）代码分析：HeaderComp 组件用于实现页面的页头部分，App 是项目根组件，用于构建页面整体布局。为了将页头部分纳入页面整体布局中，需先通过 import 命令导入 HeaderComp 组件，将其作为 App 的子组件进行局部注册；再在 App 的模板结构中调用 HeaderComp 组件，从而得到页面的整体效果。

10.4 项目配置文件

Vue 工程项目中有两个重要的配置文件 package.json 和 vue.config.js，前者描述了项目的基本信息，后者则包含项目部署所需的相关选项配置。下面我们将分别介绍它们的内容和作用。

微课视频

10.4.1 package.json

package.json 文件用于记录项目的基本信息（如名称、版本、许可证、启动项目的方法、声明依赖包、运行脚本等元数据）。package.json 使用 JSON 对象存储这些信息，该对象的每个属性表示项目的一项设置。

Vue CLI 工具会为每个新创建的项目生成一个 package.json 文件。当项目中安装新依赖包时，依赖包版本信息会被自动记录到这个文件中。

1. package.json 配置项

下面以 first-app 项目为例，介绍 package.json 文件中常用的字段。

（1）name

配置："name": "first-app"。

说明：项目名称为 first-app。

（2）version

配置："version": "0.1.0"。

说明：first-app 项目的版本号为 0.1.0。

（3）scripts

配置：

```
"scripts": {
     "serve": "vue-cli-service serve",
     "build": "vue-cli-service build",
     "lint": "vue-cli-service lint"
 }
```

说明：scripts 字段用于指定脚本命令，供 npm 直接调用。上述代码定义了 serve、build 和 lint 这 3 个命令项，在命令行窗口中执行 npm run serve，将会执行 vue-cli-service serve（启动开发服务器），类似地，执行 npm run build 和 npm run lint，将分别执行 vue-cli-service build（生成用于生产环境的包）和 vue-cli-service lint（进行代码检查）。在前面的项目示例中，我们使用过 npm run serve 命令来启动项目。

（4）dependencies

配置：

```
"dependencies": {
    "core-js": "^3.8.3",
    "vue": "^3.2.13"
 }
```

说明：dependencies 字段声明的是项目的生产环境中所必需的依赖包。

（5）devDependencies

配置：

```
"devDependencies": {
    "@babel/core": "^7.12.16",
    "@babel/eslint-parser": "^7.12.16",
    "@vue/cli-plugin-babel": "~5.0.0",
    "@vue/cli-plugin-eslint": "~5.0.0",
    "@vue/cli-service": "~5.0.0",
    "eslint": "^7.32.0",
    "eslint-plugin-vue": "^8.0.3"
}
```

说明：devDependencies 字段中声明的是开发阶段需要的依赖包，如 ESLint、Babel 等，它们用于辅助开发。

2. package.json 应用

除了使用 package.json 文件记录项目配置外，我们也可以利用它做其他事情。当我们将项目复制到本地时，由于 node_modules 目录内容庞大，会导致复制速度很慢，解决方法就是先删除该目录再复制，复制完成后在项目根目录下使用 npm install 命令，它会根据 package.json 中所需依赖包的描述，自动下载依赖包并重新生成 node_modules 目录。

10.4.2 vue.config.js

vue.config.js 用于保存与项目部署相关的配置，是一个可选的配置文件。默认项目结构中不包含此文件，开发者可在项目根目录下自行创建。若项目根目录下有该文件，在使用 npm run serve 命令启动项目时，会自动加载该文件，因此，每次修改该文件之后，需重新加载项目。

1. vue.config.js 配置项

vue.config.js 是 JavaScript 文件，它采用 ES6 module.export 语法，将配置项定义为一个对象导出，文件结构如下：

```
module.exports = {
  //配置项
}
```

其中配置选项为 Vue 打包并部署的相关配置。下面介绍常用选项及其配置。

（1）publicPath

publicPath 用于设置项目部署路径，默认情况下，Vue CLI 会将项目部署在域名的根路径上，如 http://www.test.com/，此时 publicPath 为“/”。开发者可根据需要设置子路径，如设置 publicPath: '/first-app/'，则项目部署路径为 http://www.test.com/first-app/；也可采用条件表达式来为开发和生产环境分别设置部署路径，如 publicPath: process.env.NODE_ENV === 'production' ? '/prod-path/' : '/'表示生产环境下子路径为“/prod-path/”，开发环境下为“/”。如果希望项目可以部署在任意路径，可设置成 publicPath: './'，它表示项目所有的资源都会被链接为相对路径。

（2）outputDir

outputDir 用于设置项目打包生成的文件的存储目录，它可以是绝对或相对路径，默认为空字符串。该目录会在执行 npm run build 命令打包项目时生成，并在下次打包时被自动删除，如 outputDir: 'dist'表示项目打包后的存储目录为 dist。

（3）devServer

devServer 用于设置本地开发或调试的相关配置。常用配置如下。

➢ port：指定项目运行端口号。默认情况下执行 npm run serve 命令启动项目时使用默认端口号

8080，如果该端口号被占用，则自动加 1。

➢ host：本地开发服务器主机域名，默认是 localhost。

➢ https：指定是否启用 HTTPS（Hypertext Transfer Protocol Secure，超文本传输安全协议）。

➢ open：指定在执行 npm run serve 命令启动项目时是否自动打开浏览器。

➢ proxy：配置本地开发服务器代理，以调用远程服务器接口。

➢ hot：指定是否启用模块的热替换功能。启动该功能会使得每次修改代码时仅刷新相关局部页面并进行实时预览。

2. vue.config.js 应用

下面我们为 first-app 项目增加 vue.config.js 配置文件，配置代码如下：

```
module.exports = {
 publicPath: './',
 outputDir: 'dist',
 devServer: {
   host: localhost,
   port: 8888
 }
}
```

在项目根目录下，首先执行命令 npm run serve 启动项目，项目启动成功会显示图 10-9 所示信息，项目运行地址为 http://localhost:8888。

接着，再执行 npm run build 命令，对 first-app 进行打包。命令执行完后，在 first-app 项目根目录下可看到新增目录 dist，如图 10-10 所示，其中包含 css、img 和 js 子目录，以及 index.html 文件。css、js 子目录下文件名均为由字母和数字组成的 Hash 字符串，这些文件是打包过程中系统压缩 JavaScript 和 CSS 文件所生成的。

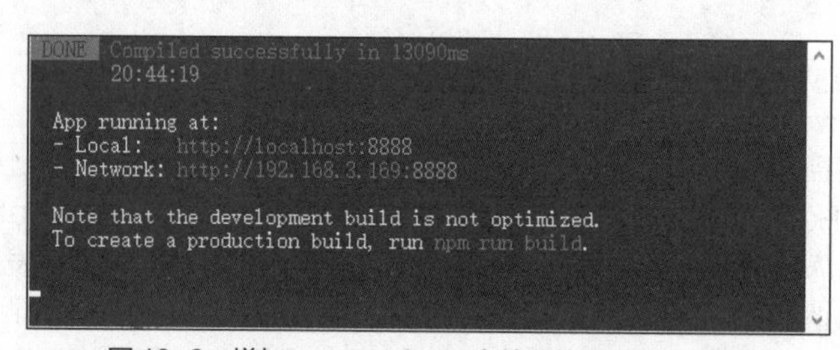

图 10-9　增加 vue.config.js 文件后的项目启动界面

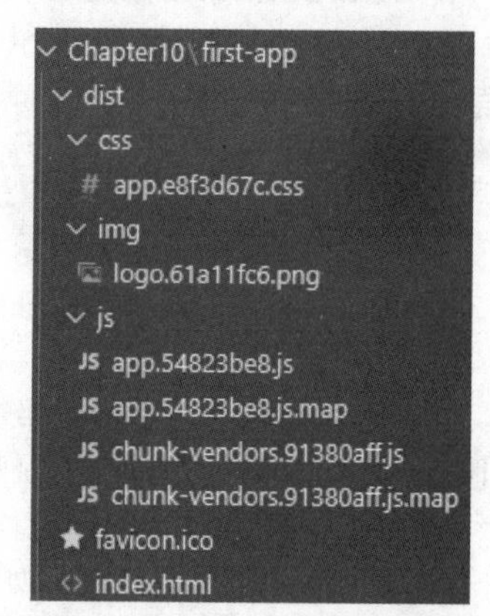

图 10-10　项目打包生成的目录

由图 10-10 可知，dist 目录下的文件均为静态文件，即 Vue 工程项目打包后成为静态网站应用程序。此时，可将其部署到 HTTP 服务器（如 Nginx）上运行，也可以直接执行该目录下的 index.html。

10.5 新一代构建工具 Vite

Vue CLI 是 Vue 常用的构建工具，但随着应用项目规模的扩大，JavaScript 代码量愈加庞大，开发服务器的启动时间变得过长，开发效率受到较大影响。为此，我们介绍一种新的前端构建工具 Vite。Vite 官网对其的定义是：下一代的前端工具链——为开发提供极速响应。

10.5.1 Vite 工具特点

Vite 是一种新型的前端构建工具，可以显著改善前端开发体验。在实际开发中，应用程序源码，比如 ES6、TypeScript、Vue 文件等，往往是不能被浏览器直接识别的，而需要通过打包工具先对代码进行转换、编译和压缩等处理。常用打包工具有 webpack、Rollup、Parcel 等，在面对大型项目中数以千计的功能模块时，这些工具处理 JavaScript 代码的能力明显不足，如出现需要很长时间才能启动开发服务器、文件修改后页面效果需要等几秒才能在浏览器中反映出来等现象，此类现象的反复出现，极大地影响了项目开发效率。

以 webpack 为例，webpack 需要对 entry、loader、plugin 等进行诸多配置，相对而言 Vite 的使用可谓相当简单。Vite 只需执行初始化命令，就可以得到一个预设好的开发环境，其中包括 CSS 预处理、HTML 预处理、异步加载、分包、压缩、模块热替换（Hot Module Replancement，HMR）等诸多功能。

Vite 由以下两部分组成。

（1）开发服务器：基于原生 ECMAScript 模块（ECMAScript Module，ESM）提供了丰富的内建功能，如毫秒级速度的 HMR。

（2）构建指令集：使用 Rollup 工具打包编译代码，优化构建过程。

Vite 具有以下特点。

（1）快速的冷启动：Vite 通过在一开始将项目中的模块区分为依赖和源码两类，缩短了开发服务器的启动时间。它使用 esbuild 对依赖进行预构建，在速度上可实现 10～100 倍的提升。

（2）即时的 HMR：Vite 提供即时、准确的更新，而无须重新加载整个页面或者删除应用程序状态。

（3）真正的按需编译：Vite 在浏览器请求源码时进行转换并按需提供源码。

10.5.2 体验 Vite 工具

我们使用 Vite 工具搭建一个 Vue 工程项目，来亲身体验一下 Vite 的便捷性。需要说明的是，Node.js 要求为 14.18.0 及以上版本。

1. 项目初始化

使用 VS Code 打开工作空间目录 d:\train，单击菜单栏的 Terminal->New Terminal 命令打开命令行窗口，执行以下命令创建 Vue 工程项目：

```
npm create vite@latest
```

命令执行后，根据提示选择配置项、输入项目信息，如图 10-11 所示，具体选择如下。

（1）Project name：输入项目名称为 vite-project。

（2）Select a framework：选择框架为 Vue。

（3）Select a variant：选择脚本编辑语言为 JavaScript。

```
Need to install the following packages:
  create-vite@4.0.0
Ok to proceed? (y) y
√ Project name: ... vite-project
√ Select a framework: » Vue
√ Select a variant: » JavaScript

Scaffolding project in E:\vue3demo\Chapter10\vite-project...

Done. Now run:

  cd vite-project
  npm install
  npm run dev

E:\vue3demo\Chapter10>_
```

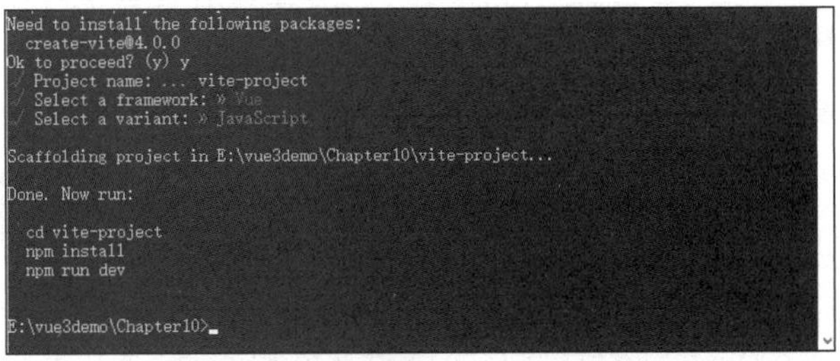

图 10-11 Vite 创建 Vue 工程项目过程

2. 项目运行

（1）在命令行窗口中，依次执行以下命令，完成项目运行前的工作。

```
cd vite-project  //进入目录 vite-project
npm run install  //安装项目的依赖包
npm run dev  //启动开发服务器
```

（2）在浏览器地址栏中，输入 http://localhost:5173/并按“回车”键运行项目，页面效果如图 10-12 所示。

3. 项目的目录结构

Vite 工具所创建的 Vue 工程项目的目录结构如图 10-13 所示。

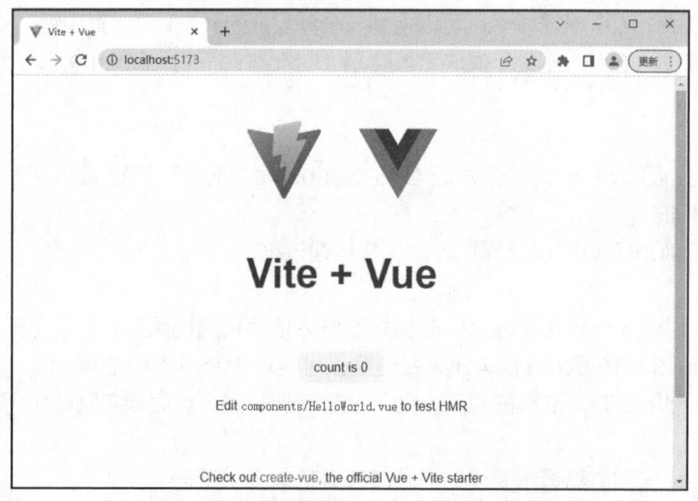

图 10-12　运行 Vite 创建的 Vue 工程项目的页面效果

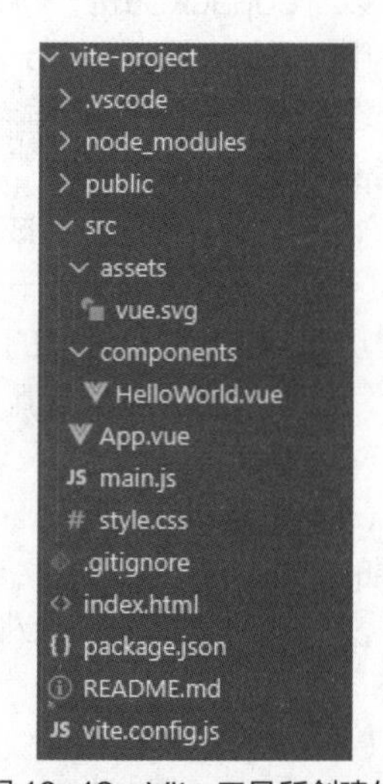

图 10-13　Vite 工具所创建的 Vue 工程项目的目录结构

从图 10-13 显示的目录结构可知，Vite 与 Vue CLI 所创建项目的目录结构是类似的。在实际项目开发中，开发者可按需选择使用 Vue CLI 或 Vite 来创建项目。

10.6 Element Plus 组件库

Vue 为页面内容的呈现和控制提供了很好的支持，页面布局在页面构建中非常重要。在实际开发中，我们会引入主流 UI 框架，以提高页面布局的实现效率。Element Plus 是一个基于 Vue3 的 UI 组件库，用于制作页面样式、设计页面结构。Element Plus 内置了丰富的样式、布局和组件，可以帮助开发者快速建成网站原型。

Element Plus 支持两种使用方式，一是采用 CDN 方式直接导入 HTML 文件，适用于原生 HTML 开发方式；二是采用插件形式安装到项目中，适用于 Vue 工程项目。

1. CDN 方式

在原生 HTML 开发中，可以采用 CDN 方式导入 Element Plus，并将其作为全局组件库使用。

（1）导入 Element Plus，程序代码如下：

```
//HTML 代码
<head>
  <!--导入 Element Plus 样式 -->
  <link rel="stylesheet" href="//unpkg.com/element-plus/dist/index.css" />
```

```
  <!--导入 Vue3 -->
  <script src="//unpkg.com/vue@3"></script>
  <!--导入 Element Plus 组件库 -->
  <script src="//unpkg.com/element-plus"></script>
</head>
```

（2）注册 Element Plus 为全局组件库，程序代码如下：

```
//JavaScript 代码
const app = Vue.createApp(App);
app.use(ElementPlus);
app.mount("#app");
```

（3）使用 Element Plus，程序代码如下：

```
//HTML 代码
<el-button type="success">Success</el-button>  <!--创建 Success 按钮-->
```

2. 插件方式

以 first-app 项目为例来讲解 Element Plus 组件库的安装、导入和使用方法。

（1）安装 Element Plus

使用 VS Code 打开工作空间目录 d:\train，在命令行窗口进入 first-app 目录，执行以下命令：

```
npm install element-plus --save
```

命令执行结束后，在 package.json 文件中可看到以下信息：

```
"dependencies": {
    "core-js": "^3.8.3",
    "element-plus": "^2.2.28",  //Element Plus 组件库的版本号为 2.2.28
    "vue": "^3.2.13"
 }
```

（2）导入 Element Plus

在项目入口文件 main.js 中导入 Element Plus，并对其进行全局注册。根据需要可选择对其完整导入或按需导入。

完整导入 Element Plus 的 main.js 代码如下：

```
import { createApp } from 'vue'
import App from './App.vue'
import ElementPlus from 'element-plus'  //引入 Element Plus 组件库
import 'element-plus/dist/index.css'  //引入 Element Plus 样式

const app = createApp(App)
app.use(ElementPlus)  //全局注册 Element Plus
app.mount('#app')
```

如果完整导入让整个项目打包并输出时文件过大，也可使用按需导入（推荐），但在实际开发中要优雅地按需导入还需要借助其他插件。受篇幅限制，这里仅介绍一个按需导入的简单示例。在项目中引入 Element Plus 的按钮组件，main.js 代码如下：

```
import { createApp } from 'vue'
import App from './App.vue'
import { ElButton } from 'element-plus'  //引入 Element Plus 的按钮组件
import 'element-plus/dist/index.css'  //引入 Element Plus 样式

const app = createApp(App)
app.use(ElButton)  //全局注册
app.mount('#app')
```

（3）使用 Element Plus

```
//HTML 代码
<el-button type="success">Success</el-button><!--创建 Success 按钮-->
```

Element Plus 中的组件通常以 el-为前缀，如 el-button、el-input 等。

3. 常用组件

Element Plus 提供了丰富的组件。这里以表单组件 el-form 为例，对 Element Plus 组件的使用方法进行说明。

el-form 常用属性如下。

（1）ref：用于绑定表单组件，也可用于获取 DOM 元素。

（2）model：用于绑定响应式数据。

（3）rules：用于绑定约定的字段验证规则。

例如，使用 el-form 构建一个由输入框和按钮组成的表单。

```
//template 部分
<el-form ref="ruleFormRef" :model="ruleForm" :rules="rules" >
     <el-form-item label="Password" prop="pass">
       <el-input v-model="ruleForm.pass" type="password" autocomplete="off" />
     </el-form-item>
     <el-form-item>
       <el-button type="primary" @click="submitForm(ruleFormRef)"
        >Submit</el-button>
       <el-button @click="resetForm(ruleFormRef)">Reset</el-button>
     </el-form-item>
</el-form>
//JavaScript 代码部分
const ruleForm = reactive({  //定义响应式数据
          pass: ''
})
const rules = reactive({  //定义验证规则
          pass: [{ validator: validatePass, trigger: 'blur' }],
})
const submitForm = () => {  //定义表单提交处理函数
    console.log('submit!')
}
```

从上述代码可知，Element Plus 组件的使用方法与 Vue 组件的是一样的，两者均容易上手。读者可自行查阅 Element Plus 官网 API 文档，获取 Element Plus 组件库中其他组件的使用方法。

应用实践

项目 10 todoMVC

本项目通过“todoMVC”任务，进一步帮助学习者熟悉 Vue CLI 工具的使用，掌握 Vue 工程项目的开发方法以及对 Element Plus 组件库的运用。

1. 需求描述

todoMVC 是一个经典案例，其功能是处理待办事项列表。它要求每在输入框中输入一个任务信息并单击回车键，将生成一个新的任务信息列表项。每个任务信息列表项由复选框、“删除”按钮组成，单击“删除”按钮可删除该任务，选中复选框表示任务为完成状态。任务信息列表下方显示已完成任务数和全部任务数，单击“清除已完成任务”按钮将清除已完成任务信息列表项。

最终效果如图 10-14 所示。

图 10-14　todoMVC 执行的最终效果

2. 实现思路

（1）使用 Vue CLI 搭建 Vue 工程项目 todomvc，在项目中引入 Element Plus 组件库来构建页面。

（2）将页面布局分割成上、中、下 3 个部分，分别对应输入框、任务信息列表和任务信息列表下方内容，对应地创建 3 个组件文件：TodoHeader.vue、TodoList.vue、TodoFooter.vue。TodoHeader.vue 所定义的组件 TodoHeader 用于实现输入任务信息，TodoList.vue 所定义的组件 TodoList 用于实现任务信息列表的显示和操作，TodoFooter.vue 所定义的组件 TodoFooter 用于实现任务完成情况统计，以及清除页面中已完成任务信息列表项。

（3）通过根组件 App 调用 TodoHeader、TodoList 和 TodoFooter 组件。App 接收 TodoHeader 传来的任务信息，与 TodoList、TodoFooter 进行双向数据传递，实现任务信息列表的增加、删除及其他操作。

任务 10-1　构建项目主页布局

（1）构建主页布局的代码基本架构

使用 VS Code 打开工作空间目录 d:\train，通过执行 vue create todomvc 命令创建 todomvc 项目。在项目的 components 目录下，创建组件文件 TodoHeader.vue、TodoList.vue 和 TodoFooter.vue，其内容暂时为空。在 App.vue 中导入并使用这 3 个组件文件定义的组件，代码如下：

```
//App.vue
<template>
    <div class="container">
        <!--调用子组件 TodoHeader、TodoList 和 TodoFooter-->
        <todo-header></todo-header>
        <todo-list></todo-list>
        <todo-footer></todo-footer>
    </div>
</template>
<script>
     //导入组件 TodoHeader、TodoList 和 TodoFooter
```

```
        import TodoHeader from './components/TodoHeader.vue';
        import TodoList from './components/TodoList.vue';
        import TodoFooter from './components/TodoFooter.vue';

        export default {
          name: 'App',
          components: {  //注册 TodoHeader、TodoList 和 TodoFooter 为局部组件
            TodoHeader,
            TodoList,
            TodoFooter
          } ,
          data(){
            return{
              todos:[]
            }
          }
        }
</script>
<style>
.container {
     width: 600px;
     margin: 0 auto;
     padding: 10px;
     border: 1px solid #ddd;
     border-radius: 5px;
}
</style>
```

（2）代码分析：根组件 App 作为父组件，其中定义了数组 todos，该数组用于保存页面输入的任务信息；导入 TodoHeader、TodoList 和 TodoFooter 组件，并将其注册为局部组件；这里调用组件的语句仅是一个基本架构，在任务 10-2、10-3 和 10-4 中会逐步完善该架构。

任务 10-2　构建组件 TodoHeader

（1）构建组件 TodoHeader，程序代码如下：

```
<template>
    <div>
        <!--Element Plus 中的输入框组件-->
        <el-input v-model="input" placeholder="请输入任务名称，按回车键确认"
              @keyup.enter="addTodos" />
    </div>
</template>
<script >
     export default {
         name:'TodoHeader',
         data(){
             return{
                  input:''
             },
             emits:['add']
         },
         methods:{
             addTodos(){
                 if(this.input.trim()==""){
```

```
                        return alert("输入内容不能为空");
                    }
                    this.$emit('add',this.input)
                    this.input = ''
                }
            }
        }
</script>
```

（2）完善 App 组件中调用 TodoHeader 的代码。

在调用 TodoHeader 组件的语句中，添加对其自定义事件 add 的监听，并做相应的事件处理。代码修改部分如下：

```
//<template>部分
<todo-header @add="addTodos"></todo-header>
//<script>部分
methods:{
    addTodos(value){
      //利用 push 向数组增加新的任务信息对象元素
      this.todos.push({
        id: Date.now(),
        title: value,
        completed: false
      })
    }
}
```

（3）代码分析如下。

① 子组件 TodoHeader 的作用是实现输入任务信息的功能。它定义 input 属性用于保存用户输入信息，定义 addTodos 函数用于处理输入框的单击回车键事件，定义自定义事件 add 用于将 input 传递给 App。

② 语句<el-input v-model="input" placeholder="请输入任务名称，按回车键确认" @keyup.enter="addTodos" />创建一个输入框元素，其输入值与 input 进行了双向绑定，keyup.enter 为键盘的回车键事件。当用户输入信息并单击回车键时，addTodos 函数会被调用执行，该函数中 this.$emit('add',this.input)将触发自定义事件 add，并将 input 传递给 App。

③ App 组件中语句<todo-header @add="addTodos">表示监听子组件的 add 事件。该事件处理函数 addTodos 负责将新增的任务信息对象写入数组 todos 中。任务信息对象包含任务 id、任务信息 title 和完成状态标志 completed 这 3 个属性。

任务 10-3　构建组件 TodoList

（1）构建组件 TodoList，程序代码如下：

```
<template>
    <div>
        <ul v-if="todos.length">
            <li v-for="(item,index) in todos" :key="item.id">
                <label>
                    <!--Element Plus 中的复选框组件-->
                    <el-checkbox :checked="item.completed"
                                 @change="handleCheck(item.id)" />
                    <span>{{item.title}}</span>
                </label>
```

```
                    <el-button type="primary" @click="deleteTodo(item)">删除
                    </el-button>
                </li>
            </ul>
        </div>
</template>
<script>
    export default {
        name:'TodoList',
        props:['todos'],
        emits:['checkedChange','del'],
        methods:{
            handleCheck(id){
              this.$emit('checkedChange',id)
            },
            deleteTodo(item){
                this.$emit('del',item)
            }
        }
    }
</script>
<style scoped>
    ul {
        margin-left: 0px;
        border: 1px solid #ddd;
        border-radius: 2px;
        padding: 0px;
    }
    li {
        list-style: none;
        height: 36px;
        line-height: 36px;
        padding: 0 5px;
        border-bottom: 1px solid #ddd;
    }
    li span{
         margin-left: 5px;
    }
    li button {
        float: right;
        margin-top: 3px;
    }
</style>
```

（2）完善 App 组件中调用 TodoList 的代码。

在调用 TodoList 组件的语句中，添加自定义属性 todos，接收 App 传来的 todos 数组；添加对 TodoList 的自定义事件 checkedChange 和 del 的监听，并做相应的事件处理。代码修改部分如下：

```
//<template>部分
<todo-list  :todos="todos"  @checkedChange="checkedChange" @del="handleDelete">
</todo-list>
//<script>部分
methods:{
```

```
    checkedChange(id){
      this.todos.forEach((todo)=>{
            if(todo.id==id){
                todo.completed = !todo.completed;  //赋值取反操作
            }
      });
    },
    handleDelete(todo){
      //利用 indexOf 获取 todos 元素 todo 的位置
      //利用 splice 删除从 todo 所在位置开始的第 1 个元素
      this.todos.splice(this.todos.indexOf(todo), 1)
    }
}
```

（3）代码分析如下。

① 子组件 TodoList 的作用是显示任务信息列表，同时实现修改任务状态和删除任务的功能。在 props 选项中，定义属性 todos，用于接收 App 传来的数组 todos。在 emits 选项中，定义两个自定义事件：checkedChange 用于向 App 传递状态发生改变的任务 id；del 用于向 App 传递要删除的任务信息对象。

② 在 TodoList 模板结构中，使用 v-for 遍历 todos 数组并显示任务信息列表。语句<el-checkbox :checked="item.completed" @change="handleCheck(item.id)" />创建一个任务信息的复选框，其 checked 属性绑定任务信息对象的 completed 属性，以控制任务完成状态，其 change 事件对应的处理函数 handleCheck 则负责触发 checkedChange 事件使其传递任务 id 给 App。

③ App 监听 checkedChange 事件，当任务的状态发生改变时，调用 checkedChange 函数修改对应任务的状态；同时监听 del 事件，当任务信息列表项的“删除”按钮被单击时，调用 handleDelete 函数删除 todos 数组中对应元素。

任务 10-4　构建组件 TodoFooter

（1）构建组件 TodoFooter，程序代码如下：

```
<template>
    <div class="todo-footer" v-show="total">
        <span>
            <span>已完成{{doneTotal}}</span> / 全部{{total}}
        </span>
        <el-button  type="info" round style="margin-left:8px;"
              @click="clearCompleted">清除已完成任务
        </el-button>
    </div>
</template>
<script>
    export default {
        name:'TodoFooter',
        props:['todos'],
        emits:['clear'],
        computed: {
            doneTotal(){
                let total=0;
                this.todos.forEach((todo)=>{
                    if(todo.completed){
                        total++;
                    }
                });
```

```
                return total;
            },
            total(){
                return this.todos.length;
            }
        },
        methods:{
            clearCompleted(){
                this.$emit('clear')
            }
        }
    }
</script>
<style scoped>  <!--scoped表示所定义的样式仅适用于当前组件-->
    .todo-footer {
        height: 40px;
        line-height: 40px;
        padding-left: 6px;
        margin-top: 5px;
    }
</style>
```

（2）完善 App 组件中调用 TodoFooter 的代码。

在调用 TodoFooter 组件的语句中，添加对其自定义事件 clear 的监听，并做相应的事件处理。代码修改部分如下：

```
//<template>部分
<todo-footer :todos="todos" @clear="clearAll"></todo-footer>
//<script>部分
methods:{
    clearAll(){
        //利用 filter 过滤 completed=true 的元素，并将过滤后数组保存到 this.todos
        this.todos = this.todos.filter((todo)=>{
                return !todo.completed;
        });
    }
}
```

（3）代码分析如下。

① 子组件 TodoFooter 的作用是实现任务完成情况统计，以及清除页面中已完成的任务信息列表项。其中，computed 选项定义属性 doneTotal 和 total，分别用于计算已完成任务数和全部任务数；props 选项定义属性 todos，用于接收 App 传递来的数组 todos；emits 选项定义自定义事件 clear，以触发对已完成任务信息列表项的清除操作。

② App 监听 clear 事件，当该事件被触发时，将调用 clearAll 函数删除 todos 数组中完成状态标志 completed 为 true 的元素。

同步训练

在实际开发过程中，网站首页可拆分成页头、主体部分和页脚 3 个组件，请使用 Vue CLI 工具实现整个首页的页面效果，要求最终效果如图 10-15 所示。

提示：页头部分效果的实现可参考例 10-1。

图 10-15　同步训练项目最终效果

单元小结

1. Vue CLI 是一个基于 Vue 进行快速开发的完整系统，能够帮助开发者快速搭建项目的交互式脚手架。使用它可以轻松地创建、调用或管理项目，其流程化的工具链给开发者带来了极大的便利。使用 Vue CLI 可简化开发过程中的环境配置、依赖管理，以及项目工程的构建、打包及部署。

2. Vue CLI 工具所构建的 Vue 工程项目，具有逻辑清晰的项目结构。项目的整体结构包括项目的各种模块和配置文件等。项目的组成要素有项目入口文件 main.js、单文件组件，以及项目配置文件 package.json 和 vue.config.js。

3. 单文件组件是一种特殊的文件格式，它将 Vue 组件的 template、script 和 style 这 3 个部分封装在一个扩展名为.vue 的单个文件中。

4. Vite 是一种新型的前端构建工具，可以显著改善前端开发体验。Vite 与 Vue CLI 所创建的项目目录结构是类似的，开发者可按需选择使用 Vue CLI 或 Vite 来创建项目。

5. Element Plus 是一个基于 Vue3 的 UI 组件库，内置了丰富的样式、布局、组件等，可以帮助开发者快速建成网站原型。

单元练习

一、选择题

1. Vue CLI 创建的项目目录结构中用于存放静态资源的目录是（　　）。

　A. assets　　B. public　　C. src　　D. build

2. 用于查看 NPM 版本的命令是（　　）。

　A. npm -v　　B. npm -w　　C. npm -s　　D. npm -d

3. 单文件组件中，<style>标签内具有（　　）属性时，其 CSS 样式只应用在当前组件的元素上。

　A. style　　B. class　　C. scoped　　D. id

二、简答题

1. 简述使用 Vue CLI 工具创建项目的基本流程。

2. 简述单文件组件的特性。

单元11 工程化项目实战——图片素材库网站

11

单元导学

实际应用中，前端项目开发不仅涉及简单的工具或语言应用，而且涉及项目需求分析、功能模块设计和技术选型等多个方面。在应用 Vue 时，还需要根据项目需求，选用 Vue 中适宜的模块，比如对于业务较复杂的项目，可以使用 Vuex 来管理共享状态。本单元将围绕“图片素材库网站”项目，根据项目总体要求，从项目设计到项目实现完整讲解项目开发的全过程。

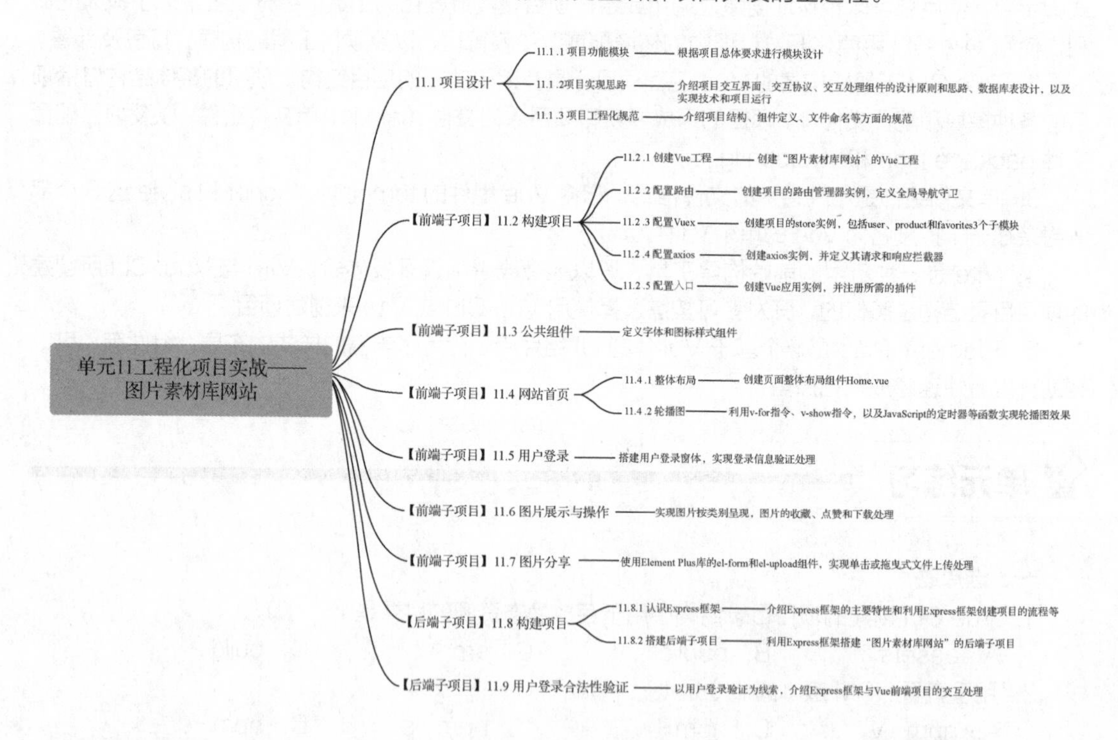

学习目标

1. 了解项目设计基本原则
2. 能够利用 Vue 和 Element Plus 完整构建前端项目（重点）

3. 能够利用 Express 框架与前端 Vue 项目进行交互

11.1 项目设计

我们先来了解一下项目总体要求："图片素材库网站"是一个为用户提供与传统文化相关的图片素材的网站。其主要内容包括对各类图片的展示、下载和分享。该网站允许注册用户对图片素材进行点赞、收藏和下载操作，以及从本地上传图片分享给其他用户。本节将针对"图片素材网站"总体要求，来划分项目的功能模块，讲解项目的实现思路。

11.1.1 项目功能模块

根据"图片素材库网站"总体要求，项目分为以下模块。

1. 图片集

（1）图片展示：面向所有用户分类显示图片。

（2）图片点赞：注册用户可以对自己喜欢的图片进行点赞操作。

（3）图片收藏：注册用户可以收藏自己喜欢的图片到收藏夹。

（4）图片下载：注册用户可以下载图片到本地的指定目录。

2. 个人中心

（1）收藏夹：注册用户可以查看或删除自己的收藏项。

（2）账户管理：注册用户可以编辑个人的注册信息，但用户名不可修改。

（3）图片上传：注册用户可以上传本地图片到网站上，分享图片给其他用户。

（4）用户注册：用户可以通过填写用户名和密码等信息，成为注册用户。

3. 关于

用于展示图片分类介绍等信息。

11.1.2 项目实现思路

前端项目负责为用户提供访问接口。结合 Vue 框架的特点，我们可以确定"图片素材库网站"项目的工作任务，它包括对交互界面、交互协议，以及交互处理组件的设计，另外，它还需要依赖后端和数据库表，来实现请求处理和结果返回。由于本项目以前端为主，介绍的重点也放在前端各模块的代码实现上。后端部分采用 Express 框架实现，但仅以一个功能点的实现为主线加以简单介绍。

1. 交互界面

交互界面的构建需要秉持人性化的设计理念，只有符合用户的思维和工作模式，才能有效地呈现系统功能，提高用户体验。交互界面构建的基本原则包括如下几点。

（1）美学完整性：指功能与界面应匹配。可以通过图标或背景体现与功能性任务的匹配，比如用放大镜图标表示搜索任务。

（2）一致性：指界面风格、操作流程或提示信息等应统一。

（3）可操作性：指界面的操作流程设计应合理、易操作，符合用户的使用逻辑。

根据"图片素材库网站"的功能模块划分，将其交互界面布局划分为头部、主体和页脚 3 个部分。头部用于展示网站 LOGO、一级菜单、用户图标，以及收藏夹图标；主体部分呈现二级菜单和页面内容；页脚用于显示网站的相关信息。网站的一级菜单包括首页、图片集、个人中心和关于；图片集的二级菜单包括花卉、颜色、节气、脸谱、手作；个人中心的二级菜单则包括我的账户、我的收藏和上传资源。网站主要页面执行效果如图 11-1 至图 11-3 所示。

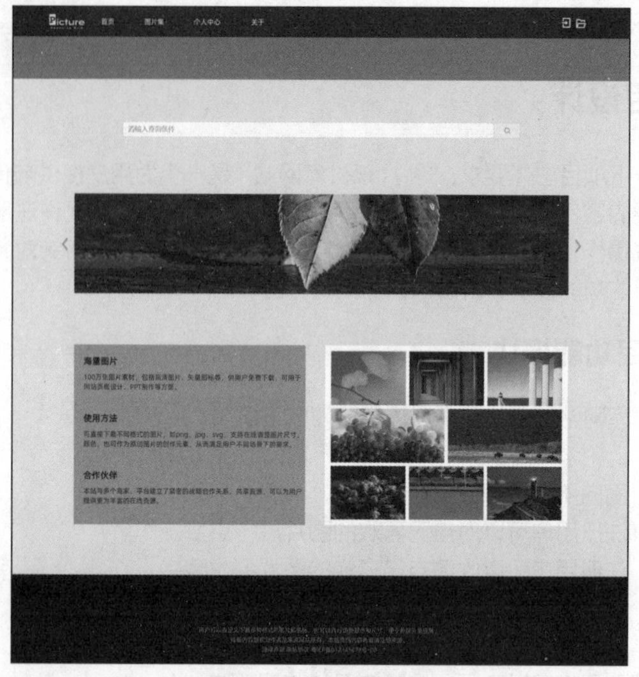

图 11-1　首页执行效果

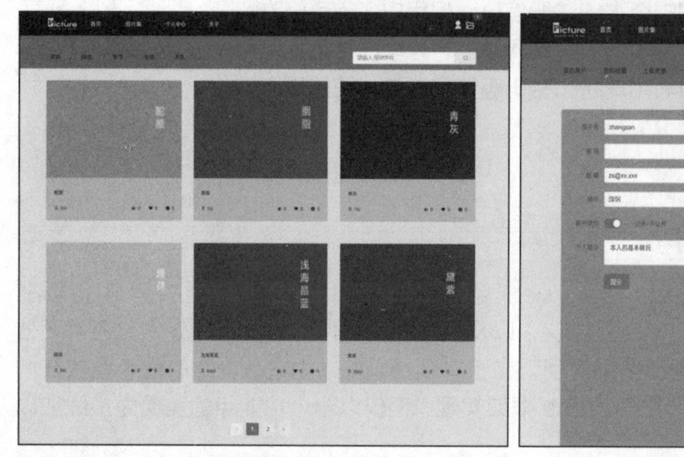

（a）图片集页面

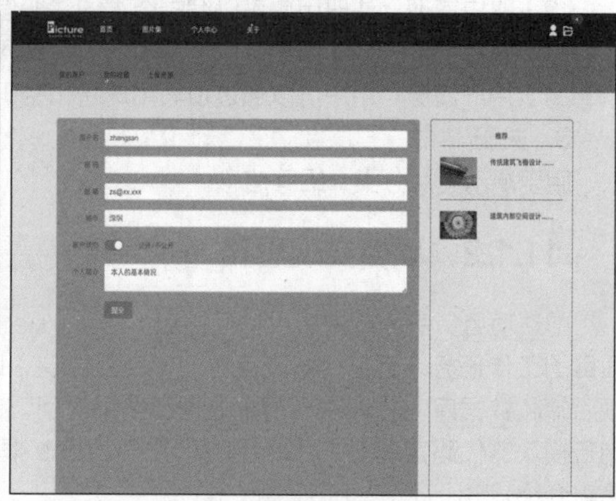

（b）个人中心页面-我的账户

图 11-2　图片集页面和个人中心之我的账户部分执行效果

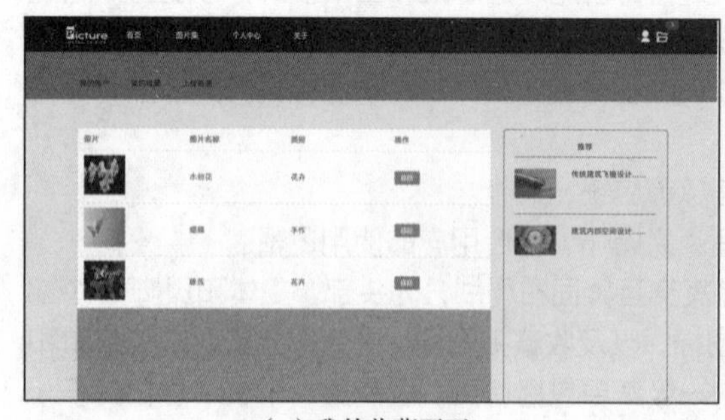

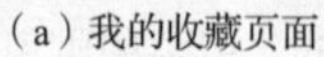

（a）我的收藏页面

（b）上传资源页面

图 11-3　个人中心之我的收藏和上传资源执行效果

2. 交互协议

为了规范项目前端与后端之间的数据交互，需要定义交互协议，协议的数据格式如下。

（1）请求参数：采用 JSON 对象表示，对象属性即参数。

（2）响应结果：采用 JSON 对象表示，对象包括 code、message 和 data 3 个属性，其中 code 表示响应成功与否，其类型为 int 类型，成功则值为 1，失败则值为 0；message 表示响应信息，其类型为 string 类型；data 表示响应数据，其类型为 JSON 对象类型。

下面列出几个有代表性的访问协议，如表 11-1 至表 11-5 所示。

表 11-1 登录

请求	url	api/user/login
	method	POST
	编码方式	x-www-form-urlencoded
请求参数	req	{userName:用户名,password:密码} //均为 string 类型数据

响应	res	{code:1/0,
		message:成功/失败消息,
		data:{userId:用户 Id,token:令牌} //均为 string 类型数据
		}

表 11-2 查询指定名称的图片

请求	url	/api/product/getProductByName
	method	GET
	编码方式	x-www-form-urlencoded
请求参数	req	{proName:图片名} //string 类型数据

响应	res	{code:1/0,
		message:成功/失败消息,
		data:{
		[{id,productName, originalPath,fileSize, proDescribe,
		category,createDate, userName},...]} //图片 id、图片名称、图片文件路径、图片文件大小、图片描述、所属类别、创建日期、创建者；其中图片 id 为 int 类型数据，图片文件大小为 float 类型数据，其他均为 string 类型数据
		}

表 11-3 收藏指定图片到收藏夹

请求	url	/api/favorites/checkIsCollect
	method	GET
	编码方式	x-www-form-urlencoded
请求参数	req	{productId:图片 id, userId:用户 id} //均为 int 类型数据
响应	res	{code:1/0, message:成功/失败消息, data:result //新增收藏记录的返回结果对象，为 JSON 类型数据 }

表 11-4　上传新的图片素材

请求	url	/api/product/addProduct
	method	POST
	编码方式	multipart/form-data
请求参数	req	{productName:图片名,category:类别,proDescribe:描述,fileName:图片文件名,fileSize:图片文件大小,userId:用户 id,createDate:上传日期} //其中图片文件大小为 float 类型数据，用户 id 为 int 类型数据，其他均为 string 类型数据
响应	res	{code:1/0, message:成功/失败消息, data:result //新增图片记录返回结果，为 JSON 类型数据 }

表 11-5　移除收藏夹中指定图片

请求	url	/api/favorites/deleteFavorites
	method	GET
	编码方式	multipart/form-data
请求参数	req	{favoritesId:收藏 id} //string 类型数据
响应	res	{code:1/0, message:成功/失败消息, data:result //删除收藏记录的返回结果，为 JSON 类型数据 }

3. 交互处理组件

交互处理组件的设计应依据界面整体布局和内容展示的需求。本项目的页面布局包括头部、主体和页脚 3 个部分，其中主体部分会随着展示内容的不同而发生变化，因而，可以将页面整体布局设计为一个组件，而主体部分则需要根据一级菜单和二级菜单来组织。首页和关于的主体部分是一个整体，设计一个组件就可以实现；图片集有二级菜单，但只是用于按类展示图片，即展示的内容类型是相同的，也可以设计为一个组件；个人中心的二级菜单各项对应的内容是相互独立的，因而需要设计 3 个组件，即我的账户、我的收藏和上传资源；除此以外，对登录与注册以及一些公共处理也要构建对应的组件。下面列出各组件的相关信息。

（1）Home.vue：页面整体布局。

（2）Default.vue：首页的主体部分。

（3）ProductList.vue：图片集的主体部分。

（4）UserInfo.vue：个人中心的主体部分。

（5）UserFavoriteItem.vue：个人中心的主体部分之我的收藏。

（6）UserAccountItem.vue：个人中心的主体部分之我的账户。

（7）UserUploadItem.vue：个人中心的主体部分之上传资源。

（8）HelpInfo.vue：关于的主体部分。

（9）LoginForm.vue：用户登录。

（10）RegisterForm.vue：用户注册。

（11）SysIcon.vue：自定义图标样式。

（12）SysText.vue：自定义字体样式。

4. 数据库表

"图片素材库网站"项目中的主要实体是用户和图片，相应地数据库表需要包括用户信息表、图片信息表，以及与图片操作相关的两个表。数据库表的详细设计如表 11-6 至表 11-9 所示。

表 11-6 用户信息表

字段名	类型	是否为空	字段描述
id	int	not null	用户 id
user_name	string	not null	用户名
password	string	not null	密码
email	string	null	邮箱
city	string	null	城市
introduce	string	null	个人简介
status	int	not null	账户状态

表 11-7 图片信息表

字段名	类型	是否为空	字段描述
id	int	not null	图片 id
category	string	not null	所属类别
pro_name	string	not null	图片名称
pro_path	string	not null	图片文件路径
pro_size	float	null	图片文件大小
pro_desc	string	null	图片描述
user_id	int	not null	用户信息表外键
create_date	string	not null	创建日期

表 11-8 收藏夹信息表

字段名	类型	是否为空	字段描述
id	int	not null	记录 id
product_id	int	not null	图片信息外键
user_id	int	not null	用户信息表外键

表 11-9 用户访问图片信息表

字段名	类型	是否为空	字段描述
id	int	not null	记录 id
product_id	int	not null	图片信息外键
user_id	int	not null	用户信息表外键
is_like	int	null	是否点赞
down_times	int	null	下载次数

5. 实现技术

在 Vue 项目开发中，通常会使用一些开发工具或是第三方插件，以达到提高项目开发效率的目的。本项目包括前端和后端两部分，可以将这两部分看作两个子项目，前端子项目采用 Vue 框架实现，后端子项目则采用 Express 框架实现。Vue 和 Express 都是基于 Node.js 平台的脚本框架，只是它们的服务对象不同，借助 Vue CLI 工具可以进行前端和后端两部分的搭建。对前端子项目页面布局的实现，将引入 Element Plus 库进行规范和美化。

6．项目运行

本项目是一个完整的 Web 应用。项目运行时，需要首先启动后端子项目，再启动前端子项目。后端子项目可在命令行窗口中，使用 Node.js 的 node 命令来启动；前端子项目则先用 npm run build 命令打包好，放在指定目录下，再通过浏览器访问 index.html 来启动。

11.1.3 项目工程化规范

编码规范是维系项目内容一致性、保障编码质量的必要手段。这里我们将针对 Vue 项目来介绍相关的编码规范，其他通用的编码规范不赘述。

1．项目结构

Vue 项目的结构如下。

```
src                              存放当前项目所有文件
|-- api                          存放所有 HTTP 请求处理程序文件
|-- assets                       存放静态资源文件
|-- components                   存放全局公用组件程序文件
|-- filters                      存放全局过滤器、工具等程序文件
|-- icons                        存放全局图标、资源等文件
|-- lib                          存放外部引用的插件等文件
|-- mock                         存放 mock 模拟数据文件或临时文件
|-- router                       存放全局路由管理程序文件
|-- store                        存放全局状态管理程序文件
|-- views                        存放当前项目所有视图组件程序文件
|    |-- user                    存放某个视图模块（如 user）内部组件程序文件
|    |-- |-- UserInfo.vue        存放某个视图模块入口组件（如 UserInfo.vue）程序文件
|    |    |-- |-- components     存放某个视图模块内部通用组件程序文件
```

2．组件定义

官方推荐的命名规则是，以 PascalCase 为最通用的声明约定，以 kebab-case 为最通用的使用约定。除了根组件 App 以外，所有组件名应采用多个名词组合的方式进行命名，并要求名称是简短而有意义的，且具有较好的可读性。

对组件命名时，公共组件以公司名简称或特定单词开头，比如 BaseButton；视图模块内部组件以模块名开头，以单词 Item 结尾，比如模块名为 user，则该模块下的用户注册组件命名为 UserRegisterItem。

对于组件使用而言，导入组件时，需要遵循 PascalCase 约定，例如：

```
import UserRegisterItem from '@/user/UserRegisgterItem.vue'
```

而页面中使用时，则需要遵循 kebab-case 约定，并且前后使用闭合标签，例如：

```
<user-register-item></user-register-item>
```

3．views 目录下文件命名

views 目录下每个 vue 文件代表一个页面，对其进行命名时尽量采用名词。在仅有一个文件的情况下，可直接将其放在 views 目录下，比如 Home.vue。大多数情况下，这些 vue 文件是根据视图模块来定义的，命名时遵循 PascalCase 约定，以所属模块的模块名开头，至少由两个名词组成，常用结尾单词有 Detail、Edit、List、Info、Report，比如 UserInfo.vue。

4. props 定义

在 props 选项中，应该尽量详细地规定每个属性的各个分项，包括 type、required、default 等，例如：

```
props: {
  status: {
    type: String,
    required: true,
    default:0
  }
}
```

5. 路由命名

在定义路由时，除根路由（“/”）外，应遵循 kebab-case 约定，例如“/home”“/goods-list”。

6. vue 文件结构

```
<template>
  <!--在此编写页面 HTML 代码-->
</template>
<!--脚本代码-->
<script>
export default {
  components:{},
  props:{},
  data:{return{}},
  computed:{},
  created:{},
  mounted:{},
  methods:{},
  filter:{},
  watch:{}
}
</script>
<!--样式设置-->
<style scoped>
</style>
```

7. 其他规范

（1）如果指令有缩写形式，一律采用缩写形式。

（2）使用 v-for 指令时，必须加上 key 属性，且在整个 v-for 指令下的循环中 key 是唯一的。

（3）在需要使用函数表达式时，尽量用箭头函数代替。

（4）当定义变量时应使用 let，而定义常量时则应使用 const。

（5）避免 v-if 和 v-for 在同一元素上同时使用，如果必须同时使用，则可将 v-if 移至容器元素上，例如：

```
<ul v-if=' '><li v-for=' ' key=' '></li></ul>
```

11.2 前端子项目——构建项目

前端子项目采用 Vue CLI 工具搭建项目原型。项目通过 Vue Router 进行路由配置和管理，借助 Vuex 管理组件间的共享状态，利用 axios 实现 HTTP 请求处理。

11.2.1 创建 Vue 工程

首先，在 Windows 文件系统中，创建工作目录并安装 Vue CLI 工具，在工作目录下创建项目目录 icon-bs-master，打开 VS Code 工具，通过命令行窗口进入 icon-bs-master 目录，执行命令 vue create client 创建 Vue 工程。在创建过程中，有几个选项需要明确一下。

（1）Vue 版本选择 3.0。

（2）针对项目特性，需要选择 Babel、Vuex 和 Vue Router。

（3）针对 Vue Router 选项，还要选择 history 模式。

其次，在 client 目录下安装项目所需的插件，包括 axios 以及页面布局组件库 Element Plus 等。

11.2.2 配置路由

在项目的 router/index.js 文件中进行路由配置。

（1）导入 Vue Router 的 createRouter 和 createWebHistory 函数对象，程序代码如下：

```
import { createRouter, createWebHistory } from 'vue-router'
```

（2）创建路由管理器实例。

本项目路由分为两级，第一级是根路由“/”，对应网站整体布局组件 Home；第二级是“/default”“/product”“/user”和“/help”，分别对应 4 个主体部分组件，即 Default（首页）、ProductList（图片集）、UserInfo（个人中心）和 HelpInfo（关于）。利用 createRouter 函数创建路由管理器实例，代码如下：

```
const childRoutes = [
{
    path: '/default',
    name: 'default',
    component: () => import('../views/default/Default.vue')
},
{
    path: '/product',
    name: 'product',
    component: () => import( '../views/product/ProductList.vue')
},
{
    path: '/user',
    name: 'user',
    component: () => import( '../views/user/UserInfo.vue')
},
{
    path: '/help',
    name: 'help',
    component: () => import( '../views/help/HelpInfo.vue')
}]
//创建路由数组
const routes = [
{
    path: '/',
    name: 'Home',
    component: () => import('../views/Home.vue'),
    children: childRoutes
 }]
```

```
//创建路由管理器实例
const router = createRouter({
    history: createWebHistory(process.env.BASE_URL),
    routes
})
```

（3）创建导航守卫。

根据项目需求分析，除浏览首页、图片集和关于对应内容之外，其他功能需注册后才能操作。为此，本项目使用用户令牌 token 结合全局前置守卫，来实现页面跳转限制。代码如下：

```
router.beforeEach((to, from, next) => {
    let token = sessionStorage.getItem('token')  //从 sessionStorage 获得 token
    //前端路由请求路径白名单
    if(to.path === '/default' || to.path === '/help' || to.path === '/product') {
          next()
    } else {
          //若 token 不存在，则要求先登录
          if(token === null ||token === 'undefined' || token === '' ){
                ElMessage({
                     type:'warning',
                     message: '请先登录',
                     duration: 2000
                })
                if(from.path != '/default') {
                     router.push('/default')
                }
          } else {
                next()
          }
    }
})
```

（4）导出模块，程序代码如下：

```
export default router
```

11.2.3 配置 Vuex

根据项目组件设计需要，在 store 中定义 3 个子模块：user、product 和 favorites。

1. 在项目的 store/index.js 中创建 store 实例

（1）导入 Vuex 的 createStore 函数对象，程序代码如下：

```
import { createStore } from 'vuex'
```

（2）创建 store 实例，程序代码如下：

```
createStore({
  modules: {
    user,
    product,
    favorites
  }
})
```

2. 定义子模块

定义 user 子模块用于保存用户的收藏数量；product 子模块用于缓存图片列表；favorites 子模块用于获取和保存收藏夹信息。

（1）3 个子模块的代码如下：

```
//user.js
const SET_FAVORITE_COUNT = 'SET_FAVORITE_COUNT'
const user = {
   namespaced: true,
   state: {
      favoriteCount: -1
   },
   getters:{
      favoriteCount: state => state.favoriteCount
   },
   mutations: {
     [SET_FAVORITE_COUNT](state, favoriteCount){
        state.favoriteCount = favoriteCount
     }
   }
}
export default user

//product.js
const SET_PRODUCT_BASIC_LIST = 'SET_PRODUCT_BASIC_LIST'
const product = {
   namespaced: true,
   state: {
      product_basic_list: []
   },
   getters: {
      productBasicList: state => state.product_basic_list
   },
   mutations: {
      //使用常量来代替函数名称
      [SET_PRODUCT_BASIC_LIST](state, productBasicList) {
         state.product_basic_list = productBasicList
      }
   }
}
export default product

//favorites.js
import {request} from '@/axios'
import http from './../../utils/global.js'  //引入全局变量
const SET_FAVORITES = 'SET_FAVORITES'
const favorites = {
   namespaced: true,
   state: {
      favorites: []
   },
   getters: {
      favoritesList: state => state.favorites
   },
   mutations: {
     [SET_FAVORITES] (state, favorites) {
        state.favorites = favorites
     }
```

```
    },
    actions: {
        getFavorites({commit}) {
            return new Promise((resolve,reject) => {
                request({
                    url: '/api/favorites/getFavoritesByUserId',
                    method: 'get'
                }).then(res => {
                    let favoritesList = []
                    favoritesList = res.map(u => {
                        return {
                            id: u.id,  // favorite·id
                            //此处非 axios 请求，直接使用请求地址 http:127.0.0.1:3000
                            imageSrc: http + '/api/product/getImg?img=' +
                                        u.originalPath,
                            proName: u.productName,
                            category: u.category
                        }
                    })
                    if (favoritesList.length > 0) {
                        commit('SET_FAVORITES', favoritesList)
                    }
                    resolve({
                        code: 1,
                        message: '成功获取收藏夹'
                    })
                }).catch(err => {
                    reject(err)
                })
            })
        }
    }
}
export default favorites
```

（2）代码分析如下。

① store 子模块中采用了常量替代 mutation 事件类型，如 favorites.js 中的 SET_FAVORITES 用于更新 state.favorites 的事件类型，在多人协作的大型项目中，常常会采用这种方式，如果事件类型较多，可以将对应的常量放置到单独文件中，使得代码更为清晰。

② 在 favorites.js 中，使用 Promise 对象封装异步任务，对于指定用户，实现从后端获取其收藏夹信息，以及修改其收藏夹信息的更新处理。

11.2.4 配置 axios

项目使用了 axios 的请求和响应拦截器，其中请求拦截器用于在请求头中添加 token 字段，以配合后端子项目的用户访问权限验证处理，响应拦截器则以统一的方式处理响应失败的信息或操作。

在项目 axios/index.js 中，创建 axios 实例，并定义请求和响应拦截器。

（1）导入 axios 插件和 router 模块，程序代码如下：

```
import axios from 'axios'
import router from "../router"
```

（2）创建 axios 实例，程序代码如下：

```
const instance = axios.create()
```

（3）定义拦截器，程序代码如下：

```
//请求拦截器
instance.interceptors.request.use(
    config => {
        //增加 token 字段
        config.headers.Authorization = 'Bearer ' + localStorage.getItem('token')
        return config
    },
    error => {
        return Promise.reject(error)
})
//响应拦截器
instance.interceptors.response.use(
    response => {
        if(response.status === 200 && response.data.code === 1){
            return response.data.data
        } else {
            //将错误信息以提示框形式反馈给客户
            ElMessage({
              type:'error',
              message: response.data.message,
              duration: 5*1000
            })
            //将错误信息同时返回到控制台
            return Promise.reject(response.data.message)
        }
}, error => {  //当 token 无效时，返回 401，跳转至首页
    if(error.response && error.response.status === 401) {
        localStorage.removeItem('token')
        router.push({name: 'default'})
        ElMessage({
          type: 'warning',
          message: '请先登录'
        })
    }
})
```

（4）导出模块，程序代码如下：

```
export function request (options) {  //options 是 axios 请求的参数对象
   return instance(options)
}
```

11.2.5 项目入口

在项目入口文件 main.js 中，以根组件 App 为参数创建 Vue 应用实例，并注册所需的插件，为项目添加全局功能。

（1）App.vue 核心代码如下：

```
<template>
```

```
    <div id="appDiv">
        <router-view v-if="isRouterAlive"> </router-view>
    </div>
</template>
<script>
    import {provide,nextTick,ref} from 'vue'
    export default {
        name:'App',
        setup() {
          const isRouterAlive  = ref(true)
          //刷新函数
          const reload = () => {
              isRouterAlive.value = false  //先隐藏组件
              nextTick(() => {  //数据更新后，再显示组件
                  isRouterAlive.value = true
              })
          }
          //为子组件提供刷新函数
          provide("reload", reload)
          return {
              isRouterAlive
          }
        }
    }
</script>
```

（2）main.js 完整代码如下：

```
import { createApp } from 'vue'//引入 Vue 函数
import App from './App.vue'//引入 App.vue 根组件
import router from './router'//引入 router/index.js 中 router 模块
import store from './store'//引入 store/index.js 中 store 模块
import ElementPlus from 'element-plus'//引入 Element Plus 库
import 'element-plus/dist/index.css'
//创建 Vue 应用实例
const app = createApp(App)
//定义全局变量$category
app.provide('$category', ['花卉','颜色','节气','脸谱','手作'])
//注册插件 store
app.use(store)
//注册插件 router
app.use(router)
//注册插件 ElementPlus
app.use(ElementPlus)
//挂载根组件
app.mount('#app')
```

11.3 前端子项目——公共组件

本项目中有两个公共组件：自定义字体 SysText 和自定义图标 SysIcon。两者的实现和使用方式类似，这里就以 SysText 为例进行讲解。SysText 实现了对字体的大小、风格和其他样式的定制。

（1）HTML 代码如下：

```
<div>
    <!--设置字体的样式-->
    <span :class="custom" :style="{fontFamily: family, fontSize: `${size}px`}">
        <!--利用插槽为父组件提供填充文字的占位符-->
        <slot>Content</slot>
    </span>
</div>
```

（2）脚本代码如下：

```
import {toRefs} from 'vue'
export default{
    name:'SysText',
    //用于接收父组件传递的参数
    props:{
        custom: {
            type: String,
            default: ''
        },
        family:{
            type: String,
            default: "AlibabaPuHuiTi"
        },
        size: {
            type: [Number,String],
            default: 16
        }
    }
}
```

（3）全局注册组件。

在 main.js 文件中，引入 SysText 组件，并使用 Vue 应用实例的 use 函数将其注册为全局组件。这样一来，使用者无须引入即可使用该组件。相应的代码如下：

```
//引入 SysText 组件
import SysText from '@/components/common/SysText.vue'
//创建 Vue 应用实例
const app = createApp(App)
//注册为全局组件
app.component('sys-text', SysText)
```

11.4 前端子项目——网站首页

根据“图片素材库网站”交互界面设计，页面包括头部、主体和页脚 3 个部分，除了主体部分随着内容的变化而变化之外，另外两个部分是固定不变的。相应地，我们将网站的页面整体布局 Home 组件设计成头部和页脚固定的形式，再使用 RouterView 组件设置路由出口，为不同组件（主体部分）渲染提供占位符；在首页的主体部分 Default 组件中设计搜索框突出网站的资源查询功能，并在其中增加文字介绍和动态效果来吸引用户眼球。

11.4.1 整体布局

在页面整体布局组件 Home 中，页面头部由 LOGO 图标、一级菜单、用户图标，以及收藏夹图标组成；页脚包含网站相关信息。

1. 导入所需模块

导入所需模块程序代码如下：

```
import { ref, computed, inject } from 'vue'  //引入 Vue 函数
import { useRouter } from "vue-router"  //引入 Vue Router 中的 useRouter 函数
import { useStore } from 'vuex'  //引入 Vuex 中的 useStore 函数
import { request } from '@/axios'  //引入 axios/index.js 中 request 函数
import LoginDialog from "../components/page/login-dialog.vue"  //引入登录组件
import RegisterDialog from "../components/page/RegisterForm.vue"  //引入注册组件
import { Edit, ArrowDown, ShoppingCart } from '@element-plus/icons-vue' //引入图标
```

上述代码中，所引入的 useRouter 用于在 setup 函数中返回全局路由管理器实例（相当于选项式 API 方式下的 this.$router），以便实现路由跳转操作，类似地，useStore 返回全局 store 实例（相当于选项式 API 方式下的 this.$store），以便访问 store 中的共享状态。

2. 创建一级菜单

（1）HTML 代码如下：

```
<div class="nav">
     <ul class="nav-ul">
          <li>
               <router-link  to="/default">
                    <span class="menu_item">首页</span>
               </router-link>
          </li>
          <li class="menu_product" @click="goProduct" >
               <span class="menu_item">图片集</span>
          </li>
          <li>
               <router-link :to= "{name:'user', query: {index: 0}}">
                    <span class="menu_item">个人中心</span>
               </router-link>
          </li>
          <li>
               <router-link to="/help">
                    <span class="menu_item">关于</span>
               </router-link>
          </li>
     </ul>
</div>
```

（2）setup 函数中相关代码如下：

```
//获取路由管理器实例
const router = useRouter()
//获取 store 实例
const store = useStore()
//注入 reload
const reload_func = inject('reload')
//图片集路由跳转
const goProduct = () => {reload_func()  //图片集更新完成再刷新页面
    router.push({name: 'product'})
}
```

3. 用户图标处理

页面头部的用户图标用于触发登录、注册和退出处理。这里采用 Element Plus 中的 el-dropdown 组件创建含有登录、注册和退出 3 个功能的下拉菜单，利用其@command 监听下拉菜单的选项事件，进行登录、注册或退出处理。用户登录与注册的实现在后续用户登录和注册组件中再做详细介绍。

（1）HTML 代码如下：

```
<div class="user-profile">
    <el-dropdown :hide-on-click="false" @command="handleCommand">
        <!--用户图标-->
        <span class="el-dropdown-link">
            <sys-icon size= "23" color="#f3f0e2" v-if='!isLogin'>
                <i class="ri-login-box-line"></i>
            </sys-icon>
            <sys-icon size="23" color="#f3f0e2" v-if='isLogin'>
                <i class="ri-user-fill"></i>
            </sys-icon>
        </span>
        <template #dropdown>
            <el-dropdown-menu>
                <el-dropdown-item command="register">注册</el-dropdown-item>
                <el-dropdown-item command="login">登录</el-dropdown-item>
                <el-dropdown-item command="logout" divided>退出
                </el-dropdown-item>
            </el-dropdown-menu>
        </template>
    </el-dropdown>
</div>
```

（2）setup 函数中相关代码如下：

```
const handleCommand = (commond) => {
    if(commond === "login") {  //单击“登录”，显示登录窗体
        loginIsShow.value = true
    }
    if(commond === "register") {  //单击“注册”，显示注册窗体
        registerIsShow.value = true
    }
    if(commond === "logout"){  //单击“退出”，清空共享数据
        store.commit('user/SET_FAVORITE_COUNT', -1)
        store.commit('product/SET_PRODUCT_BASIC_LIST', [])
        sessionStorage.setItem('token', '')
        sessionStorage.setItem('userId', '')
        router.push({name: 'default'})
    }
}
```

4. 收藏夹图标处理

当用户登录系统后，收藏夹图标上方会显示收藏数量，单击收藏夹图标时，将会跳转到“个人中心”->“我的收藏”页面。收藏数量的显示是通过计算属性 computed 读取 store 中的收藏数量来实现的；而路由跳转则是通过路由管理器实例的 push 函数并传递 current 参数，来切换到“我的收藏”组件 UserFavoriteList 的。

（1）HTML 代码如下：

```
<div class="cart-icon">
```

```
        <sys-icon size="23" color="#f3f0e2">
            <i class="ri-shopping-cart-line" @click="goFavorites"></i>
        </sys-icon>
        <span class='icon-car-count' v-if='isLogin'>{{cartCount}}</span>
</div>
```

（2）setup 函数中相关代码如下：

```
//获取收藏数量
const cartCount = computed(() => {
    const favoriteCount = store.getters['user/favoriteCount']
        return favoriteCount
    }
)
//跳转到“我的收藏”
const goFavorites = () => {
    router.push({
        name: 'user',
        query: {current: 'UserFavorite'}
    })
}
```

5. 设置图标和文字样式

页面中的图标和文字分别利用 SysIcon.vue 和 SysText.vue 来定义样式，图标来自 RemixIcon 图标库。

（1）收藏夹图标定义

HTML 代码：

```
<sys-icon size="23" color="#f3f0e2">
    <i class="ri-shopping-cart-line" @click="goFavorites"></i>
</sys-icon>
```

用户图标定义方法与之类似，不赘述。

（2）页脚部分文字定义

HTML 代码：

```
<sys-text  custom='text-color' size='12'>法律声明 隐私协议 粤 ICP 备 012345678 号-00
</sys-text>
```

CSS 代码：

```
.text-color{
    color:rgb(112, 109, 109);
    font-weight: 100;
}
```

11.4.2 轮播图

对于首页主体部分组件 Default 中的轮播图，我们将利用 v-for 指令、v-show 指令，以及 JavaScript 的定时器等函数，来实现其自动和手动播放效果。

1. HTML 代码

程序代码如下：

```
<div class="fade-window">
    <img class="fade-arrow" src="../../assets/img/arrow-left-s-line.png"
@click="toPrev"/>
    <!--v-for 实现图片的遍历-->
    <div v-for="(item, index) in imgPath" :key="index">
```

```
            <!--v-show 显示轮播序号对应的图片-->
            <img class="fade-img" v-show="currentIndex==index" :src="item"/>
        </div>
      <img   class="fade-arrow"   src="../../assets/img/arrow-right-s-line.png"
@click="toNext"/>
    </div>
```

2. setup 函数

程序代码如下：

```
    //定义响应式数据
    const view_data = reactive({
        imgPath:[],
        bannerImages:[//图片数组
            {imgSrc: "banner1.jpg"},
            {imgSrc: "banner2.jpg"},
            {imgSrc: "banner3.jpg"},
            {imgSrc: "banner4.jpg"},
            {imgSrc: "banner5.jpg"},
            {imgSrc: "banner6.jpg"}
        ],
        currentIndex: 0,
        animateTime: 3000
    })
    //设置轮播图路径
    const initImagePath = () => {
        for(var i=0; i<view_data.bannerImages.length; i++) {
            //使用 require 动态拼接获取图片并显示
            view_data.imgPath.push(
                require('../../assets/img/' + view_data.bannerImages[i].imgSrc))
        }
    }
    //设置定时器
    const setTimer = () => {
      setInterval(autoPlay, view_data.animateTime)
    }
    //自动轮播处理
    const autoPlay = () => {
        view_data.currentIndex++
        if(view_data.currentIndex == view_data.imgPath.length) {
            view_data.currentIndex = 0
        }
    }
    //手动播放前一张图片
    const toPrev = () => {
        view_data.currentIndex--
        if(view_data.currentIndex < 0) view_data.currentIndex = view_data.
imgPath.length - 1
    }
    //手动播放后一张图片
    const toNext = () => {
        view_data.currentIndex++
        if(view_data.currentIndex > view_data.imgPath.length - 1) view_data.
currentIndex = 0
```

```
}
//挂载前导入图片路径，启动计时器
onBeforeMount(() => {
   initImagePath()
    setTimer()
})
```

11.5 前端子项目——用户登录

用户登录组件 LoginForm 采用 Element Plus 库中的 Dialog（对话框）组件构建一个弹出式用户登录窗体；使用 axios 实现用户信息验证处理，并利用 async/await 将异步请求处理同步化；对于合法用户，利用 sessionStorage 保存服务器端返回的用户令牌，将其用于全局前置守卫中的路由跳转判断；在完成合法性验证后，获取当前用户的收藏夹信息，并将收藏数量保存于 store，以便收藏夹图标上显示当前用户的收藏数量。

1. 用户登录窗体

Element Plus 库的 Dialog 组件可以在保留当前页面状态的情况下，告知用户并承担相关操作。它所构建的弹出式对话框，适于制作定制性的窗体界面。

Dialog 要求设置 v-model 属性，其类型为 boolean，当该属性值为 true 时，当前 Dialog 为可见状态。Dialog 分为 body 和 footer 两个部分，body 的内容可以是任意的，footer 调用了具名为“footer”的插槽。定义一个 Dialog 组件的标签结构如下：

```
<el-dialog
     v-model="dialogVisible"
     title="Tips"
     width="30%"
     @close="handleClose">  <!--@close 为窗体关闭事件-->
     <!--body 部分-->
     <span>This is a message</span>
     <!--footer 部分-->
     <template #footer>
         <span class="dialog-footer">
             <el-button @click="dialogVisible=false">Cancel</el-button>
             <el-button type="primary" @click="dialogVisible=false">Confirm
             </el-button>
         </span>
     </template>
</el-dialog>
```

针对本项目用户登录功能的要求，我们利用 Dialog 构建一个 body 部分为表单元素的对话框。这里引用了 Element Plus 的表单组件 el-form。

（1）HTML 代码如下：

```
<el-dialog v-model="show" title="系统登录" width="540px" @close="toClose">
     <!--Element Plus 的表单组件 el-form-->
     <el-form :model="form" ref="loginForm" >
       <el-form-item label="用户名" :label-width="formLabelWidth"
       prop="userName">
          <el-input :prefix-icon="Avatar" v-model="form.userName"
         autocomplete="off" class="input-size"></el-input>
       </el-form-item>
       <el-form-item label="密  码" :label-width="formLabelWidth" prop="password">
```

```
            <el-input :prefix-icon="Lock" v-model="form.password"
            autocomplete="off" class="input-size"></el-input>
          </el-form-item>
      </el-form>
      <template #footer>
         <span class="dialog-footer">
            <el-button type="primary" @click="toLogin">登录</el-button>
            <el-button @click="toCancel">取消</el-button>
         </span>
      </template>
</el-dialog>
```

（2）控制登录窗体的显示和隐藏。

在 props 选项中，定义属性 show，根据父组件 Home 的传值，控制登录窗体显示与否。本组件定义 show 的代码如下：

```
props:{
     show: {  //子组件属性 show
         type: Boolean,
         default: false
     }
}
```

父组件调用代码如下：

```
<login-dialog :show="isShow" @toShow="handleLoginDialog"></login-dialog>
```

其中 isShow 为父组件提供 boolean 类型的值，通过绑定 show 属性来控制登录窗体的显示和隐藏。

2. 用户登录处理

（1）登录信息验证。

```
const toLogin = async() => {
     //将表单对象复制到 user
     let user = Object.assign({}, view_data.form)
     //发送 POST 请求到服务器端，利用 async/await 实现异步操作的同步化
     const data = await request({
          url: '/api/user/login',
          data: user,
          method: 'post'
     })
     //处理响应结果
     if(data != null) {
          //将用户 id、令牌 token 保存到 sessionStorage
          sessionStorage.setItem('token', data.token)
          sessionStorage.setItem('userId', data.userId)
          //关闭登录窗体
          toClose()
           //通过 store 的 favorites 子模块 getFavorites 获取用户的收藏夹信息
          store.dispatch('favorites/getFavorites')
          .then(res => {
                 //更新 store 中的用户收藏数量
                 if(res.code === 1) {
                       const store_favorites = store.getters['favorites/
                                                 favoritesList']
                       store.commit('user/SET_FAVORITE_COUNT', store_
                                    favorites.length)
```

```
                }
            })
        } else {
            ElMessage({
                type: 'warning',
                message: '登录失败',
                duration: 2000
            })
            loginForm.value.resetFields()//重置登录窗体
        }
    }
```

（2）关闭窗体处理。

首先，在本组件中声明自定义事件 toShow，创建触发该事件的函数 toClose。代码如下：

```
//声明自定义事件
emits:['toShow'],
//触发 toShow 事件
const toClose = () => {
    context.emit("toShow", false)
}
```

其次，在父组件 Home 中定义函数 handleLoginDialog，并在调用组件语句中，指定该函数为 @toShow 事件的处理函数。代码如下：

```
//HTML 代码
<login-dialog :show="isShow" @toShow="handleLoginDialog"></login-dialog>
//事件处理函数
const handleLoginDialog = (val) => {
    isShow.value = val
}
```

11.6 前端子项目——图片展示与操作

图片集组件 ProductList 是按类别来呈现图片的。每类图片均采用 v-for 指令展示图片以及图片的上传者、收藏数、点赞数和下载数等相关信息；利用 axios 实现对图片的收藏、点赞和下载处理，并利用 async/await 实现异步请求处理的同步化。

1. HTML 代码

程序代码如下：

```
    <div class="item-card item-font" v-for="(item, index) in curproductList" :
key="index">
        <div class="item-image">
            <img class="item-image"  :src="item.originalPath" />
            <!--收藏、点赞和下载按钮-->
            <span>
                <div class="mask">
                    <img class="item-image-mask-icon"
                         src="../../assets/img/favorite.png"
                         @click= "toCollect(item)" />
                    <img class="item-image-mask-icon"
                         src="../../assets/img/like.png"
                         @click= "toGiveLike(item)" />
                    <img class="item-image-mask-icon"
```

```
                src="../../assets/img/download.png"
                @click= 'toDownLoad(item)' />
            </div>
        </span>
    </div>
    <div class="item-text-top">
        <span class="item-text-name">{{item.proName}}</span>
    </div>
    <!--上传者信息收藏数、点赞数、下载数-->
    <div class="item-text-bottom">
        <span class="item-text-icon-avatar"><i class="ri-user-line"></i></span>
        <span class="item-text-remark-user">{{item.createUserName}}</span>
        <span class="item-text-space"></span>
        <span class="item-text-icon-like" ><i class="ri-star-half-fill"></i></span>
        <span class="item-text-remark-like">{{item.favouriteNum}}</span>
        <span class="item-text-icon-like" ><i class="ri-heart-2-fill"></i></span>
        <span class="item-text-remark-like">{{ item.likeNum}}</span>
        <span class="item-text-icon-like" >
            <i class="ri-arrow-down-circle-fill"></i>
        </span>
        <span class="item-text-remark-like">{{item.downNum}}</span>
    </div>
</div>
```

2. 获取图片列表

程序代码如下：

```
const getProductList = async() => {
    //从 store 读取图片列表
    let picList = store.getters['product/productBasicList']
    //若 store 无图片信息，则请求服务器端以获取图片
    if(!picList || picList.length <= 0) {
        picList = await request({
            url: '/api/product/getAllProduct',
            method:'get'
        })
        if(picList) {
            //将读取的图片列表保存至 store
            store.commit('product/SET_PRODUCT_BASIC_LIST', picList)
        }
    }
    //更新图片状态
    setProductStatus(view_data.category_list[0])
}
```

3. 图片点赞处理

程序代码如下：

```
const toGiveLike = async(item) => {
    //获取用户 token
    const token = sessionStorage.getItem("token")
    if(token === 'undefined' || token === null || token === ''){
        ElMessage({
            type: 'warning',
            message: '请先登录',
```

```
            duration: 2000
        })
        router.push({name: 'default'})
    } else {
        //查询当前用户对该图片点赞情况
        const data_count = await request({
            url:'/api/comment/checkIsLike',
            method: 'get',
            params:{productId: item.id}
        })
        let msg = ''
        //若用户未曾点赞，保存点赞信息
        if(data_count[0].count <= 0) {
            const userId = sessionStorage.getItem("userId")
            const data_like = await request({
                url:'/api/comment/addLikeForProduct',
                method:'post',
                data:{productId: item.id, userId: userId, isLike: 1}
            })
            msg = (data_like.affectedRows === 1) ? '点赞成功' : '点赞失败'
            ElMessage({
                type: 'success',
                message: msg
            })
            //更新图片状态
            setProductStatus(item.category)
        } else {  //若用户已点赞，则不做处理
            msg = '你已点赞'
            ElMessage({
                type: 'success',
                message: msg
            })
        }
    }
}
```

4. **图片收藏处理**

程序代码如下:

```
const toCollect = async(item) => {
    //获取用户 token
    const token = sessionStorage.getItem("token")
    if(token === 'undefined' || token === null || token === ''){
        ElMessage({
            type: 'warning',
            message: '请先登录',
            duration: 2000
        })
        router.push({name: 'default'})
    } else {
        const userId = sessionStorage.getItem("userId")
        //查询当前用户对该图片收藏情况
        const data_check = await request({
            url:'/api/favorites/checkIsCollect',
```

```
            method: 'get',
            params: {productId: item.id, userId: userId}
        })
        let msg = ''
        //若用户未曾收藏，保存收藏信息
        if(data_check[0].count <= 0) {
            const data_collect = await request({
                url:'/api/favorites/addFavorites',
                method: 'post',
                data: {productId: item.id, userId: userId}
            })
            msg = (data_collect.affectedRows === 1) ? '收藏成功' : '收藏失败'
            ElMessage({
                type: 'success',
                message: msg
            })
            if(data_collect.affectedRows === 1) {
                //更新用户的收藏数量
                let count = store.getters['user/favoriteCount']
                count = count + 1
                store.commit('user/SET_FAVORITE_COUNT', count)
                //更新图片状态
                setProductStatus(item.category)
            }
        } else {  //若用户已收藏，则不做处理
            msg = '你已收藏'
            ElMessage({
                type: 'success',
                message: msg
            })
        }
    }
}
```

5. 图片下载处理

对于普通的图片，通常使用 a 元素的 src 属性获得图片名就可实现下载。但若是通过请求服务器端获取图片，返回的将是字节流，此时你会发现再使用 a 标签去实现，就只会出现路由跳转，无法实现下载了。为了解决这个问题，我们需要将图片转换为 Base64 编码数据。图片下载处理函数的代码如下：

```
const handlerDownload = function(imgsrc, name){
    //设置图片路径
    let image = new Image()
    image.src = imgsrc
    //图片加载事件
    image.onload = function() {
        //创建 HTML 画布元素
        let canvas = document.createElement("canvas")
        canvas.width = image.width
        canvas.height = image.height
        //将图片绘制到 canvas 对象
        let context = canvas.getContext("2d")
        context.drawImage(image, 0, 0, image.width, image.height)
```

```
        let url = canvas.toDataURL("image/png")  //将图片转换为 Base64 编码数据
        let a = document.createElement("a")  //创建 a 元素
        let event = new MouseEvent("click")  //创建单击事件
        a.download = name || "photo"  //设置图片名称
        a.href = url  //将生成的 URL 设置为 a.href 属性
        a.dispatchEvent(event)  //触发 a 元素的单击事件
    }
}
```

11.7 前端子项目——图片分享

图片上传组件 UserUploadItem 为用户提供上传图片信息的功能，以便与其他用户分享资源。图片上传信息包括图片文件及其基本信息，它需要采用混合表单形式提交请求，另外，为了提供更好的操作体验，我们将使用 Element Plus 库中的组件实现单击或拖曳式文件上传操作。

1. 图片上传表单

表单的构建需要使用 Element Plus 库的 el-form 和 el-upload 组件，其中 el-upload 组件之前没有使用过，我们先来了解一下它的具体用法。

el-upload 组件提供了一组属性和钩子函数。利用 class 属性可设置上传区域的样式；采用具名插槽可传入自定义的上传按钮类型和文字提示；通过 limit 属性和 on-exceed 钩子函数，可限制上传文件个数和定义超出限制行为；通过 before-upload 钩子函数，可实现上传前对文件格式或大小的限制；通过 on-success 钩子函数，可处理上传图片成功后的操作；通过 on-change 钩子函数，则可实现文件状态改变时的各类操作。el-upload 支持自动上传和手动上传两种方式。自动上传文件的示例代码如下：

```
<el-upload
     class="avatar-uploader"
     action="http://localhost:8080/upload"
     :show-file-list="false"
     :on-success="handleAvatarSuccess"
     :before-upload="beforeAvatarUpload"
     >
     <img v-if="imageUrl" :src="imageUrl" class="avatar" />
     <el-icon v-else class="avatar-uploader-icon"><Plus /></el-icon>
</el-upload>
```

其中，class 为组件的 CSS 样式，action 为自动上传地址，show-file-list 指定是否显示上传文件列表，handleAvatarSuccess 是 on-success 钩子函数，beforeAvatarUpload 是 before-upload 钩子函数，<img>标签用于显示上传的图片，<el-icon>标签中的<Plus>标签为“+”图标，用作未有图片上传时的替代内容。

当手动上传文件时，需要设置 auto-upload 属性为 false，使用 on-change 函数处理上传前对文件的合法性验证和文件对象获取等操作。需要注意的是，此时，与自动上传方式相关的钩子函数将不会被触发，这些函数包括 before-upload、on-progress、on-success、on-error、on-preview、on-remove 等。

本项目中采用的是手动上传方式，图片上传表单的 HTML 代码如下（加粗字体部分为图片上传组件）：

```
<el-form
  :model="descForm"
  ref="descFormRef" <!--绑定表单控件-->
```

```
    :rules="rules" <!--表单字段验证规则-->
    label-width="120px"
    class="user-accountForm"
    :inline="false"
    :size="formSize">
        <el-form-item label="选择图片" prop="productImage">
            <el-upload
                ref="uploadFile"
                class="avatar-uploader"
                action=""
                :show-file-list="false"
                :auto-upload="false"
                :on-change="handleChange"
                >
                <img v-if="imageUrl" :src="imageUrl" class="avatar" />
                <el-icon v-else class="avatar-uploader-icon"><plus /></el-icon>
            </el-upload>
        </el-form-item>
        <el-form-item label="图片名称" prop="productName">
            <el-input v-model="descForm.productName"></el-input>
        </el-form-item>
        <el-form-item label="所属类别" prop="category">
            <el-select v-model="descForm.category" placeholder="请选择">
                <el-option
                 v-for="(value, index) in category_list"
                 :label="value"
                 :key="index"
                 :value="value">
                </el-option>
            </el-select>
        </el-form-item>
        <el-form-item label="图片描述" prop="proDescribe">
            <el-input v-model="descForm.proDescribe "></el-input>
        </el-form-item>
        <el-form-item>
            <el-button type="primary" @click="toHandleUpload">提交</el-button>
            <el-button>取消</el-button>
        </el-form-item>
</el-form>
```

上述代码中，使用 ref 属性绑定表单控件，便于 JavaScript 函数获取 DOM 表单元素对象；rules 属性绑定了表单验证规则“rules”，该规则将在后面的表单上传处理函数中定义。

2. 表单上传处理

当自动上传被禁止时，文件对象的获取也需要手动实现。我们知道，含文件字段的表单应使用 FormData 对象作为请求参数，因而，这里将创建一个 FormData 对象来读取文件数据。

（1）定义表单数据，程序代码如下：

```
const load_data  = reactive({
    filename:'',
    fileSize:0,
    imageUrl:'',
    params:'',
    createDate:'',
```

```
        category_list:[],
        descForm:{
            productImage:'',
            productName:'',
            category:'',
            proDescribe:''
        }
    })
```

（2）定义表单字段验证规则，程序代码如下：

```
const rules = reactive({
    productImage: {
        required: true,
        message: 'Please select product image',
        trigger: 'blur'
    },
    productName: {
        required: true,
        message: 'Please input product name',
        trigger: 'blur'
    },
    category: {
        required: true,
        message: 'Please select category',
        trigger: 'change'
    },
    proDescribe: {
        required: true,
        message: 'Please input product description',
        trigger: 'blur'
    }
})
```

上述代码定义了 productImage、productName、category 和 proDescribe 字段的验证规则，每个验证规则对象中，required 属性表示字段是否为必填项；message 属性表示错误提示信息；trigger 属性表示触发验证的事件，blur 为失去焦点事件，change 为输入值发生变化事件。

（3）文件上传前的合法性验证和文件对象获取，程序代码如下：

```
const handleChange = (file, fileList) => {
    const type = ['image/jpeg', 'image/jpg', 'image/png']
    //文件类型和大小判断
    if (type.indexOf(file.raw.type) === -1) {
          ElMessage.error('上传的文件必须是 JPEG、JPG、PNG 三种之一!')
          return false
    } else if (file.size / 1024 / 1024 > 8) {
          ElMessage.error('图片大小不能超过 8MB!')
          return false
    }
    load_data.descForm.productImage = file.raw
    //创建临时的路径来展示图片
    let URL = window.URL || window.webkitURL
    //读取图片文件信息
    load_data.filename = file.name
    load_data.imageUrl = URL.createObjectURL(file.raw)
    load_data.fileSize = file.size
```

```
        //创建 FormData 获取文件对象
        load_data.params = new FormData()
        load_data.params.append('file', file.raw)
    }
```

（4）实现表单上传。

表单有效性验证需要通过 ref 属性获取 DOM 表单元素，再调用其 validate 函数来实现，实现代码为：

```
    (descFormRef.value).validate((valide)=>{
        ...//验证处理
    })
```

其中，descFormRef 是表单 ref 属性，validate 函数的参数是一个回调函数，它将在校验结束被调用。

实现表单上传函数的代码如下：

```
    const toHandleUpload = async(params) => {
        let isValid = false
        //判断表单有效性
        await (descFormRef.value).validate((valid) => {
            if(valid){
                isValid = true
            } else {
                ElMessage.error('表单数据无效')
            }
        })
        if(isValid) {
            //将文件相关信息加入 FormData 对象
            getDate();//为 load_data.createDate 变量赋值当前日期
            let desc_form = Object.assign({}, load_data.descForm)
            load_data.params.append("productName", desc_form.productName)
            load_data.params.append("category", desc_form.category)
            load_data.params.append("productDesc", desc_form.proDescribe)
            load_data.params.append("fileName", load_data.filename)
            load_data.params.append("fileSize", load_data.fileSize)
            load_data.params.append("userId",sessionStorage.getItem("userId"))
            load_data.params.append("createDate", load_data.createDate)
            //向服务器端提交请求
            const data = await request({
                url:'/api/product/addProduct',
                data: load_data.params,
                processData: false,
                contentType: false,
                method: 'post'})
            const msg = data.affectedRows === 1 ? '新增成功':'新增失败'
            ElMessage({
                type: 'info',
                message: msg
            })
            //新增成功时，更新 store 中的产品列表
            if(data.affectedRows === 1) {
                const picList = await request({
                    url: '/api/product/getAllProduct',
```

```
                    method:'get'
                })
                if(picList) {
                    store.commit('product/SET_PRODUCT_BASIC_LIST', picList)
                }
            }
        }
    }
```

11.8 后端子项目——构建项目

后端子项目开发采用的是 Express 框架。本节将先讲解该框架创建项目的方法，再围绕用户登录合法性验证功能，进一步讲解如何应用该框架与前端进行数据交互。

11.8.1 认识 Express 框架

Express 框架是一个基于 Node.js 平台的 Web 应用开发框架，它提供了一系列强大的特性，帮助开发者创建各种 Web 应用。它的核心对象有 Express 实例、Router、Request 和 Response。

微课视频

1. Express 框架主要特性

（1）提供了方便简洁的路由定义方式。

（2）对获取 HTTP 请求参数进行了简化处理。

（3）对模版引擎支持程度高，使得渲染动态 HTML 页面更为便捷。

（4）提供了中间件机制来有效控制 HTTP 请求。

（5）拥有大量第三方插件并以此对功能进行了扩展。

2. 利用 Express 框架创建项目的流程

（1）创建目录 workspace，将该目录作为工作目录。

（2）打开 VS Code 工具，在 workspace 目录下，安装 Express 框架和 Express 应用程序生成器，安装命令如下：

```
cnpm install express -g
cnpm install express-generator -g
```

（3）创建一个项目名称为 myapp 的 Express 应用，创建命令如下：

```
express --view=pug myapp
```

（4）进入 myapp 目录，安装相关依赖，安装命令如下：

```
cnpm install
```

（5）启动应用，启动命令如下：

```
set DEBUG=myapp:* & npm start
```

打开浏览器，在地址栏输入 localhost:3000，按“Enter”键，浏览器上将显示图 11-4 所示的信息。

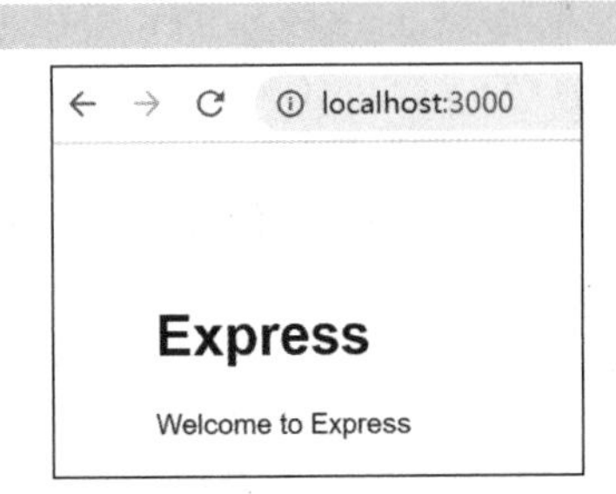

图 11-4　Express 应用示例执行效果

3. Express 应用程序的结构

当我们使用 Express 应用程序生成器来构建项目时，会自动生成以下的项目结构。

├── bin　//存放启动配置文件

├── node-modules //存放所有的项目依赖库

├──public//存放静态资源文件，包括图片、CSS、JavaScript 文件

├──routes//存放后端路由文件，处理客户端请求
├── views//存放页面文件
├── app.js//应用核心配置文件，用于注册路由和启动服务器监听
└── package.json//存放项目依赖配置及开发者信息

4. 模块导入和导出

Express 框架是基于 Node.js 平台的 Web 应用开发框架，而所有的 Node.js 应用程序都是由不同模块组成的，这些应用程序所对应的 JavaScript 文件间可以通过模块导出和导入来进行调用。Express 与 Vue 的模块导出和导入来自不同的模块化规范，Node.js 采用的是 CommonJS 模块化方案——require/exports，CommonJS 是专门为服务器端开发设计的，服务器端模块系统会同步读取模块文件内容，编译执行后可得到模块接口。Express 框架的具体用法是：

```
//导出模块
module.exports = fs//也可写成exports.fs = fs，其中exports是对module.exports的引用
//导入模块
const fs = require('fs')
```

5. HTTP 请求和响应处理

在单元 8 中我们已了解到，后端路由是请求方法、请求地址与请求处理函数之间的对应关系，这里的请求指的是 HTTP 请求。在 Express 框架中，将请求地址称为路由的路径，将响应函数称为中间件，例如：

```
http://localhost:8080/test  //路由的路径为/test
http://localhost:8080/test?id=1  //路由的路径仍为/test，问号后面被认为是请求参数
```

Express 框架是通过 Express 实例的 use 函数或 Express 简化实例（Router 对象），对路由的路径与中间件进行绑定的。

我们先来了解一下 use 函数的使用方法，例如：

```
app.use(function(req, res) {})//处理所有路径的GET或POST请求
app.use('/test',function(req, res) {})//处理/test路径的GET或POST请求
app.get('/test', function(req, res) {})//处理/test路径的GET请求
app.post('/test', function(req, res) {})//处理/test路径的POST请求
```

其中，app 为 Express 实例，匿名函数为中间件，参数 req 为请求对象，参数 res 为响应对象，use 函数的作用是对路径和中间件进行绑定。当客户端请求路由的路径时，匿名函数将被执行，以处理请求和返回响应结果。

在 Express 实例的路由较多的情况下，通常会将路由分类并使其独立出来，以便让 Express 实例更好地处理核心配置业务。具体方法是采用 Router 对象对路径和中间件进行绑定，再通过 Express 实例的 use 函数将 Router 对象挂载到其相关路径下，例如：

```
const router = app.Router()//创建Router对象
router.get('/test', function(req, res) {})//处理/test路径的GET请求
app.use('/', router)//将Router对象挂载到app的根路径下
```

6. Request 和 Response 对象

Express 框架提供了 Request 和 Response 对象，在中间件中，它们作为参数分别用于接收 HTTP 请求参数和返回响应结果。它们的属性较多，受篇幅限制，这里仅列出与本项目相关的属性。

（1）Request 对象属性如下。

① req.body：获得请求主体。

② req.app：在中间件中访问 Express 实例。

③ req.query：获取 URL 中的查询参数。

（2）Response 对象属性如下。

① res.json()：传送 JSON 响应。

② res.send()：传送 HTTP 响应。

③ res.status()：设置 HTTP 状态码。

7. Express 框架的简单应用示例

我们通过编写一个简单的 Web 应用程序，来进一步了解 Express 框架的应用方法。

（1）服务器端程序

这里我们仅使用最基本的 express 模块，无须安装其他依赖。打开 VS Code，在工作目录下创建一个应用文件夹 myapp，直接在该目录下创建 app.js，程序代码如下：

```
const express = require('express');//导入 express 模块
const app = express();//创建 Express 实例
const router = express.Router();//创建 Router 对象
router.use('/user', function(req, res){//将/user 与中间件进行绑定
    //判断请求参数 userName 和 password 是否正确
    if(req.query.userName === 'lisi' && req.query.password === '123'){
        console.log('用户登录信息正确');
    }
});
//注册 router，将其挂载至 app 的根路径下
app.use('/', router);
// 监听端口
app.listen(3000);
console.log('success listening at port:3000......');
```

进入 myapp 目录下，执行命令 node app.js，启动该程序监听端口 3000。

（2）客户端请求

在浏览器地址栏中，输入以下请求路径后按“Enter”键：

```
http://localhost:3000/user?userName=lisi&password=123
```

此时，会在服务器端程序的命令执行窗口中看到“用户登录信息正确”信息。

11.8.2 搭建后端子项目

在工作目录下，安装 Express 框架和 Express 应用程序生成器，打开 VS Code，进入 icon-bs-master 目录，创建后端子项目 node-server。Express 框架提供了构建一个完整 Web 项目的特性，但就本项目而言，仅需利用 Express 框架来构建后端部分，因此可去除其默认结构中的 views 子目录。另外，本项目使用了权限认证和跨域插件，以及 MySQL 数据库，因此，还需要安装以下几个依赖包。

（1）body-parser：用于解析 POST 请求。

（2）jsonwebtoken：轻量级认证规范，用于生成令牌 token。

（3）express-jwt：用于对令牌 token 进行解析。

（4）mysql：用于访问 MySQL 数据库。

（5）cors：用于实现跨域操作。

在 Vue 构建前端的 Web 应用项目中，前端子项目和后端子项目需要分别部署，因而，两者之间的交互需要跨域进行。出于安全考虑，浏览器禁止页面加载或执行与自身来源不同域的任何脚本，即同源策略。在 HTTP 请求的 URL 中，如果协议、域名和端口有任意一个与被请

求资源的 URL 不同，则被视为违反同源策略，这种情况被称为跨域。例如，以下几个 URL 都属于不同源：

```
http://www.test.com:8080   //协议为 http，域名为 www.test.com，端口为 8080
https://www.test.com:8080  //协议为 https，域名为 www.test.com，端口为 8080
http://www.test.cn:8080    //协议为 http，域名为 www.test.cn，端口为 8080
http://www.test.com:8090   //协议为 http，域名为 www.test.com，端口为 8090
```

我们将通过在后端子项目中引入跨域插件来解决跨域问题。

构建好的后端子项目结构如下。

```
├── bin              存放启动配置文件
├── node-modules     存放所有的项目依赖库
├──public            存放静态资源文件，包括图片、CSS、JavaScript 文件
├──api               存放后端路由文件，用于处理客户端请求
├── dbpool           存放访问数据库的文件
├── utils            存放工具类文件
├── app.js           应用核心配置文件（项目入口文件）
└── package.json     存放项目依赖配置及开发者信息
```

11.9 后端子项目——用户登录合法性验证

在 dbpool 目录下，新建 pool.js，用于创建数据库连接池；新建 sqlMap.js，用于创建 SQL（Structure Query Language，结构查询语言）查询语句对象。在 api 目录下，新建路由文件 userApi.js，用于处理用户请求。app.js 则负责注册路由、处理权限认证，以及启动监听服务器端口等。

1. 访问数据库处理

客户端的所有请求均与数据库查询有关，返回的结果也都是执行查询得到的数据。我们在 sqlMap.js 中创建数据库查询对象，并在 pool.js 中利用 mysql 依赖包创建连接池对象、封装查询处理为函数，为各个路由文件处理请求提供支持。

（1）sqlMap.js 中的程序代码如下：

```
let sqlMap = {//创建查询语句对象
    user:{//用户查询语句
        addUser:'INSERT INTO user_info (`user_name`, `password`, `avater`,
        `email`, `city`,`introduce`,`status`) VALUES (?, ?, ?, ?, ?)',
        updateUser:'UPDATE user_info SET password=?, avater=?, email=?, city=?,
introduce=?, status=? WHERE id=?',
        getUserByName:'SELECT * FROM user_info WHERE user_name=?',
        checkUser: 'SELECT id, user_name from user_info where user_name=? and
        password=?'
    },
    ...... //其他查询语句，省略
}
module.exports = sqlMap;  //导出查询语句对象
```

（2）pool.js 中的程序代码如下：

```
let mysql = require('mysql')  //导入 mysql 依赖包
let poolObj = mysql.createPool({  //创建连接池对象
```

```
    connectionLimit: 10,  //连接池最大连接数为 10
    host: '127.0.0.1',  //数据库所在服务器 IP 地址
    database: 'icondb',  //数据库名
    user: 'root',
    password: '123456'
})
/*查询处理函数
* @param {*} sql SQL 查询语句
* @param {*} values SQL 查询语句条件参数
* @param {*} callback 回调函数
*/
function query(sql, values, callback) {
     //连接数据库，连接成功调用回调函数，conn 为连接对象
     poolObj.getConnection(function(err, conn){
         if(err) {
              console.log(err)
         }
        //查询处理，查询完成调用回调函数，results 为查询结果
        conn.query(sql, values, function(err, results){
           callback(err, results)//调用回调函数
        })
        if(conn) {
            poolObj.releaseConnection(conn)  //释放连接资源
        }
     })
}
exports.query = query  //导出 query
```

2. 用户登录验证请求处理

所有路由文件均需创建 Router 对象，这里将该创建过程独立出来并放到 api/index.js 文件中。在 userApi.js 中，一旦用户信息验证成功，将利用 jsonwebtoken 认证规范生成 token，它用于用户后续访问的权限认证处理。另外，为了与前端数据格式统一，需要将查询结果数据转换为 JSON 格式，这类处理将放在 utils/tools.js 中执行。

（1）index.js 中的程序代码如下：

```
const express = require('express')  //引入 express 模块
const router = express.Router()  //创建 Router 对象

module.exports = router  //导出 router
```

（2）tools.js 中的程序代码如下：

```
const utilityApi = {
    jsonWrite: function(res, ret){  //封装为 JSON 对象格式
        if(typeof ret == 'undefined') {
            res.json({
              code: 0,
              message: 'failed'
          })
        }else{
            res.json({
                code: 1,
```

```
                    message: 'success',
                    data: ret
                })
            }
        },
        ......  //其他工具函数，省略
}

module.exports = utilityApi  //导出 utilityApi
```

（3）userApi.js 中的程序代码如下：

```
const router = require('./index.js')  //引入 router
const $sql = require('../dbpool/sqlMap')  //引入查询语句对象
const pool = require('../dbpool/pool')  //引入查询处理函数
const tools = require('../util/tools')  //引入实用工具对象
const jwt = require('jsonwebtoken')  //引入认证规范

//用户登录验证请求处理
router.post('/login', (req, res) => { // "/login"为请求路径
    let sql = $sql.user.checkUser;  //获取用户信息验证查询语句对象
    let params = req.body;  //获取 req 中的请求体
    //调用 pool.js 中的查询处理函数，依据请求参数查询用户信息
    pool.query(sql, [params.userName, params.password], (err, result) => {
        if(err) {
              console.log('error');
        }
        //判断用户信息验证是否通过
        if(result.length === 1){
              let content = { userName: params.userName };  //加密信息
              //对用户名进行加密并生成 token，token=加密信息+密钥+有效期
              let token = jwt.sign(content, PRIVITE_KEY, {
                  expiresIn: EXPIRESD  //有效期为 1 小时
              });
              //调用 tools.js 中的格式转换函数，将查询结果数据转换为 JSON 格式
              tools.jsonWrite(res, {
                  token: token,
                  userName: params.userName, userId: result[0].id
              });
        } else {
             tools.jsonWrite(res, null);
        }
    })
})

......  //其他请求处理，省略
module.exports = router
```

3. 项目核心配置

项目入口文件 app.js 需要负责对各路由文件导出的 Router 对象进行注册，除此之外，它还承担着跨域设置、访问权限认证和启动监听服务器端口等工作。为了便于理解，我们将 app.js 中各部

分代码抽取出来单独讲解。

（1）对 Router 对象进行注册和启动监听服务器端口部分代码如下：

```
//引入各个路由文件
const userApi = require('./api/userApi');
const productApi = require('./api/productApi');
const favoritesApi = require('./api/favoritesApi');
const commentApi = require('./api/commentApi');
var path = require('path');  //引入 path 模块，用于格式化或拼接完整路径
const bodyParser = require('body-parser');  //引入 body-parser
const express = require('express');  //引入 express 模块
const app = express();  //创建 Express 实例

app.use(bodyParser.json());  //注册 body-parser.json()，实现 POST 请求的解析
app.use(bodyParser.urlencoded({extended: false}));
app.use(express.static(path.join(__dirname, 'public'))); //设置静态资源目录为 public
//注册 api 目录下的路由
app.use('/api/user', userApi);
app.use('/api/favorites', favoritesApi);
app.use('/api/comment', commentApi);
app.use('/api/product', productApi);

// 监听端口
app.listen(3000);
console.log('success listening at port:3000......');
```

上述代码中语句 app.use('/api/user', userApi)表示 userApi 中“/login”将挂载在路径“/api/user”下，相应地，客户端请求路径应写为 http://localhost:3000/api/user/login。

（2）跨域设置部分代码如下：

```
let cors = require('cors');  //引入 cors
//注册跨域设置 cors
app.use(cors({
    origin:['http://localhost:8080'],  //设置客户端地址
    methods:['GET','POST'],  //设置允许的请求方法
}))
```

上述代码中设置了客户端地址为 http://localhost:8080，对应地，前端子项目也需要做如下的一些调整。

① 修改 axios/index.js。

将语句 const instance = axios.create()修改为：

```
const instance = axios.create({
  //生产环境下跨域设置的前端参数配置
     baseURL: 'http://127.0.0.1:3000',
     timeout: 1000 * 60 * 2
})
```

② 修改 vue.config.js。

删除原开发环境下跨域配置部分（devServer 选项配置）即可。

③ 修改 package.json。

可以通过设置 scripts 配置，将端口地址固定下来。

```
"scripts": {
    "serve": "vue-cli-service serve --port 8080",
    "build": "vue-cli-service build"
  }
```

（3）访问权限认证部分代码如下：

```
let expressJWT = require('express-jwt');  //引入 express-jwt
let {PRIVITE_KEY} = require('./util/common');  //引入 common.js 设置的私钥
//语句 1：token 校验
app.use(expressJWT({
    secret: PRIVITE_KEY,  //私钥
    algorithms: ['HS256']  //加密算法
}).unless({  //白名单
     path: ['/api/user/login',
            '/api/product/getProductByCategory',
            ...... //其他白名单，省略
     ]
 }));
//请求出错处理
app.use(function(err, req, res, next) {
    //当客户端请求中 token 无效或者过期时返回信息
    if (err.name === 'UnauthorizedError') {
          res.status(401).send('无效的 token，请重新获取');
     }
  });
```

上述代码中，语句 1 将获取请求 headers.Authorization 所包含的 token，并进行校验。需要注意的是，这条语句应放在路由文件注册之前、静态资源目录设置之后，否则它不会起作用。

单元小结

1. 前端项目的交互界面的构建需要秉持人性化的设计理念，只有符合用户的思维和工作模式，才能有效地呈现系统功能，提高用户体验。交互界面构建的基本原则包括如下几点。

（1）美学完整性：指功能与界面应匹配。可以通过图标或背景体现与功能性任务的匹配。

（2）一致性：指界面风格、操作流程或提示信息等应统一。

（3）可操作性：指界面的操作流程设计应合理、易操作，符合用户的使用逻辑。

2. 前端项目的交互协议，用于规范项目前端与后端之间的数据交互。协议的数据格式为：

（1）请求参数：采用 JSON 对象表示，对象属性即参数。

（2）响应结果：采用 JSON 对象表示，对象属性包括 code（表示响应成功与否）、message（表示响应消息）以及 data（表示响应结果数据）3 个属性。

3. 前端项目的交互处理组件的设计，应依据界面整体布局和内容展示的需求。本项目的页面布局包括头部、主体和页脚 3 个部分，其中主体部分会随着展示内容的不同而发生变化，因而，可以将页面整体布局设计为一个组件，而主体部分则需要根据一级菜单和二级菜单对应内容的需要设计一个或多个组件。

4. Express 框架是一个基于 Node.js 平台的 Web 应用开发框架，可用于构建 Vue 项目的后端项目。该框架的主要特性包括：（1）提供了方便简洁的路由定义方式；（2）对获取 HTTP

请求参数进行了简化处理；（3）对模版引擎支持程度高，使得渲染动态 HTML 页面更为便捷；（4）提供了中间件机制来有效控制 HTTP 请求；（5）拥有大量第三方插件并以此对功能进行了扩展。

单元练习

一、选择题

1. 下列关于跨域设置的说法，正确的是（　　）。（多选）

A. 关于 Vue+Express 项目跨域设置，只需要前端设置代理

B. 开发环境下，关于 Vue+Express 项目的跨域设置，只需前端设置代理

C. 生产环境下，关于 Vue+Express 项目的跨域设置，只需后端引入 cors 依赖包

D. 生产环境下，关于 Vue+Express 项目的跨域设置，需要后端引入 cors 依赖包，前端设置 baseURL 属性

2. 下列选项中不是 Express 框架的核心对象的是（　　）。

A. Express 框架　B. Router　C. Request　D. Response

二、实训题

构建一个音乐网站，前端项目利用 Vue 搭建，后端项目可使用 Express 框架或其他 Web 应用框架搭建。该网站的主要功能如下。

（1）展示音乐作品。

（2）在线播放音乐。

（3）可对音乐作品进行点赞、下载和收藏操作。

附录
ES6相关语法

1. let 和 const 命令

(1) let 命令

① let 声明变量的语法与 ES6 及之前版本中的 var 的相同，但作用域是它所在的代码块，例如：

```
{
    var a = 0;
    let b = 1;
}
console.log(a);  // 显示 0
console.log(b);  // 报错：b is not defined
```

② let 声明的变量只能声明一次，例如：

```
var a = 0;
var a = 1;
console.log(a) ;// 显示 1
let b = 0;
let b = 1;
console.log(b);//报错：b has already been declared
```

③ let 声明的变量不存在变量提升，例如：

```
console.log(a);  //显示 undefined
var a = 0;
console.log(b);  //报错：b is not defined
let b = 1;
```

(2) const 命令

const 用于声明只读变量，声明时变量需初始化，且之后不能再被改变，例如：

```
const a = 0;
console.log(a) // 输出 0
const b; //报错：Missing initializer in const declaration
```

需要说明的是，const 声明的变量的地址不允许改变，因此，所声明的简单类型变量等同于常量，但复杂类型（如 Object、Array 和 Function）变量内部的数据结构是可以改变的。

2. 变量的解构赋值

解构赋值是指从数组和对象中，按照一定规则提取值，并为其他变量赋值。

(1) 数组模型的解构

① 基本使用方法，例如：

```
let [a,b,c]=[1,2,3];
console.log(a,b,c);  //输出 1 2 3
```

② 可有选择地提取数组元素，例如：

```
let [ , , a] = [1,2,3];  //空的位置被忽略
console.log(a);  //输出 3
let [a, , b] = [1, 2, 3];
console.log(a,b);  //输出1 3
```

③ 使用扩展运算符，可形成一个新的数组，例如：

```
let [a, ...b] = [1, 2, 3, 4];
console.log(a); // 输出 1
console.log(b);// 输出 [2, 3, 4]
```

（2）对象模型的解构

基本使用方法，例如：

```
let { foo, bar } = { foo: 'aaa', bar: 'bbb' };
console.log(foo); // 输出'aaa'
console.log(bar); // 输出'bbb'
```

可有选择地提取对象属性，例如：

```
let obj = {p: ['hello', {y: 'world'}] };
let {p: [x, { }] } = obj; //输出 x 值为'hello'
```

3. 模板字符串

模板字符串是用反引号`进行标识的字符串，它除了用作普通字符串，还可用于定义多行字符串。另外，可在模板字符串中加入变量或表达式。

① 用作普通字符串，例如：

```
let string = `Hello'\n'world`;
console.log(string); //输出字符串 Hello world
```

② 定义多行字符串，例如：

```
let string = `Hello \n world`;
console.log(string); //输出两行字符串，分别是 Hello 和 world
```

③ 使用${}加入变量或表达式，例如：

```
let name = "张三"; let age = 18;
let info = `我的名字是 ${name}，明年${age+1}岁了`
console.log(info); //输出"我的名字是张三，明年 19 岁了"
```

4. 对象

在对象中，当属性与属性值重名时，属性值名可忽略。方法也是可以简写的，但应避免使用函数来定义方法，例如：

```
const name = "张三";
const age = 18;
let data = {
    name,  //等同于 name: name
    age,   //等同于 age: age
    show(){alert("hello")}  //等同于 show: function(){alert("hello")}
    display:()=>{return this.name}; //输出 undefined
}
```

5. 拓展运算符

拓展运算符（...）用于取出参数对象所有可遍历的属性，并将其复制到当前对象。

① 基本用法，例如：

```
let nums1=[1,2,3];
```

```
let nums2=[...nums1]; //展开数组
console.log(nums2);  //输出[1,2,3]
let stu1 = {name: "张三", age: 18};
let stu2= { ...stu1};  //展开对象
console.log(stu2)  //输出 {name: "张三", age: 18};
```

② 合并对象，例如：

```
let name={name:'张三'};
let age={age:18};
let stu={...name,...age};
console.log(stu);//输出 {name: "张三", age: 18}
```

6．常用方法

（1）Object.is

Object.is(value1,value2)方法用于比较两个参数 value1 和 value2 是否严格相等。当两个参数为变量时，比较两者的值是否相等；当两个参数为对象时，比较两者的引用地址是否相同；对两个 NaN 比较，则 NaN 等于其本身；对+0 和-0 比较，则两者不相等，例如：

```
let eq1=Object.is("abc","abc");  //输出 true
let eq2=Object.is([1,2,3],[1,2,3]);  //输出 false
let eq3=Object.is({age:18},{age:18});  //输出 false
let eq4=Object.is(NaN,NaN);  //输出 true
let eq5=Object.is(+0,-0);  //输出 false
```

（2）Object.assign

Object.assign(target,source,...)方法用于将源对象所有可遍历属性复制到目标对象中，例如：

```
let target = {name: "张三"};
let grade = {grade: "大一"};
Object.assign(target,grade);
console.log(target);  //输出{name: "张三",grade: "大一"}
```

因 assign 对属性进行的是浅拷贝，即对复杂类型对象只复制其地址，当出现同名属性时，会进行替换处理。

7．对对象属性的遍历

（1）for...in

for...in 循环用于遍历对象自身的和继承的可枚举属性（不含 symbol 属性），例如：

```
const stu={
    name:"张三",
    age:18,
    grade:'大一'
}
for(let i in stu){
    console.log(stu[i]);  //输出 '张三' 18 '大一'
}
```

（2）Object.keys 和 Object.values

Object.keys 和 Object.values 方法分别用于遍历对象的属性和属性值，返回值均为数组，例如：

```
console.log(Object.keys(stu));//输出 ['name', 'age', 'grade']
console.log(Object.values(stu));// 输出 ['张三', 18, '大一']
```